T0292289

Vollrath Hopp
Wasser

Weitere empfehlenswerte Bücher:

Hopp, V.

Grundlagen der Life Sciences

2000, ISBN 3-527-29560-7

Hopp, V.

Grundlagen der Chemischen Technologie

4., vollständig überarbeitete und erweiterte Auflage

2001, ISBN 3-527-29998-X

Track, T., Kreysa, G. (Hrsg.)

Spurenstoffe in Gewässern

2003, ISBN 3-527-31017-7

Vollrath Hopp

Wasser

Krise?

Wasser, Natur, Mensch,
Technik und Wirtschaft

WILEY-VCH

WILEY-VCH Verlag GmbH & Co. KGaA

Autor

Professor Dr.-Ing. Vollrath Hopp
Odenwaldring 31
D-63303 Dreieich

Motiv auf dem Einband:
Vollrath Hopp, Jr., Weimar

■ All books published by Wiley-VCH are carefully produced. Nevertheless, authors, editors, and publisher do not warrant the information contained in these books, including this book, to be free of errors. Readers are advised to keep in mind that statements, data, illustrations, procedural details or other items may inadvertently be inaccurate.

Bibliografische Information
Der Deutschen Bibliothek
Die Deutsche Bibliothek verzeichnet diese Publikation in der Deutschen Nationalbibliografie; detaillierte bibliografische Daten sind im Internet über <http://dnb.ddb.de> abrufbar.

© 2004 WILEY-VCH Verlag GmbH & Co. KGaA, Weinheim.

Alle Rechte, insbesondere die der Übersetzung in andere Sprachen, vorbehalten. Kein Teil dieses Buches darf ohne schriftliche Genehmigung des Verlages in irgendeiner Form – durch Fotokopie, Mikroverfilmung oder irgendein anderes Verfahren – reproduziert oder in eine von Maschinen, insbesondere von Datenverarbeitungsmaschinen, verwendbare Sprache übertragen oder übersetzt werden.

All rights reserved (including those of translation into other languages). No part of this book may be reproduced in any form – by photoprinting, microfilm, or any other means – nor transmitted or translated into a machine Language without written permission from the publishers. Registered names, trademarks, etc. used in this book, even when not specifically marked as such, are not to be considered unprotected by law.

Printed in the Federal Republic of Germany

Gedruckt auf säurefreiem Papier

Satz   Kühn & Weyh, Satz und Medien, Freiburg

ISBN   3-527-31193-9

Für
Lea Saskia Hopp, Weimar
Max Benjamin Hopp, Köln

Inhaltsverzeichnis
(E. content)

Wasser. Vollrath Hopp
Copyright © 2004 WILEY-VCH Verlag GmbH & Co. KGaA, Weinheim
ISBN: 3-527-31193-9

Geleitwort
(E. foreword)

„Nichts in der Welt ist weicher und schwächer denn das Wasser, und nichts, was Hartes und Starkes angreift, vermag es zu übertreffen. Es hat nichts, wodurch es zu ersetzen wäre. Schwaches überwindet das Starke." Mit diesen Worten beschrieb Lao Tse die ambivalente Bedeutung des Wassers für den Menschen. Als Fluss trennt es die Ufer voneinander und verbindet sie gleichzeitig als energiegünstiger Verkehrsweg. Wasser wird zum Speichern und Umwandeln von potenzieller Energie z. B. in Wärme oder Bewegungsenergie eingesetzt. Es kann aber auch zerstörerische Kräfte entwickeln, wie die Bilder von Überschwemmungskatastrophen zeigen. Dagegen war die jährliche Nilüberschwemmung lebensnotwendig für die Landwirtschaft der Ägypter.

Neben den physikalischen und chemischen Eigenschaften des Wassers rücken heute immer mehr auch soziale und politische Aspekte ins Blickfeld aufgrund des regional sehr unterschiedlichen Zugangs zu Frischwasser in guter Qualität. Kofi Annan weist im Millennium Report darauf hin, dass keine einzige Maßnahme in den Entwicklungs- und Schwellenländern so viel dazu beitragen kann, Krankheiten zu verhindern und Leben zu retten, wie der Zugang zu sauberem Wasser und adäquate sanitäre Zustände.

Die Nahrungsmittelversorgung hängt unmittelbar von einem ausreichenden Wasserangebot ab. Obwohl die Erdoberfläche zu 70% mit Wasser bedeckt ist, gibt es in vielen Regionen gravierenden Wassermangel. Menschen, Tiere und Pflanzen brauchen, von einigen Ausnahmen abgesehen, zum Überleben Süßwasser. Auch die Industrie benötigt es, z. B. zur Kühlung, für chemische Reaktionen oder als Lösemittel. Doch nur 2,65% des gesamten Wasservorrats bestehen aus Süßwasser, das dazu noch sehr ungleichmäßig über die Regionen verteilt ist. Mit zunehmender Weltbevölkerung, ihrer Urbanisierung und Industrialisierung hat sich der Wassermangel in vielen Ländern noch verschärft. Schon jetzt muss bereits ein Fünftel der Weltbevölkerung mit weniger als 500 Kubikmetern Wasser pro Kopf im Jahr auskommen; bis 2025 soll schon ein Viertel betroffen sein. Eine wesentliche Herausforderung in naher Zukunft ist deshalb die Bereitstellung von Technologien, mit denen sich die Menge des brauchbaren Wassers erhöhen lässt – entweder durch die vermehrte Gewinnung von sauberem Süßwasser aus Meerwasser oder durch die Aufbereitung von benutztem oder verunreinigtem Wasser.

Wasser. Vollrath Hopp
Copyright © 2004 WILEY-VCH Verlag GmbH & Co. KGaA, Weinheim
ISBN: 3-527-31193-9

Das vorliegende Buch beschreibt die vielfältigen Eigenschaften des Wassers, seine Bedeutung im Alltag und die damit verbundenen sozialen und politischen Auswirkungen. Es macht deutlich, dass Wasser ein hochaktuelles Thema ist, das uns alle betrifft.

Prof. Dr. rer. nat. Dr. h. c. Utz-Hellmuth Felcht
Vorsitzender des Vorstandes der Degussa AG, Düsseldorf

Foreword

"Nothing is softer or weaker than water; and yet nothing is better for attacking what is hard and strong. There is no substitute for it; weakness overcomes strength." These are the words of Lao Tse to describe the ambivalent significance of water for humans. In the form of a river, water separates shores, and yet it also connects them as an energy-efficient transportation channel. Water is used for storing and converting potential energy, for example, into thermal or kinetic energy. On the other hand, it is capable of unleashing the destructive forces we all know from images of flood disasters. Nevertheless, the annual flooding of the Nile played a vital role for the agriculture of the ancient Egyptians.

In addition to its physical and chemical properties, the social and political aspects of water are gaining importance due to regional discrepancies in access to freshwater of good quality. In the Millennium Report, Kofi Annan rightly points out that no single measure has contributed more to the prevention of disease and saving lives in developing countries or emerging economies than access to clean water and adequate sanitary conditions.

The global production of food is directly dependent on a sufficient supply of water. Even though 70 percent of the earth is covered with water, there is a severe lack of water in many regions. With some exceptions, people, animals, and plants need fresh water for their survival. The same need for water exists in industry, where it is used for cooling, chemical reactions, or as a solvent. However, only 2.65 percent of the entire global water reserves consists of freshwater, and this freshwater is not distributed evenly among the regions. The lack of water has become exacerbated in many countries due to the rise in global population, urbanization and industrialization. Today, one-fifth of the world's population is forced to make due with less than 500 cubic meters of water per capita a year; by 2025, this will be true for one-quarter of the world's population. As a consequence, it will become an essential challenge in the near future to provide technologies that can increase the quantities of usable water. This will be accomplished either by increasingly producing clean freshwater from ocean water or by recycling used or contaminated water.

Wasser. Vollrath Hopp
Copyright © 2004 WILEY-VCH Verlag GmbH & Co. KGaA, Weinheim
ISBN: 3-527-31193-9

This book describes the many qualities of water, its significance for daily life, and the associated social and political consequences. It underscores that water is a vital topic of great concern to us all.

Prof. Dr. rer. nat. Dr. h. c. Utz-Hellmuth Felcht
Chairman of the Management Board of Degussa AG, Düsseldorf

Vorwort
(E. preface)

Wasser (Feuchtigkeit) zählte neben Feuer (Hitze), Erde (Trockenheit) und Luft (Kälte) bei Empedokles von Agrigent[1] zu den vier unveränderlichen Elementen.

Aristoteles[2] sprach schon von der Umwandelbarkeit dieser Elemente ineinander.

Wasser ist der am häufigsten vorkommende Stoff auf unserer Erde. Jedem Menschen ist Wasser ein Begriff. Es gibt genug Wasser, ca. 70 % der Erdoberfläche sind von Wasser bedeckt. Trotzdem beginnt für den Menschen das notwendige Gebrauchswasser, nämlich *Süßwasser*, knapp zu werden. Das sorglose Umgehen mit diesem Schlüsselprodukt hat dazu geführt. Chemisch wird Wasser mit einer einfachen Formel H–OH bzw. H_2O bezeichnet. So lernt man es in der Schule und bekommt den Eindruck, als handelt es sich bei Wasser um einen einfachen und unkomplizierten Stoff.

Doch dieser Stoff ist voller Rätsel. Beim Gefrieren sprengt er Felsen und Gebirgszüge, deren Bestandteile er in sich löst oder suspendiert und zu Tal transportiert. Wasser leitet die Verwitterung von Gesteinen und Böden ein. Im wahrsten Sinne des Wortes versetzt Wasser Berge, indem die gelösten und suspendierten Teilchen sich wieder absetzen und Landschichten in entfernten Gegenden durch Ablagerungen (Sedimente)[3] aufbauen.

Wasser dehnt sich beim Erkalten und Gefrieren unterhalb 4 °C aus und oberhalb 4 °C ebenfalls wieder. Diese Eigenschaft bezeichnet man als *Anomalie*[4]. Sie ist die Ursache dafür, dass Eis auf Wasser schwimmt (S. 38) und lebende Organismen auch unter den gefrorenen Oberflächen der Flüsse, Seen und Ozeane überleben können.

Welche Strukturveränderungen sich im Molekülverbund im Einzelnen abspielen, ist bis heute wissenschaftlich noch nicht eindeutig geklärt. Wasser als eine vernetzte Substanz zu betrachten, die zu unterschiedlichen Strukturveränderungen fähig ist, ist naheliegend.

---

1) Empedokles, grch. Philosoph (490 v. Chr. – 430 v. Chr.).
2) Aristoteles, grch. Philosoph (384 v. Chr. – 322 v. Chr.).

3) sedimentum (lat.) – sich gesetzt.
4) anomalos (grch.) – regelwidrig.

Wasser. Vollrath Hopp
Copyright © 2004 WILEY-VCH Verlag GmbH & Co. KGaA, Weinheim
ISBN: 3-527-31193-9

molekular   vernetzt

$$n \left(\begin{smallmatrix} & O & \\ H & & H \end{smallmatrix} \right) \rightleftharpoons \left(\begin{smallmatrix} & O & \\ H & & H \end{smallmatrix} \right)_n$$

· Wasserdampf schützt die unmittelbare Erdoberfläche vor der energiereichen Sonnenstrahlung. Er wandelt die kurzwelligen Strahlen in langwellige Wärmeenergie um, die in die Atmosphäre nicht mehr rückgestrahlt werden und so zu einem lebensfördernden Klima auf der Erde beiträgt.

Es ist die rechte Zeit, Fachkreise und eine allgemein interessierte Leserschaft mit der Problematik Wasser vertraut zu machen.

Der Inhalt, Stil und die Gliederung sind als fachübergreifendes Lehrbuch gestaltet. Im Glossar sind viele Fachausdrücke erklärt und aus der griechischen oder lateinischen Sprache hergeleitet.

Dieses Buch richtet sich an Personen aus den verschiedenen, aber doch benachbarten Fachrichtungen und Arbeitsfeldern, wie z. B. Wasser- und Energieversorgung, Transport auf dem Wasser, Landwirtschaft im weitesten Sinne, Ernährung, Chemische Industrie, Umweltschutz u. a. Es sollen sich Ingenieure, Landwirte, Tierärzte, Gärtner, Ernährungswissenschaftler, Biologen, Chemiker und nicht zuletzt eine interessierte Leserschaft aus Privathaushalten angesprochen fühlen. Aber auch an Experten der entsprechenden Behörden und Forschungsinstitute sowie Parlamentarier wendet sich dieses Buch. Ein weiterer Adressatenkreis sind Studenten der Hochschulen der genannten Fachrichtungen, sowie die naturwissenschaftlichen Lehrer der Gymnasien und Fachschulen.

Universität Rostock
März 2004   Vollrath Hopp, Autor

Preface

In ancient Greece, Empedokles of Agrigent defined water, fire, soil and air as the four unchangeable elements. On the other hand, Aristotle spoke about the conversion of each of these elements i.e. humidity, heat, dryness and coldness.

Water is the most common occuring substance of all matter on Earth. Approximately 70 % of the Earth's surface is covered by water; there is enough water but nevertheless fresh water is scarce, particularly for household use as well as indutry and farming. Careless handling of this key product of nature has led to this scarcity.

It is a crisis caused by such bad management of the product, that about two billion people on the Earth and the environment suffer.

The simple chemical formula is known to every school pupil and student: H–OH or H_2O respectively as it is taught in schools so that most people believe that it is a wellknown and uncomplicated substance. However, water is not such an uncomplicated matter but an extremely complicated compound and even full of mystery; for example: when it freezes, it splits rocks and whole mountain ranges. The resulting particles are then disolved and suspended in water, then washed downhill into the rivers. A further example: The rusting of metal commences with water. In the fullest sense of the expression, water can move mountains because the disolved and suspended particles are transported and deposited in far distant regions. New strata are created through sedimentation of suspended solid matter.

Water is at its greatest density at 4 °C and when it cools further and freezes it expands, and well as above 4 °C. This is known as *the anomaly*. This also explains why ice floats on the surface and enables living organisms to survive below the frozen surfaces of rivers and lakes.

At present, the structure variations of water molecules are, scientifically, not well defined. It is a system of linked molecules. It is able to form varying structural modifications. One expresses this behaviour in the following chemical equation:

molecular   linking system

$$n\left(\underset{H}{\overset{O}{\diagdown}}\ \diagup H\right) \rightleftharpoons \left(\underset{H}{\overset{O}{\diagup}}\ \diagdown H\right)_n$$

Water vapour protects the surface of the Earth from energised solar radiation. It transforms the short wave radiation into long wave heat radiation. Reflection of the

Wasser. Vollrath Hopp
Copyright © 2004 WILEY-VCH Verlag GmbH & Co. KGaA, Weinheim
ISBN: 3-527-31193-9

latter into the atmosphere does not take place. This effect contributes to a suitable climate for life.

The time is now opportune for experts of technology and in general, other interested people to become and made aware of the water crisis. This is also the purpose of this textbook, content and classification being formulated as an inter-disiplinary work. Technical terms derived from Latin or Greek are explained in the glossary.

This work addressed to all such persons directly or indirectly engaged professionally in the fields of water provision and energy or water as a means of transportation, also in agriculture in its widest sense, nutrition, the chemical industry and environmental protection agencies.

It also adresses administrators, people in research institutes and people in politics, universities and science teachers in secondary and vocational schools. And finally but not least: engineers, chemists, farmers, biologists, gardeners, nutrionists and all other interested lay persons.

University Rostock
March 2004   Vollrath Hopp, Author

Danksagung
(E. acknowledgement)

Die komplexe Schlüsselsubstanz *Wasser* im Einzelnen zu beschreiben, ist ohne die Hilfe von wissenschaftlichen Experten, Freunden und Firmen nicht möglich.

Bedanken möchte ich mich bei

Dr. med. Michael Friedrich, 25917 Leck/Schleswig für die Beratung in medizinischen und ernährungsphysiologischen Gebieten.

Prof. Dr. rer. nat. Christian Gienapp, Landesforschungsanstalt für Landwirtschaft und Fischerei Mecklenburg-Vorpommern, 18276 Gülzow

Dipl.-Ing. Hans Haas und Dr. Werner Braitsch, E.ON Wasserkraft GmbH, 84034 Landshut

Dr. Hans-Georg Hartan, Degussa-Stockhausen GmbH u. Co KG, 47805 Krefeld

Dr. Wolfgang Hartmann, Merck KGaA, 64271 Darmstadt

Dipl.-Ing. Erhard Heil, ehemals Hoechst AG, 61462 Königstein-Mammolshain

Dipl.-Ing. Wolf-Ingo Hockarth, Kraftwerks- und Netzgesellschaft mbH, Am Kühlturm, 18147 Rostock

Frau Tanja Markloff und Dr. Christian Schlimm, CREDIT AGRICOLE INDOSUEZ CHEUVREUX DEUTSCHLAND GmbH, Messe-Turm, Friedrich-Ebert-Anlage 49, 60308 Frankfurt am Main.

Bernhard Rinke, Wassermeister, Stadtwerke Dreieich, 63303 Dreieich.

RWE, Aktiengesellschaft, Opernplatz 1, 45128 Essen.

Dr. Joachim Wasel-Nielen, Wasserversorgung Infraserv GmbH u. Co. Höchst KG, 65926 Frankfurt am Main

Frau Marlene Weber, Hattersheim-Okriftel, für die computertechnische Textverarbeitung und die Anfertigung von Zeichnungen.

Und schließlich bei Herrn Thom Ruddy, Platanenstraße 12, Frankfurt am Main für seine Unterstützung in englischen Formulierungen.

Universität Rostock
März 2004   Vollrath Hopp, Autor

Wasser. Vollrath Hopp
Copyright © 2004 WILEY-VCH Verlag GmbH & Co. KGaA, Weinheim
ISBN: 3-527-31193-9

Acknowledgement

The following persons contributed a substantial part to the success of this work:

Dr. med. Michael Friedrich, 25917 Leck in Schleswig for the advising in the fields of medicine and ecotrophology.

Prof. Dr. rer. nat. Christian Gienapp, Landesforschungsanstalt für Landwirtschaft und Fischerei Mecklenburg-Vorpommern, 18276 Gülzow

Dipl.-Ing. Hans Haas und Dr. Werner Braitsch, E.ON Wasserkraft GmbH, 84034 Landshut

Dr. Hans-Georg Hartan, Degussa-Stockhausen GmbH u. Co. KG, 47805 Krefeld

Dr. Wolfgang Hartmann, Merck KGaA, 64271 Darmstadt

Dipl.-Ing. Erhard Heil, ehemals Hoechst AG, 61462 Königstein-Mammolshain

Dipl.-Ing. Wolf-Ingo Hockarth, Kraftwerks- und Netzgesellschaft mbH, Am Kühlturm, 18147 Rostock

Tanja Markloff und Dr. Christian Schlimm, CREDIT AGRICOLE INDOSUEZ CHEUVREUX DEUTSCHLAND GmbH, Messe-Turm, Friedrich-Ebert-Anlage 49, 60308 Frankfurt am Main

Bernhard Rinke, Wassermeister, Stadtwerke Dreieich, 63303 Dreieich

RWE, Aktiengesellschaft, Opernplatz 1, 45128 Essen.

Dr. Joachim Wasel-Nielen, Wasserversorgung Infraserv GmbH u. Co. Höchst KG, 65926 Frankfurt am Main

Marlene Weber, Hattersheim-Okriftel, responsible for word processing and computer graphics

and finally Thom Ruddy, Platanenstraße 12, Frankfurt am Main, who assisted in questions of english formulation.

University Rostock
March 2004

Vollrath Hopp, Author

Wasser. Vollrath Hopp
Copyright © 2004 WILEY-VCH Verlag GmbH & Co. KGaA, Weinheim
ISBN: 3-527-31193-9

Farbtafeln
(E. colour plates)

Abb. 5: Mündung einer Foggara mit Messrechen für die Wasserverteilung (E. mouth of a Foggara with measuring rake for distribution of water)

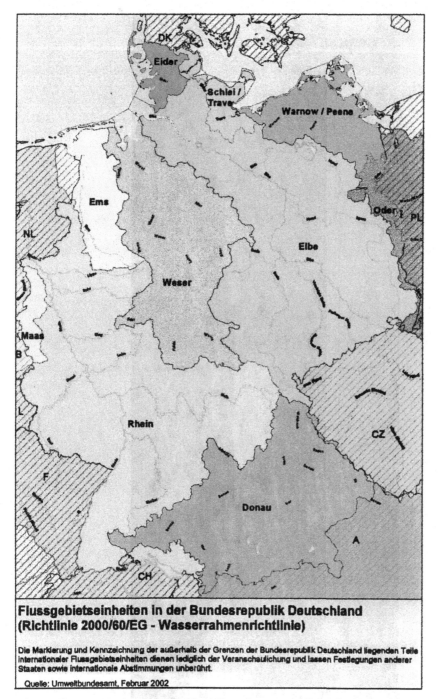

Flussgebietseinheiten in der Bundesrepublik Deutschland (Richtlinie 2000/60/EG - Wasserrahmenrichtlinie)

Die Markierung und Kennzeichnung der außerhalb der Grenzen der Bundesrepublik Deutschland liegenden Teile internationaler Flussgebietseinheiten dienen lediglich der Veranschaulichung und lassen Festlegungen anderer Staaten sowie internationale Abstimmungen unberührt.

Quelle: Umweltbundesamt, Februar 2002

Abb. 64: Flusseinzugsgebiete in Deutschland (E. catchment areas of rivers in Germany)

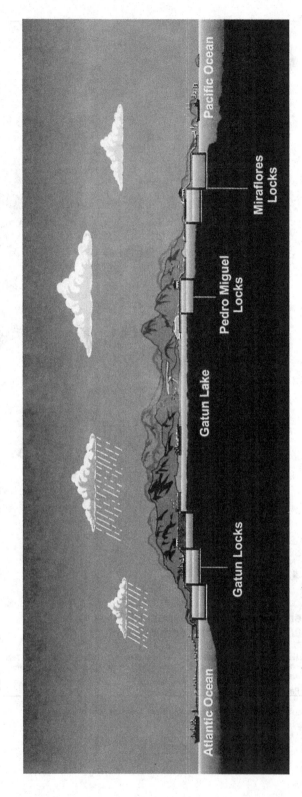

Abb. 70:   Panama-Kanal (E. Panama-Canal)

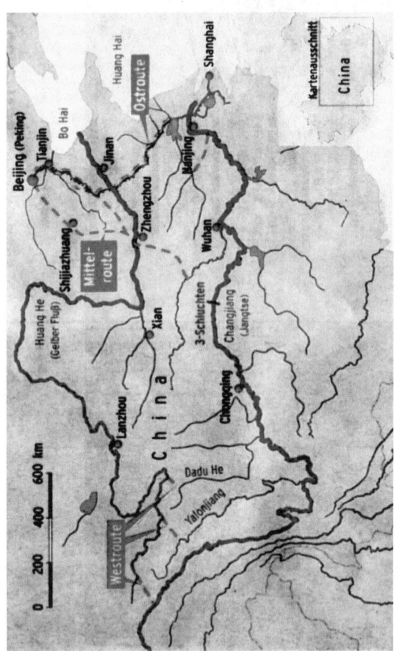

Abb. 72: Verlauf des Yangtze und Gelben Flusses (E. course of Yangtze and Huangho)

Abb. 74: Der Yangtze-Staudamm (E. the Yangtze dam)

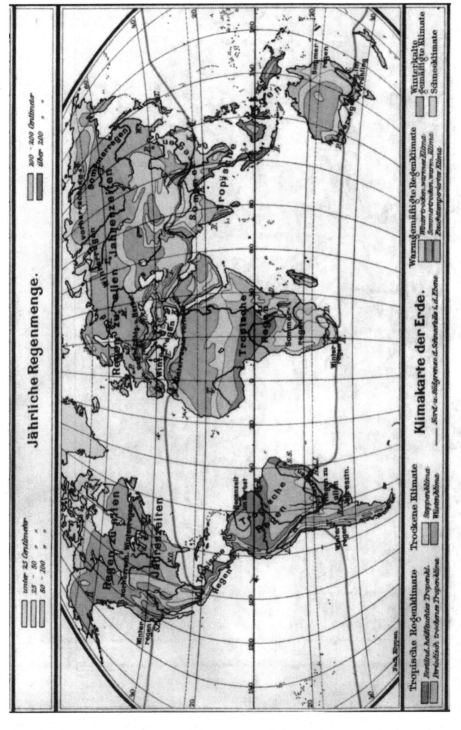

Abb. 97: Klimazonen der Erde (E. climate zones of the Earth)

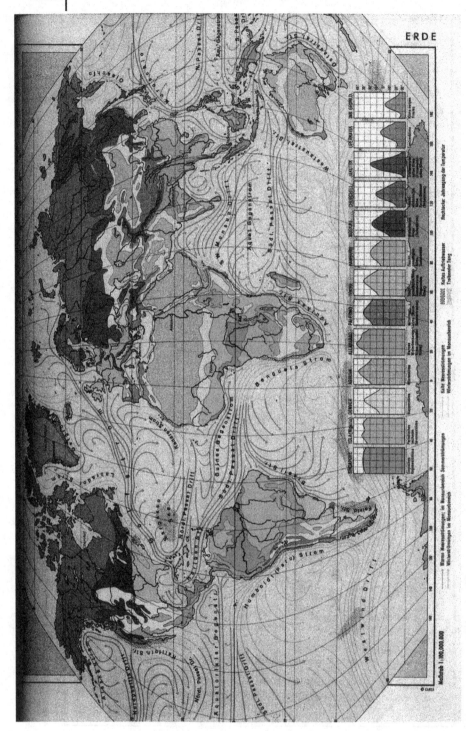

Abb. 98: Karte der Meeresströmungen (E. map of ocean currents)
Quelle: Grosser Weltatlas, Keysersche Verlagsbuchhandlung GmbH (1963), Heidelberg – München.

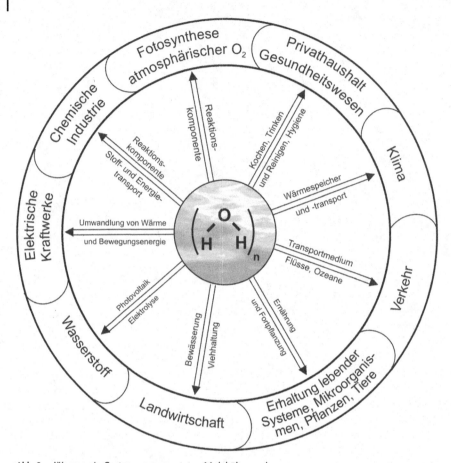

Abb. 1: Wasser, ein System von vernetzten Molekülen und
Schlüsselprodukt in Natur und Technik
(E. water, a system of linking molecules and key-product in
nature and technology)

Einführung
(E. introduction)

Auf dem Planeten Erde entwickelte sich vor ca. 2,5 Milliarden Jahren im Schutze des Wassers Leben. Ohne Wasser ist auch heute kein Leben möglich. *Wüste* oder besser ausgedrückt *Pflanzenleere* wäre das Kennzeichen der Erdoberfläche ohne Wasser.

Die entwicklungsgeschichtlich ältesten Landwirbeltiere, wie Amphibien[5], Reptilien[6] und Vögel sind immer noch darauf angewiesen, die erste Phase ihrer Lebenszyklen ganz im Wasser, wie z. B. die Amphibien oder wie bei den Reptilien und Vögeln im Ei als Kleinaquarium[7] zu verbringen. Auch die ausgewachsenen Individuen dieser Tierarten müssen wie alle anderen Landtiere einschließlich des Menschen ihr eigenes wässriges Medium mit sich herumtragen und aufrechterhalten. Das geschieht durch den Blut- und Lymphkreislauf (Abb. 13). Der durch Atmung, Schwitzen und andere Körperausscheidungen auftretende Wasserverlust muss durch Süßwasseraufnahme wieder ergänzt werden. Der überwiegende Teil der Landlebewesen befriedigt seinen Wasserbedarf aus Flüssen, Teichen, Süßwasserseen und dem Grundwasser (Tab. 12, Abb. 63 u. 64 und S. 154).

Unter normalen Lebensbedingungen in den gemäßigten Zonen benötigt der Mensch täglich ca. 2,6 Liter Wasser, in heißen Wüstengegenden oder in Regionen der trockenen Arktis steigt diese Menge auf 8 L bis 15 L täglich an [14][8].

Pflanzen sind ortsgebunden und haben die effektivste Form der Wasseraufnahme entwickelt. Sie sind mit ihrem weitverzweigten Wurzelnetz in der Lage, die winzigsten Wasserkonzentrationen aus dem Boden zu saugen, in ihrem Gefäßsystem zu sammeln und zu speichern.

Für das Gedeihen tierischen Lebens liefern die Pflanzen die Voraussetzung. Sie vermögen über die Fotosynthese aus dem Kohlenstoffdioxid der Luft und dem Wasser mit Hilfe der Sonnenenergie Biostoffe wie Kohlenhydrate, Fette, Eiweiß, Vitamine u. a. für Mensch und Tier notwendige Stoffe aufzubauen (Abb. 34). Wasser ist eine sehr stabile chemische Verbindung.

---

5) amphi (grch.) – doppel - - -, beid - - -; bie = bio (grch.) – Leben. Amphibie – im Wasser und auf dem Land lebendes Tier, z. B. Lurche.

6) repere (lat.) – kriechen; Reptil – Kriechtier.

7) aqua (lat.) – Wasser, Aquarium – Behälter für Wassertiere.

8) *Literatur:* Gardi, R. (1975), Sahara, Monographie einer großen Wüste, 4. Aufl., Kümmerly u. Frey, Geographischer Verlag Bern, Schweiz.

Wasser. Vollrath Hopp
Copyright © 2004 WILEY-VCH Verlag GmbH & Co. KGaA, Weinheim
ISBN: 3-527-31193-9

Viel Energie muss aufgebracht werden, um die Verbindung H–OH in ihre Elemente Wasserstoff und Sauerstoff zu zerlegen (Abb. 15):

Energie	+	Wasser	$\longrightarrow$	Wasserstoff	+	Sauerstoff
927 kJ	+	H–OH	$\longrightarrow$	2 H	+	O

Im großen Maßstab bei Normaltemperaturen ist dazu nur die Sonnenenergie fähig (S. 61). Der freiwerdende Wasserstoff reduziert im Blattgrün der Pflanzen oder auch in den Algen Kohlenstoffdioxid zu Zuckern und deren Polymeren wie Stärke, Zellulose u. a. Der aus dem Wasser stammende Sauerstoff reichert sich in der Atmosphäre als Gas mit 21 % Volumenanteilen an und bestimmt die oxidative Biosphäre unseres Planeten.

Während Kohlenstoffdioxid und Sonnenenergie rund um die Erde überall anzutreffen sind, ist das Wasser auf dem Festland ungleich verteilt. Wasser ist somit der begrenzende Faktor für die Entwicklung von Pflanzen und im besonderen Fall auch für das Betreiben von Landwirtschaft.

Ebenfalls wird das Klima über die Umwandlung von *Eis – Wasser – Wasserdampf* und umgekehrt wesentlich beeinflusst und reguliert (Abb. 14).

Der natürliche Wasserkreislauf sorgt für eine ständige Erneuerung des Süßwassers. Wasser ist ein großer Wärmespeicher und Energieumwandler.

Mit Hilfe von Wasserströmungen wird Bewegungsenergie über Wasserräder und Turbinen in elektrische Energie umgesetzt (S. 129).

Obwohl es genügend Wasser gibt und es auch nicht verbraucht, sondern nur gebraucht wird, beginnt insbesondere Süßwasser für den menschlichen Bedarf knapp zu werden [70]. Ungleiche Verteilung über die Festlandregionen (Abb. 96), zunehmende Bevölkerungsverdichtung und der sorglose und unachtsame Umgang mit dem Süßwasser sind die Ursachen (Abb. 39). In Zukunft werden in zunehmendem Maße Wasserpipelines in der Welt gebaut werden, deren Länge und Ausdehnung die der Erdöl- und Erdgaspipelines übersteigen werden.

Wasser und Energie sind unmittelbar aneinander gekoppelt und müssen auch unter diesem Gesichtspunkt zusammen betrachtet werden.

Die Kraftwerke auf der Basis von Kohle, Erdöl, Erdgas und auch Kernenergie unseres technischen Zeitalters sind ein Beleg dafür. Ohne Wasser gibt es keine elektrische Energie und lässt sich keine Wärmeenergie über Fernleitungen transportieren.

Wasser ist ein ambivalenter[9] Stoff, er ermöglicht und fördert Leben von Mikroorganismen, Pflanzen, Tieren und Menschen. Wasser vernichtet auch Leben, zerstört Landschaften und baut sie wieder auf (Abb. 1).

Der Mensch kann Wasser für seinen persönlichen Gebrauch nur in einer bestimmten Qualität gebrauchen. Es muss ausreichende Mineralsalze gelöst enthalten, nicht zu viel und nicht zu wenig (S. 23) und muss den hygienischen Anforderungen genügen. Außerdem muss es frei von krankheitsverursachenden Mikroorganismen sein.

---

9) ambo (lat.) – beide; valere (lat.) – stark sein;
ambivalent – entgegengesetzte Eigenschaften
besitzen.

Introduction

What we know to day of the Earth's development, we can say that approximately 3,5–4 billion years ago life began in water.

Without water Earth would be no more than a huge desert devoid of plants and other forms of vegetation. A great emptiness would have been the typical characteristic the of Earth's surface.

The phylogenetic oldest vertebrates of land e.g. amphibia, reptiles and birds spend the first phase of life exclusively in water. The beginning of life of the vertebrates is in the egg. The egg can be compared to a complete little aquarium. All full grown individuals of land animals including mammals, have their own aqueous medium in the form of blood and lymph circulatory system. All land animals lose much water through respiration, perspiration and other excretions e.g. urine and faeces. It must be replaced through the intake of fresh water. The greater part of land organisms satisfy their water intake from water in rivers, fresh water lakes and subsoil water (table 12, fig. 63 and 64, page 154).

Man requires 2,6 litres of water daily in temperate zones and under normal conditions. This amount increases from 8 to 15 litres daily in torrid zones such as deserts or in dry arctic areas.

Plants are stationary. They have developed the most effective method of absorbing water. They are able to absorb the least amounts of water from the soil through their spreading roots. They gather and store the water in their vascular system. Plants and algae are the basis for the formation of animal life.

In the presence of chlorophyll the plants and algae photosynthizes from carbondioxide and water by solar energy the most important biopolymers e.g. carbohydrates, proteins, fatty oils, vitamins and other. These products are the physiological energy source for men and animals, which means for foodstuff and animal feeds.

Water is a very stable chemical compound. Much energy is necessary to split the compound into its elements of hydrogen and oxygen (fig. 15).

$$\text{energy} + \text{water} \longrightarrow \text{hydrogen} + \text{oxygen}$$
$$927\,\text{kJ} + \text{H–OH} \longrightarrow 2\,\text{H} + \text{O}$$

Only solar energy is able to split water into its elements into high degree at normal temperatures (page 61). The hydrogen, which is set free, reduces the carbondioxide to sugars in the green leaf pigments of plants or in the light absorbing pig-

Wasser. Vollrath Hopp
Copyright © 2004 WILEY-VCH Verlag GmbH & Co. KGaA, Weinheim
ISBN: 3-527-31193-9

ments of algae. The monomer *glucose* polymerizes to starch and cellulose and other carbohydrates. The oxygen of the water enriches itself in the atmosphere as gas. The oxygen quota in the air is 21 % vol. It is responsible for the oxidic biosphere of our planet.

Carbondioxide and solar energy are ubiquitous around the Earth, but water is unequally distributed on the continents. Water is the limiting factor for the growth of plants and in special case for the development of agriculture.

The Earth's climate is essentially influenced by the global circulation of water in connection with the partial circulation above the continents and oceans.

The physical conversion of water into its different states of aggregation plays a significant role, that means the conversion from ice into the liquid phase and steam and back. The water circulation in nature provides a permanent renewal of fresh water.

Water is the most important heat store and energy converter. The movement energy of flowing water is converted into electrical energy by waterwheels and turbines (page 129).

Although there is sufficient water in the world and it is not consumed but only used, nevertheless fresh water becomes scarcer for human requirement. The reasons are the disproportionate distribution around the continents, together with increasing density of population and careless handling. In future water pipelines must be increased world wide. The extent of this world wide network for water have to be greater than that for crude oil and natural gas.

Water and energy are closely bound together. The discussion about energy can not exclude water, both together equally considered.

Power plants based on coal, petroleum, natural gas and nuclear energy demonstrate it. The requirement of electrical energy cannot be supplied without a sufficient provision of fresh water.

Heat energy cannot be transported through long distance pipes without water. Water is an ambivalent matter. On the one side, promoting biological systems e.g. microorganisms, plants, animals and man. On the other side it kills life, destroys landscapes and makes them fruitful again.

Drinking water requires a special quality. It must be free of toxic substances and pathogenic microorganisms, it should have a sufficient concentration of disolved minerals (page 23).

1.
Vorkommen
(E. occurrence)

Wasser gehört zu den *Hauptbestandteilen* der uns umgebenden belebten und unbelebten Natur, d. h. der Bio- und Lithosphäre [70].

Es bedeckt 4/5 der *Erdoberfläche* in Form von Meeren, Seen und Flüssen. In geringen Erdtiefen findet man es als Grundwasser. Der *menschliche Körper* besteht zu einem Massenanteil von 0,6 bis 0,7 (60 % bis 70 %) aus Wasser. *Früchte* und *Gemüse* enthalten oftmals einen Massenanteil an Wasser, der größer als 0,9 (90 %) ist.

Die Atmosphäre kann Volumenanteile bis zu 0,04 (4 %) an Wasser als Dampf aufnehmen und es bei Druck- oder Temperaturänderungen in Form von *Niederschlag* abgeben (Regen, Wolken, Nebel, Reif, Schnee, Hagel).

Mineralien enthalten oft chemisch gebundenes Wasser als Kristallwasser.

Das Gesamtwasservolumen unserer Erde beträgt 1,384 Mrd. Kubikkilometer. Davon sind 97,35 %, das sind 1,347 Mrd. Kubikkilometer, in den Weltmeeren, die wegen ihres hohen Salzgehaltes nicht so ohne weiteres als Trinkwasser oder industrielles Nutzwasser geeignet sind (Abb. 2).

2,65 % bzw. 0,03711 Mrd. Kubikkilometer liegen als Süßwasser vor (Abb. 3). Sie verteilen sich in unterschiedlichen Mengen auf das Polareis und die Gletscher, das sind 2,0 %, auf das Grundwasser und die Bodenfeuchte 0,58 % und auf die Seen und Flüsse 0,016 %. Von den gesamten Wassermengen, nämlich von 1,384 Mrd. km^3, befinden sich 0,074 % bzw. 1,03 Mio. Kubikkilometer im ständigen Umwandlungsprozess zwischen Verdunstung, Kondensation (Niederschläge), Gefrieren und Schmelzen (Abb. 9 u. 11).

Als Wasserspeicher dienen auch riesige Hohlräume unter dem Eispanzer der Antarktis [45][10]. Eine solche glaziologische[11] Besonderheit wurde in der Nähe der russischen Polarstation Wostock entdeckt. Dort hat sich ein See gebildet unter einer Eisschicht von 4100 m Dicke an seinem Nordufer und von 400 m an seinem Südufer. Der See schmiegt sich auf einer Länge von ca. 250 km in ein halbmondförmiges bis zu 60 km breites Gebiet ein. Das Wasser dieses nach der Polarstation benannten Wostock-Sees ist bei −3 °C noch flüssig.

10) Rademacher, H. (2001), Frankfurter Allgem.   **11)** glacialis (lat.) – eisig, eiszeitlich
Zeitung, Nr. 289 vom 12.12.2001.

Wasser. Vollrath Hopp
Copyright © 2004 WILEY-VCH Verlag GmbH & Co. KGaA, Weinheim
ISBN: 3-527-31193-9

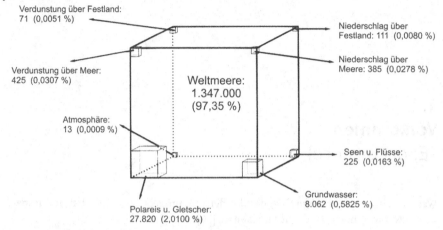

Verdunstung über Festland:
71 (0,0051 %)

Niederschlag über
Festland: 111 (0,0080 %)

Verdunstung über Meer:
425 (0,0307 %)

Niederschlag über
Meere: 385 (0,0278 %)

Weltmeere:
1.347.000
(97,35 %)

Atmosphäre:
13 (0,0009 %)

Seen u. Flüsse:
225 (0,0163 %)

Grundwasser:
8.062 (0,5825 %)

Polareis u. Gletscher:
27.820 (2,0100 %)

Abb. 2: Die Wasserbilanz der Erde – Einheiten in 10^3 km^3
(Daten nach Baumgartner, Reichel: Wasserkalender 1975)
(E. water balance of the Earth – units in 10^3 cubic kilometre)

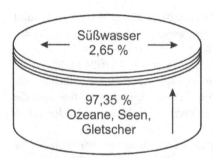

Süßwasser
2,65 %

97,35 %
Ozeane, Seen,
Gletscher

Abb. 3: Anteile des Süßwassers am Gesamtwasser der Erde
(E. parts of fresh water of total-water of the Earth)

Diese Erscheinung ist darauf zurückzuführen, dass das Gewicht der auf dem Wasser lastenden Eismassen einem Druck von ca. 350 bar entspricht. Der See ist bis zu 1000 m tief.

Weitere große Wasserspeicher, aber anderen Ursprungs, sind unter den Wüstenoberflächen anzutreffen. Es sind Grundwasserseen, die sich in Tiefen um 1000 m während der Tertiär- (vor ca. 60 Mio. Jahren) und Quartärzeit (vor ca. 1 Mio. Jahren) angesammelt haben. Sie werden auch *fossile Grundwasser* genannt und geben sich häufig durch artesische[12] Brunnen zu erkennen. Diese Grundwasserseen werden heute bewusst angebohrt, um das dann heraussprudelnde Wasser zur Bewässerung von Trockengebieten oder als Trinkwasser zu nutzen (Abb. 7).

12) Artesische Brunnen (benannt nach der französ. Landschaft *Artois*) sind Brunnen, in denen Wasser durch natürlichen Überdruck, verursacht durch Erdschichten, zutage tritt.

Sahara
(E. Sahara)

Algerien
(E. Algeria)

Nordafrika ist von Regenarmut und großer Trockenheit gekennzeichnet (Tab. 1).

Tab. 1: Maghrebländer: Größe, Niederschläge und landwirtschaftlich nutzbare Ackerböden (E. countries of Maghreb: size,
precipitates and agricultural useful arable land) [62]

Land	Fläche (Mio. km^2)	Ø Niederschlag (mm/Jahr)	Anteil potenziell landw. nutzbarer Fläche (in %)	Anteil tatsächlich genutzter landw. Fläche (in %)
Algerien	2,38	68	4	1
Libyen	1,76	26	2	1
Marokko	0,45	336	18	16
Mauretanien	1,03	99	19	0,2
Tunesien	0,16	207	53	26
Maghreb gesamt	6,1	85	9	3
Welt gesamt	149,0	820		11

Quelle: Berechnungen K. Schliephake nach FAO Aquastat.
Daten für 1995 (s. auch S. 8)

Niederschlagsarmut, tief absinkender Grundwasserspiegel und Dauersonneneinstrahlung bei hochsommerlichen Temperaturen geben den Wüsten ihr Gepräge [14; 86].

In der Sahara sind stetig fließende Wasserläufe selten. Ausnahmen bilden wenige Flüsse in Südmarokko und in einigen Regionen der algerischen Sahara.

In *Südmarokko* führen die Flüsse *Ziz* und *Rheriz* das ganze Jahr über Wasser, die Flüsse *Dra* und *Dades* enthalten die meiste Zeit des Jahres Wasser. Sie werden von den reichen Niederschlägen im *Hohen Atlas*, dem mächtigen Hochgebirge Nordafrikas gespeist. Diese Wasser dringen bei Schneeschmelze oder starkem Regen bis in *Tafilalet* vor. Künstlich errichtete Gräben begleiten die Flüsse, in denen den Palmengärten und Getreidefeldern das Wasser zur Bewässerung zugeführt wird.

In der *algerischen Sahara* zählen der *Mzi* und *Abiod* zu den Dauerflüssen. Das Wasser des Mzi und auch ein Teil seines Grundwassers, das bei Tadjemout, 45 km westlich von Laghouat gelegen, in 10 m Tiefe dahinfließt, wird durch einen errichteten Damm aufgestaut. Auch dieses Wasser dient der Bewässerung von landwirtschaftlichen Anbaugebieten (Abb. 4).

Wasser des *Abiod* wird bei Forum el Gherza, wo er das Aurès-Gebirge verlässt, aufgestaut. In einer langen Leitung fließt sein Wasser den verschiedensten Oasen des Vorlandes zu.

Ein großer Staudamm von 955 m Länge und 28 m Höhe wurde im Tal des Guir bei Djorf Torba, 55 km westlich von Béchar errichtet. Der See hat ein Fassungsvermögen von 430 Mio. m^3 Wasser. Mit diesem wird eine Fläche von 15 000 Hektar in der Ebene von Abadla, 40 km unterhalb Djorf Torba, bewässert.

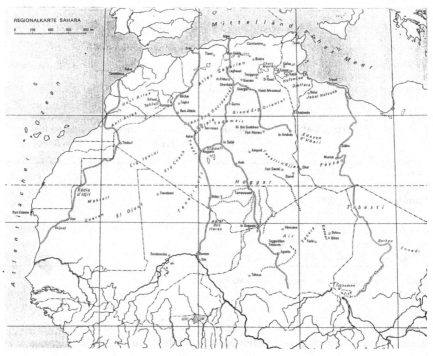

Abb. 4: Algerien (E. map of Algeria) [14][13]

Zu den wichtigsten Wasserlieferanten in der algerischen Zentralsahara und auch anderen Wüstenregionen zählen die Wasserstollen, *Foggara*, genannt (Abb. 5). Diese Stollen sind Luftschächte, die zu einem verzweigten unterirdischen Wassernetz führen. In diesem sammelt sich das Grundwasser und wird in Oasen abgeleitet. Die Luftschächte dienen der regelmäßigen Kontrolle und Reinigung der Untergrundfläche. Das Wasser der Foggara stammt aus dem Alb. Das ist eine aus Sandsteinen, Tonen und Kiesen bestehende Schicht der Kreidezeit, die sich vor 140 Mio. – 100 Mio. Jahren gebildet hat. Dieses Alb bildet ein riesiges Wasserreservoir, das sich über 600 000 km^2 erstreckt. Es wird vorwiegend vom Wasser aus dem Sahara-Atlas gespeist, entweder durch die Wadis[14], in deren Bett es versickert oder auf unterirdischem Wege von Grundwasserströmen. Durch Bohrungen gelingt es, dieses Wasser zu nutzen. Nach dem Prinzip des artesischen Brunnens gelangt das

13) *Quelle:* Gardi, R. (1975), Sahara, Monographie einer großen Wüste, 4. Aufl., Kümmerly u. Frey Geographischer Verlag, Bern, Schweiz.

14) Wadi (arab.) – Bach, Trockental, wasserloses Flussbett der Wüste.

Abb. 5: Mündung einer Foggara mit Messrechen für die Wasserverteilung (E. mouth of a Foggara with measuring rake for
distribution of water) → Farbtafel Seite XXXII

Wasser nach der Bohrung durch den Überdruck an die Oberfläche. Die Bohrungen
führen in Tiefen von 100 m bis über 2000 m.

60 km südöstlich von Ghardaia ist bis zu 1167 m tief gebohrt worden, um an das
Wasser zu gelangen.

Bei Guerrara entspringen einer Tiefbohrung von 2100 m 21 000 Liter Wasser pro
Minute.

Das emporschießende Wasser ist heiß und muss auf Normaltemperaturen abge-
kühlt werden. Das geschieht in Kühlanlagen. In *Hassi Messaoud* zum Beispiel
beträgt die Temperatur des artesischen Wassers 60 °C. In *Quargla* wird dieses heiße
Wasser in den kühlen Wintermonaten den Häusern zum Kochen und auch für die
Zentralheizung zugeleitet.

In der *algerischen Sahara* z. B. werden auf diese Weise mehrere tausend Hektar
landwirtschaftliche Versuchsflächen für den Getreideanbau bewässert. Aus 1200 m
Tiefe strömt das Wasser an die Oberfläche und wird mittels Pumpen in Bewässe-
rungsarme geleitet, die sich nach dem Rückstoßprinzip um die eigene Achse drehen. 50 Liter Wasser pro Sekunde werden von einem Bewässerungsarm versprüht,
18 Stunden dauert eine Umkreisung, durch die eine Fläche von 50 ha bewässert
wird. Das Wasser enthält 3,5 mg/L Mineralsalze. Vor der Aussaat wird der Sahara-
boden 80 cm tief gelockert und danach mit Kalium- und Phosphatdünger versetzt.
Während der Bewässerung werden dem Boden Stickstoffdünger und Magnesium-
sowie Zinksalze zugegeben.

Libyen
(E. Libya)

Mit 1,76 Mio. km^2 ist Libyen ein großflächiges Wüstenland, das von zahlreichen Oasen durchsetzt ist. Regen fällt nur in den Mittelmeerküstengebieten. Die natürlichen Wasserquellen werden vom Grundwasser unterhalb der Wüstenoberfläche gespeist. Ohne künstliche Bewässerung der Ackerböden lässt sich kaum Landwirtschaft betreiben. Libyen wird zur Zeit von 5,6 Mio. Menschen bewohnt, ihre Zahl ist steigend [62].

So reich dieses Land an Erdöl- und Erdgas ist, so arm ist es an unmittelbar zugänglichem Süßwasser. Die Erdölvorräte wurden für 2002 auf 3888 Mio. Tonnen geschätzt und die des Erdgases auf 1313 Mrd. Kubikmeter (Abb. 6).

Für die Privathaushalte, die Förderung von Erdöl und Erdgas, das Betreiben von Erdölraffinerien und für die Bewässerung von landwirtschaftlich genutzten Böden wird sehr viel Wasser benötigt.

Nach dem Wassermangel-Index [8] zählt Libyen zu den wasserärmsten Ländern in der Welt. Statistisch stehen jedem Einwohner jährlich nur 107 m^3 Süßwasser zur Verfügung, in Deutschland sind es 2080 m^3 (S. 75 u. 76).

Diese Menge entspricht einem täglichen Dargebot von 293 L pro Person für Privathaushalte, landwirtschaftliche Bewässerung und industrielle Nutzung. Das ist zu wenig. Um diesen Wassermangel zu beheben, wurde in Libyen vor Jahrzehnten das größte Wassergewinnungsprojekt der Welt aufgelegt, bekannt als Projekt des „Großen Künstlichen Flusses", das in mehreren Phasen nacheinander verwirklicht wird. Der erste Bauabschnitt wurde 1990/91 mit einer Förder- und Aufbereitungskapazität von 12 Mio. m^3 Wasser in Betrieb genommen (Abb. 7).

Ausgenutzt werden die oberflächennahen fossilen Grundwasser im Saharabecken. Während der Erdölexploration stieß man auf sie in Tiefen von 20 m bis 80 m, teilweise sind es auch offene Wasserbecken. In der algerischen Sahara dagegen haben sich die fossilen Wasser 1000 m tief und tiefer gesammelt und stehen dort unter erhöhtem Druck.

Die Wasservorräte im Becken von Kufra werden auf 200 km^3 geschätzt und die von Sarîr auf 15 km^3. Dieser Vorrat würde mehr als 100 Jahre reichen, wenn jährlich 2 Mrd. m^3 Wasser abgepumpt würden. Das entspräche bei 5,6 Mio. Einwohnern einem Wasserdargebot von 357 m^3 pro Jahr und Kopf bzw. von ca. 1000 Liter täglich.

Im Rahmen des *Großen Künstlichen Flusses*-Vorhabens wurde in den Jahren 2000/ 2002 das 2. Wasserverteilungsprojekt, „Great Man-Made River (GMMR)"-Projekt, begonnen. Das Ziel ist, aus den riesigen Wasserreserven unter der Wüstenoberfläche, die bis zu Tiefen von 100 Metern reichen, Wasser zu fördern, es aufzubereiten und über ein Rohrleitungsnetz über das Land als Trinkwasser oder als Brauchwasser für die Landwirtschaft zu verteilen [62].

Für den Wassertransport des aufbereiteten Wassers zur Küste wird teilweise das natürliche Landschaftsgefälle genutzt. Durch den Einbau von Pumpstationen kann die Durchflussgeschwindigkeit verdoppelt werden. Das bestehende Rohrleitungsnetz wird erneuert, stufenweise auf 4600 km erweitert und mit Zwischenlager-Becken für aufbereitetes Wasser versehen, um bei einem erhöhten Wasserbedarf auf entsprechende Vorräte zurückgreifen zu können. 5,7 Mio. m^3 Süßwasser können auf diese Weise pro Tag bewegt werden. Diese Menge reicht aus, um den täglichen Wasserbedarf der libyschen Bevölkerung mit 1000 Liter pro Person zu decken.

Es verbindet mehr als 1300 Brunnen und Wasseraufbereitungsanlagen, die an zahlreichen und unterschiedlichen Standorten im Land errichtet worden sind (Abb. 7). Aus einem Brunnen wird das Grundwasser mit einer Förderleistung von 432 m^3 pro Stunde gepumpt. Jede Aufbereitungsanlage hat einen Entgaser und ein Filtrationssystem, um den hohen Gehalt an Kohlenstoffdioxid, CO_2, und Eisen- und Manganionenkonzentrationen im Wasser zu verringern, bevor es in die Hauptpipeline eingespeist wird. Diese Begleitstoffe des Brunnenwassers korrodieren leicht die Pipelines, die aus Betonsegmenten mit einem Durchmesser bis zu 4000 mm bestehen. Ein besonderes Problem ist die Installation von korrosionsfreien Rohren.

Für das Teilprojekt des „Great Man-Made River" im Brunnenfeld Tazirbu südlich von Binghazi wurde die *Berkefeld Filter Anlagenbau GmbH der Fibagroup Europe aus D-52448 Aldoven* mit der Auslegung und dem Bau von 54 Wasseraufbereitungsanlagen beauftragt[15]. Anstelle der Betonsegmente verwendet dieses Unternehmen Rohrsegmente aus glasfaserverstärktem Vinylpolymer. Diese Rohrsysteme von *Fibagroup*, die unter dem Markennamen *Fiberdur*® bekannt sind, entsprechen den Anforderungen der chemischen Industrie wie Korrosionsfähigkeit gegenüber Chemikalien, Temperaturbeständigkeit und Druckfestigkeit. Sie sind sowohl für oberirdische Einsätze als auch für erdverlegte Leitungen und bei meerestechnischen Anlagen geeignet.

Gegenüber herkömmlichen Metall- oder Betonrohrsystemen sind faserverstärkte Rohre außerdem kostengünstiger. Sie haben ein geringeres Eigengewicht und ermöglichen eine schnellere Installation.

15) *Quelle:* Pressemitteilung der Fibagroup Europe,
D-52448 Aldenhoven, vom 16.05.2003, E-mail:
info@fibagroup.com

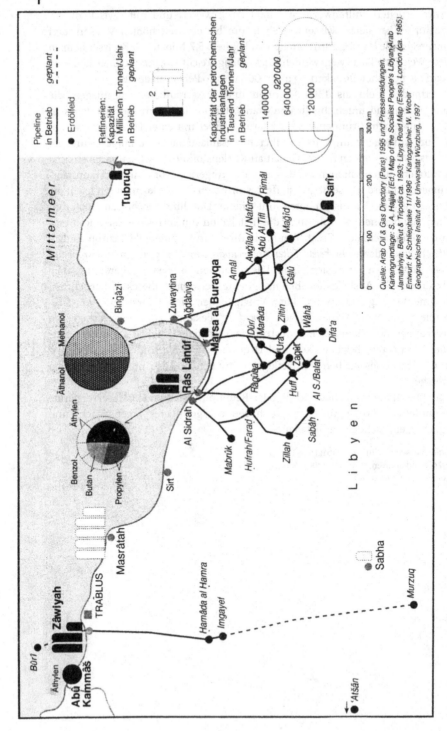

Abb. 6: Erdölleitungen und petrochemische Industrieanlagen in Libyen
(E. crude oil pipelines and petrochemical plants in Libya) [62]

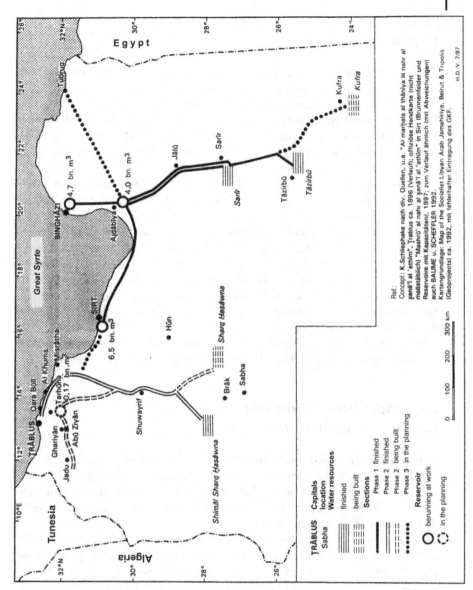

Abb. 7: Libyens *Großer Künstlicher Fluss*, Verlauf und Bauphasen (E. Libya's big man-made river, course and phases of construction) [62]

Jordan
(E. Jordan)

So wie nach Erdöl und Erdgas gebohrt wird, werden in zunehmendem Maß Vorkommen von fossilem Grundwasser erschlossen, um die Trinkwasserversorgung in den halbtrockenen Gebieten zu verbessern. Auch die Wasserreserven unter der Negev-Wüste und dem Sinai sollen zugängig gemacht werden. Aus dem Süden des Jordanlandes soll fossiles Grundwasser nach Amman, der Hauptstadt Jordaniens, gepumpt werden. Die Jordanier verbrauchen täglich 70 Liter Wasser, in den Villengegenden sind es allerdings 400 L.

Während der langen Trockenheit im Sommer 2001 litten die großen Städte *Amman*, *Zarga* und *Irbid* unter einem Defizit von 26 Mio. Kubikmetern Wasser. Hier leben die Hälfte der 5 Mio. Einwohner Jordaniens [13][16].

Die Hauptwasserader Israels, der Palästinensergebiete und Jordaniens ist der *Jordan*. Die Länder Jordanien, Syrien, Libanon, Israel und Palästina müssen sich die relativ geringen Wasservorkommen dieses Flusses teilen.

Er ist 250 km lang mit einem Einzugsgebiet von 18 000 km^2. Neben diesem ist der Fluss *Jarmuk* für *Jordanien* die wichtigste Wasserquelle, die sich außerdem *Syrien* und *Israel* teilen. Palästina wird im Wesentlichen von Aquiferen versorgt, das sind Grundwasser leitende Gesteinsschichten.

In bestimmten Gegenden ist die *Türkei* sehr wasserreich. Sie ist bereit, mit großen Trinkwassertankern aus dem Fluss *Manavgat* Trinkwasser an Israel zu liefern (S. 81).

Wasserspeicher im Erdmantel
(E. water storage in Earth's crust)

Nicht nur die Hydrosphäre mit ihren Ozeanen, Seen und Flüssen, das Gletscher- und Polareis, sowie das Grundwasser des Festlandes und der Wasserdampf der Atmosphäre bilden den Wasserhaushalt bzw. -kreislauf unserer Erdoberfläche, sondern auch die Wasserspeicher im Erdmantel beeinflussen die Mengen des Oberflächenwassers über geologische Zeiten.

Klimatologen[17),18)] haben herausgefunden, dass gegenwärtig etwa fünfmal mehr Wasser in das Erdinnere gelangt als in vulkanischen Bereichen wieder freigegeben wird. Wo Erdplatten aneinander stoßen, werden bei Eruptionen 99,9 % des Tiefenwassers wieder *ausgespuckt*. Es wird damit gerechnet, dass über Jahrmillionen noch bis zu 27 % des Ozeanwassers in das Erdinnere verschwinden werden, um dann zu einer späteren geologischen Phase durch Umkehrkonvektion[19)] wieder freigegeben

---

16) Freund, A. u. Rößler, H.-C. (2001), Dem Nahen Osten geht das Wasser aus, Frankfurter Allgem. Ztg., Nr. 204, S. 11 vom 03.09.01.

17) Prof. Siegfried Franck, Potsdam-Institut für Klimaforschung,
Prof. Hans Keppler, Mineralogisches Institut der Universität Tübingen

18) Prof. Friedrich Seifert, Bayerisches Geoinstitut Bayreuth, VDI-Nachrichten (2001), Nr. 40, S. 27 vom 05.10.2001.

19) convectio (lat.) – Zusammenbringen durch Strömung.

zu werden. Das bedeutet wieder eine Anhebung des Wasserspiegels auf der Erd-oberfläche [87].

Wasser bedeckt die Erde nicht nur an ihrer Oberfläche, sondern es durchdringt die Erdschicht in Tiefen bis zu ca. 660 km. Diese Wasservorkommen beruhen auf der Plattentektonik[20], die ständig ozeanische Krusten unter die Festlandsockel abtauchen lässt.

Mit Hilfe seismographischer[21] Messungen haben Geophysiker der Eidgenössischen Technischen Hochschule Hönggerberg (HPP), Swiss Federal Institute of Technology, Zürich [69], festgestellt, dass in Tiefen zwischen 410 km und 660 km unter dem Mittelmeer die Gesteinsschichten Wasser gespeichert enthalten. Die eingeschlossenen Wasseranteile hängen von der jeweiligen Gesteinsart ab, wie z. B. Olivin, Wadsleyite, Ringwoodite, Perovskite und Magnesiowüstite, sie stabilisieren die Gesteinsschicht im Erdmantel.

Die Mittelmeerregion wurde im Erdzeitalter des ausgehenden Perm vor 190 Mio. Jahren durch die Subduktion[22] der ozeanischen Lithosphäre stark verändert. Starre Gesteinsplatten bewegten sich vom Zentrum der subozeanischen Schwellen weg gegen die Ränder der Kontinente zu und tauchen dort in Subduktionszonen infolge eigener Abtriebskräfte ab. Durch thermische Angleichung werden diese Lithosphärenplatten dann in der Asthenosphäre[23], dem fließfähigen Teil des oberen Erdmantels in 100 km bis 300 km Tiefe, aufgenommen. Die Auflösung soll in etwa 700 km Tiefe vollzogen sein. Die Driftgeschwindigkeit der Platten bewegt sich in verschiedenen Gebieten der Erde zwischen 1 cm und 10 cm pro Jahr.

Diese Subduktion vor 190 Mio. bis 110 Mio. Jahren spielte sich vorwiegend im östlichen Mittelmeer ab. Reste dieser untergetauchten Platten sind in 1300 km bis 1900 km Tiefe unter dem ägyptischen und libyschen Festland noch heute nachzu-weisen.

Die Erdmantelschicht zwischen 410 km und 660 km kann aufgrund seismographischer Daten in unterschiedliche Gesteinsschichtdicken von ca. 20 km bis 60 km unterteilt werden [69].

Entsprechend ist auch der Wasseranteil in den einzelnen Schichten verschieden. Er variiert zwischen 500 ppm, 1500 ppm und 20 000 ppm[24] bezogen auf Gewichts-einheiten. Das sind 0,05 %, 0,15 % bzw. 2 %. In anderen Worten ausgedrückt: 2 % Gewichtsanteile Wasser bedeuten, dass 100 Tonnen Gesteinsmasse 2 Tonnen Wasser enthalten.

Gegenwärtig aktive Subduktionszonen werden im südlichen Teil Italiens und Griechenlands ausgemacht.

20) tektonike, tectine (grch.) – Baukunst, Tektonik ist die Lehre von der Erdrinde; die Plattentektonik beschreibt Vorgänge, die das Gefüge der Erdrinde umformen.

21) seismos (grch.) – Erderschütterung; Seismograph ist ein Gerät zur Messung und Aufzeichnung von Erderschütterungen bzw. Erdbeben.

22) sub (lat.) – als Vorsilbe unter; ductile (franz.) – streckbar, verformbar

23) asthenos (grch.) – Kraft, sphaira (grch.) – Himmelskörpergewölbe, Wirkungskreis. Astenosphäre ist eine Schicht des oberen Erdmantels, die unter der Lithosphäre in etwa 100 km bis 600 km Tiefe durch Kräfte deformierbar ist.

24) ppm – parts per million, das entspricht ein Teil auf 1 Million Teile bezogen, d. h. 1 ppm = 10^{-4} % oder 1 mg/kg oder 1 g/t.

Die Höhe des Wasserspiegels der Ozeane ist im Laufe von Jahrtausenden stark schwankend. Zum Beispiel lag der Wasserstand der Meere vor 20 000 Jahren, d. h. im auslaufenden Diluvium und/oder in der noch herrschenden Eiszeit, um 120 m tiefer als heute.

Den größten Einfluss auf den Wasserstand der Ozeane üben Klimaveränderungen aus. Der Meeresspiegel sinkt deutlich, wenn während einer Eiszeit große Wassermengen als Eispanzer an Land gebunden werden.

Andere Einflüsse auf den Wasserstand sind plattentektonische Verschiebungen von Landmassen und vertikale Hebungen von Kontinenten durch das Abschmelzen von eiszeitlichen Gletschern.

Bei eingehenden Untersuchungen hat eine Forschergruppe des Meeresforschungszentrum der Universität Southampton, U.K., festgestellt, dass der Meeresspiegel während der letzten Eiszeit um bis zu 35 m geschwankt hat. Erdgeschichtlich verlaufen die Wasserstandsänderungen sehr schnell, nämlich bis zu 2 m innerhalb von 100 Jahren.

Die Bestimmung des Isotopenverhältnisses von Sauerstoff $^{16}_{8}O$ zu Sauerstoff $^{18}_{8}O$ ist eine geeignete Methode, die Temperaturänderungen und damit auch den Verdunstungsgrad der Weltmeere in den vergangenen Zehntausenden von Jahren zu verfolgen.

Das Isotop[25)] Sauerstoff $^{18}_{8}O$ ist schwerer als der Normalsauerstoff $^{16}_{8}O$. Während der Wasserverdunstung verflüchtigt sich der leichtere Sauerstoff $^{16}_{8}O$ schneller in die Atmosphäre als der schwerere Sauerstoff $^{18}_{8}O$, der sich im verbleibenden Wasser anreichert.

In abgelagerten Gesteinsschichten lässt sich der konzentrierte Anteil von Sauerstoff $^{18}_{8}O$ nachweisen. Mit Sauerstoff $^{18}_{8}O$ angereicherte Sedimente geben Auskunft über die Meeresspiegelhöhen der Erdgeschichte [64].

Die Forschungsgruppe aus Southampton, der auch Christoph Hemleben aus Tübingen und Dieter Meischner aus Göttingen angehörten, konnte das Verhältnis der Sauerstoffisotopen in den Sedimenten vom Boden des *Roten Meeres* analysieren [64].

Das *Rote Meer* ist ein Randmeer und nur durch eine flache 18 km breite und 137 m tiefe Wasserstraße mit dem Golf von Aden und den Weltmeeren verbunden. Es unterliegt somit den gleichen Regelschwankungen wie die Ozeane. Wegen der hohen Verdunstungsrate ist das *Rote Meer* mit Sauerstoff $^{18}_{8}O$ angereichert und entsprechend auch die jeweils erfolgten Ablagerungen.

Der Anteil der Wasservorräte, der mit ca. 1 Mio. Kubikkilometern am ständigen Zyklus des Verdampfens, Kondensierens, Erstarrens und Schmelzens teilnimmt, ist sehr klein. Aber gerade dieser Teil beeinflusst das Klima auf der Erde entscheidend. Ein weiterer Klimafaktor sind die Weltmeere selbst, die sich durch eine hohe Spei-

---

25) Isotope sind chemische Elemente mit gleicher Protonenzahl, aber unterschiedlicher Anzahl von Neutronen im Atomkern. Sauerstoff enthält in seinem Kern 8 Protonen, Sauerstoff $^{16}_{8}O$ zusätzlich noch 8 Neutronen und Sauerstoff $^{18}_{8}O$ dagegen 10 Neutronen. Letzterer ist schwerer. Die prozentuale Häufigkeit des Sauerstoffisotops $^{16}_{8}O$ beträgt 99,762 % und die des Sauerstoffs $^{18}_{8}O$ 0,200 %.

cherkapazität für die Wärmeenergie auszeichnen. In der Abb. 14 sind die Energiemengen schematisch einander zugeordnet, die beim Wechsel des Wassers von Flüssigkeit, Dampf und Eis umgesetzt werden.

Die mittlere Niederschlagsmenge in Deutschland beträgt etwa 800 mm pro Quadratmeter im Jahr.

Kein technischer Trick macht es möglich, die Süßwassermenge zu erhöhen. Das Süßwasser muss durch technische Maßnahmen ständig regeneriert bzw. im Kreislauf geführt werden.

2.
Hydrosphäre
(E. hydrosphere)

Die Erdoberfläche umfasst knapp 510 Millionen Quadratkilometer. Davon sind 70,8 % von den Weltmeeren bedeckt. Die Landmassen nehmen eine Oberfläche von 149 Mio. km^2 ein (Abb. 8). 20 % der Festlandflächen sind Wüsten und 10 % sind von Eisschichten bedeckt.

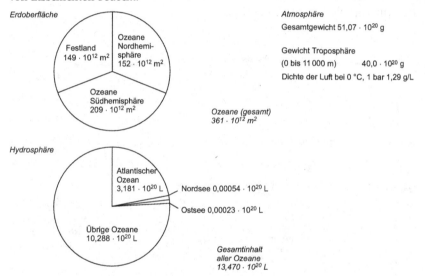

Erdoberfläche

Festland 149 · 10^{12} m^2

Ozeane Nordhemisphäre 152 · 10^{12} m^2

Ozeane Südhemisphäre 209 · 10^{12} m^2

Ozeane (gesamt) 361 · 10^{12} m^2

Atmosphäre
Gesamtgewicht 51,07 · 10^{20} g

Gewicht Troposphäre
(0 bis 11 000 m)   40,0 · 10^{20} g
Dichte der Luft bei 0 °C, 1 bar 1,29 g/L

Hydrosphäre

Atlantischer Ozean 3,181 · 10^{20} L

Nordsee 0,00054 · 10^{20} L

Ostsee 0,00023 · 10^{20} L

Übrige Ozeane 10,288 · 10^{20} L

Gesamtinhalt aller Ozeane 13,470 · 10^{20} L

Abb. 8:   Flächen, Volumina und Massen der Ökosphäre[26)]
(E. areas, volumes and masses of the ecosphere)

Unter der Hydrosphäre versteht man die Wasserhülle an der Erdoberfläche. Zu ihr zählen die Ozeane, die Gewässer des Festlandes, die als Eis gebundenen Wassermengen der Arktis, Antarktis und Gebirgsgletscher und die Wasserdampfbestandteile der Luft. Das Gesamtwasservolumen auf der Erdoberfläche wird mit ca. 1,384 Milliarden km^3 = 13,84 · 10^{20} L angegeben (Abb. 2).

26) Öko ..., aus dem grch. oikos = Haus, Siedlung, Wirtschaft ...
Der Begriff Ökosphäre wird häufig im gleichen Sinne für Biosphäre verwendet. Darunter werden die Lebensbereiche aller pflanzlichen und tierischen Organismen auf der Erdoberfläche zusammengefasst.

Wasser. Vollrath Hopp
Copyright © 2004 WILEY-VCH Verlag GmbH & Co. KGaA, Weinheim
ISBN: 3-527-31193-9

Eine Überschlagsrechnung bringt zum Ausdruck, dass statistisch auf jeden Quadratzentimeter Erdoberfläche ca.

264	Liter	Meerwasser, aber nur
7,3	Liter	Süßwasser und
0,1	Liter	Wasserdampf entfallen.

Von den 7,3 Litern Süßwasser sind ca. 5,5 Liter als Festlandeis gebunden.

Der Übergang des Wassers aus seiner Flüssigphase durch Verdampfen bzw. des Eises durch Sublimieren in die Dampfphase bindet sehr viel Wärmeenergie, umgekehrt wird sie wieder freigesetzt, wenn Wasserdampf kondensiert bzw. flüssiges Wasser zu Eis erstarrt. Das hohe Energiespeichervermögen ist auf ein System vernetzter Wassermoleküle zurückzuführen. Diese physikalischen Prozesse der Aggregatzustandsänderungen[27] gestalten das Klima auf der Erde entscheidend. Sie sorgen für einen Temperaturausgleich zwischen den Ozeanen und den Landmassen, obwohl der Anteil der Wasservorräte, der mit knapp 1 Mio. km^3 am ständigen Zyklus des Erstarrens, Schmelzens, Kondensierens und Verdampfens teilnimmt, relativ klein ist (Abb. 2, 9, 10, 11 und 14).

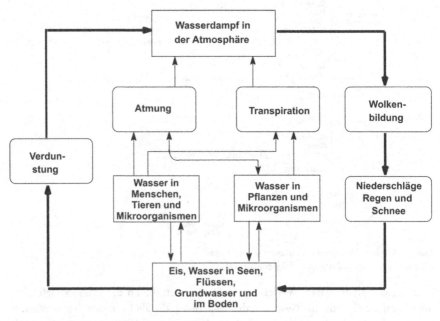

Abb. 9: Der Kreislauf des Wassers in der Natur
(E. circulation of water in nature)

27) aggregare (lat.) – beigesellen; Aggregatzustand
ist eine physikalische Erscheinungsform der
Stoffe.

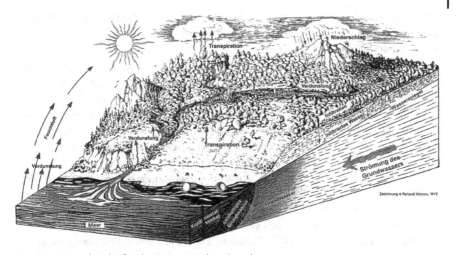

Abb. 10: Wasserkreislauf in der Natur zwischen Grundwasser, Ozeanen und Atmosphäre, Quelle: Unesco Kurier(1978), Nr. 2, 19. Jg., Verlag Hallwag AG, Bern.
(E. circulation of water in nature between subsoil water, oceans and atmosphere)

Ständiger Wasserdampfanteil in der Atmosphäre $13 \cdot 10^3 \cdot km^3$

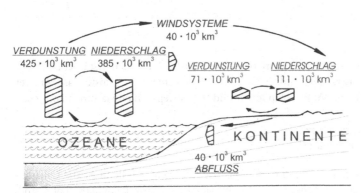

Abb. 11: Der globale Wasserkreislauf während eines Jahres in Verknüpfung mit den Teilkreisläufen oberhalb der Ozeane und Festlandkontinente [7][28]
(E. global circulation of water during a year in connection with the partial circulation above the oceans and continents)

28) *Lit.:* Eisbacher, G. H. u. Kley, J. (2001), Grundlagen der Umwelt- und Rohstoffgeologie, Enke im Georg Thieme Verlag, Stuttgart.

Die Verdunstung über den Ozeanen beträgt jährlich 425 000 km^3 und die Niederschläge 385 000 km^3. Das entspricht einem Wasserdampftransfer auf die Kontinente von 40 000 km^3 Wasserdampf.

Über den Kontinenten werden pro Jahr 71 000 km^3 verdunstet, aber es sind 111 000 km^3 Niederschläge zu verzeichnen. Daraus errechnet sich ein Abfluss von den Kontinenten in die Ozeane von 40 000 km^3. Diese Bilanzierung verdeutlicht den großen Beitrag der Meere zur Wasserversorgung der Kontinente, zugleich aber die Rolle des Abflusses in die Ozeane und die damit verbundene chemische Zusammensetzung des Meerwassers durch die von den Kontinenten stammenden Ionen und Feststoffpartikel.

Der Wasserkreislauf in der Hydrosphäre, nämlich zwischen den Ozeanen, den Festlandmassen und der Luft, wird durch Verdunstung, Transpiration der Pflanzen und Kondensation aufrecht erhalten. Die treibende Energie liefert die Sonne durch die Temperaturunterschiede in den verschiedenen Erdzonen.

Täglich werden ca. 150 · 10^{12} (Billionen) Liter Wasser von den Ozeanen in die Landmassen der Kontinente umgewälzt. Das entspricht einem jährlichen Durchsatz von ca. 55 000 km^3 bzw. dem hundertsten Teil des Mittelmeer-Volumens[29] [2].

Natürliche Wasserarten und ihre Inhaltsstoffe
(E. natural types of water and their ingredients)

Das Wasser in der Natur kommt mit der Luft, den Gesteinen und dem mit Pflanzen bewachsenen Boden in Berührung.

Regenwasser
(E. rain water)

Es ist unter den natürlichen Wässern das relativ reinste, da es einem natürlichen Destillationsprozess unterzogen wird. Es enthält Staubteilchen und gelöste Gase, die der natürlichen Luft, den Vulkaneruptionen und Industriegasen entstammen können.

Quell- und Flusswasser
(E. spring and river water)

Der gelöste Feststoffanteil von 0,01 % bis 0,2 % besteht größtenteils aus Calcium- und Magnesiumverbindungen, welche für die Wasserhärte ausschlaggebend sind. Dazu kommen in geringen Mengen Natrium- und Kaliumionen, Eisen- und Manganionen sowie die entsprechenden Anionen, z. B. Karbonat-, Chlorid- und Sulfationen. Die Qualität des Flusswassers und auch das Wasser der Binnenseen wird maßgeblich beeinflusst vom Oberflächengewässer, Grundwasser und vom Übergangs- und Küstengewässer in den Mündungen.

---

29) 150 · 10^{12} Liter ≙ 150 · 10^9 (Milliarden) m^3 ≙
150 km^3.
150 km^3 × 365 Tage ≙ 54 750 km^3/Jahr.

Süßwasser
(E. fresh water)

Süßwasser zeichnet sich durch einen Salzgehalt von weniger als 0,02 % aus. In der Natur kommt es als Gewässer der Seen oder als Flusswasser vor, aber auch als Grundwasser. Es kann unmittelbar oder mittelbar nach entsprechender Aufbereitung als Trinkwasser oder Brauchwasser verwendet werden.

Über Meerentsalzungsanlagen kann aus Ozeanwasser ebenfalls Süßwasser gewonnen werden (Kap. 9, S. 175).

Mineralwasser
(E. mineral water)

Unter Mineralwasser versteht man Quellwasser, das größere Mengen an Gasen, insbesondere Kohlenstoffdioxid, CO_2, und/oder gelösten Feststoffen enthält. Mineralquellen weisen zuweilen Temperaturen bis zu 100 °C auf (S. 212).

Mineralwässer als Trinkwasser sind natürliche, aus natürlichen oder künstlich erschlossenen Quellen gewonnene Wässer, die je Kilogramm mindestens 1000 mg gelöste Salze oder 250 mg freies Kohlenstoffdioxid enthalten. Sie müssen am Quellort in die für den Verbraucher bestimmten Gefäße, z. B. Flaschen, abgefüllt werden (s. auch Mineral- und Tafelwasser-Verordnung).

Trinkwasser
(E. drinking water)

ist ein zum menschlichen Genuss und Gebrauch bestimmtes Süßwasser. Es soll klar, farblos, geruchlos, kühl und geschmacklich einwandfrei sein. Weiterhin soll es frei von Krankheitserregern, arm an Keimen sein und einen bestimmten Anteil von Mineralsalzen enthalten.

Die Trinkwasserverordnung, T-VO, vom 22.05.1986, BGBl T, S. 71, definiert die Beschaffenheit des Trinkwassers in Deutschland. Internationale Empfehlungen sind von der Weltgesundheitsorganisation, WHO, formuliert worden. Die EU-Wasserrahmenrichtlinie, WRRL, des Europäischen Parlamentes ist seit 23.10.2000 in Kraft. Als 7. Novelle zum Wasserhaushaltsgesetz, WHG, hat sie in Deutschland am 25.06.2002 Gesetzeskraft erlangt.

In der Verordnung zur Novellierung der Trinkwasserverordnung in Deutschland, die am 1. Januar 2003 in Kraft trat (TrinkwV 2001) heißt es:

Im Sinne dieser Verordnung

§ 3 1. ist „Wasser für den menschlichen Gebrauch" „Trinkwasser" und „Wasser für Lebensmittelbetriebe". Dabei ist

a. „Trinkwasser" alles Wasser, im ursprünglichen Zustand oder nach Aufbereitung, das zum Trinken, zum Kochen, zur Zubereitung von Speisen und Getränken oder insbesondere zu den folgenden anderen häuslichen Zwecken bestimmt ist:

- Körperpflege und -reinigung,
- Reinigung von Gegenständen, die bestimmungsgemäß mit Lebensmitteln in Berührung kommen,
- Reinigung von Gegenständen, die bestimmungsgemäß nicht nur vorübergehend mit dem menschlichen Körper in Kontakt kommen.

Dies gilt ungeachtet der Herkunft des Wassers, seines Aggregatzustandes und ungeachtet dessen, ob es für die Bereitstellung auf Leitungswegen, in Tankfahrzeugen, in Flaschen oder anderen Behältnissen bestimmt ist;

b. „Wasser für Lebensmittelbetriebe" alles Wasser, ungeachtet seiner Herkunft und seines Aggregatzustandes, das in einem Lebensmittelbetrieb für die Herstellung, Behandlung, Konservierung oder zum Inverkehrbringen von Erzeugnissen oder Substanzen, die für den menschlichen Gebrauch bestimmt sind, sowie zur Reinigung von Gegenständen und Anlagen, die bestimmungsgemäß mit Lebensmitteln in Berührung kommen können, verwendet wird, soweit die Qualität des verwendeten Wassers die Genusstauglichkeit des Enderzeugnisses beeinträchtigen kann;

Tafelwasser ist ein Trinkwasser, das als Erfrischungsgetränk ohne Geschmacksstoffe, meist mit Kohlenstoffdioxidzusatz, natürlich vorkommend oder künstlich aufbereitet, in Flaschen abgefüllt in den Handel kommt. Zum Tafelwasser zählen Mineralwasser, Säuerlinge, Solen.

Meerwasser
(E. sea-water)

Es enthält ca. 3,5 % gelöste Salze, von denen durchschnittlich 3,0 % Kochsalz sind. Die restlichen 0,5 % bestehen aus Verbindungen von etwa 50 verschiedenen Ionen.

Der Salzgehalt der Meere hängt von den Flüssen der Kontinente ab, die in die Ozeane münden. Die Flüsse werden vom Regenwasser, das auf die Festlandmassen fällt, gespeist. Das Regenwasser versickert in die tieferen Erdschichten und passiert dabei die unterschiedlichsten Gesteinslagen und löst die verschiedensten Mineralsalze heraus. Dieses Grundwasser sammelt sich in Rinnsalen und Bächen und gelangt über Flüsse wieder ins Meer. An den Meeresoberflächen verdunstet ständig Wasser, von dem ein Teil wieder als Regen auf die Kontinente zurückfällt. Da das Regenwasser salzfrei ist, nimmt während dieses alljährlichen Wasserkreislaufs der Salzgehalt der Ozeane langsam aber stetig zu [2].

Etwas niedriger ist der Salzgehalt mit 3,1 %, d.h. 31 g pro Liter, in arktischen Regionen. Der Grund sind die riesigen Süßwasservorkommen in Form von Eis und Gletscher. Der Salzgehalt im Atlantischen Ozean ist mit 3,49 % etwas größer als der im Pazifik mit 3,462 %.

Solwasser
(E. brine)

Solwässer sind besonders stark mit Steinsalz angereichert, *Bitterwässer* mit Magnesiumsalzen (Bittersalz, $MgSO_4$), *Eisenwässer* mit Eisensalzen, *Schwefelwässer* mit Schwefelwassersoff (H_2S), Säuerlinge mit Kohlenstoffdioxid bzw. Bikarbonationen (CO_2, HCO_3^-).

Brackwasser
(E. brackish water)

Brackwasser ist eine Mischung aus dem Süßwasser in Flussmündungen und dem Meerwasser. Der Salzgehalt schwankt zwischen 1 g/L und 25 g/L, d.h. zwischen 0,1 % und 2,5 %. Die Salzkonzentration wird vom Ebbe-Flut-Wechsel beeinflusst.

Besonderheiten des Toten Meeres
(E. specialities of the Dead Sea) [3]

Das Tote Meer ist ein abflussloser Mündungssee des Jordangrabens an der Grenze zwischen Israel und Jordanien. Es ist 80 km lang, seine Gesamtfläche beträgt 1020 km^2 und ist bis zu 398 m tief. Der Wasserspiegel liegt 400 m unter dem Normalwasserspiegel aller übrigen Meere. Das Tote Meer ist die am tiefsten gelegene Landschaft auf der Erdoberfläche. Auch ist es eine der heißesten Gegenden der Erde. Die Jahresdurchschnittstemperatur beträgt mehr als 25 °C.

In das Tote Meer münden zwar einige Flüsse, die gelöste Salze und Feststoffteilchen mitbringen, aber es hat nicht einen einzigen Abfluss. Wegen der starken Sonneneinstrahlung während des ganzen Jahres verdunstet sehr viel Wasser als Wasserdampf aus diesem Meer. Die Folge ist das stete Zunehmen der Salzkonzentration. Sie beträgt zur Zeit 34 %, das sind 340 g Salz in 1 Liter Wasser. Unter diesen Bedingungen ist jegliches Leben im Toten Meer unmöglich. Zum Vergleich: der durchschnittliche Salzgehalt der Weltmeere liegt bei 34 Promille, das sind 34 Gramm Salz in 1 Liter Wasser.

In den vergangenen 30 Jahren ist der Wasserspiegel um 25 m gesunken.

Grundwasser
(E. subsoil water)

ist dicht unter der Erdoberfläche bis in tieferen Erdschichten, besonders in Lockersedimenten, vorkommendes Wasser. Es stammt größten Teils von atmosphärischen Niederschlägen, aber auch aus Fluss- und Seewasser und versickert in Poren, Haarrissen, Klüften und Spalten der Erdschichten [2]. In festem Gestein kann es auch Gerinne bilden, z. B. Höhlenflüsse im Karst[30]. Das Grundwasser folgt im Allgemei-

30) Karst, abgeleitet von dem Karstgebirge nördlich von Triest. Darunter versteht man geologische und geographische Formen, die auf Lösungsvorgänge an verkarstungsfähigen Gesteinen, wie Kalk, Dolomit, Gips, Steinsalz zurückzuführen sind.

nen der Schwerkraft und dem hydrostatischen Druck und sammelt sich über einer Wasser undurchlässigen Schicht, der *Grundwassersohle*. Die Grundwasser führende Sedimentschicht wird *Aquifer*[31] bzw. *Grundwasserleiter* genannt. Die Oberfläche dieser Wasser durchtränkten Schicht heißt *Grundwasserspiegel*. Seine Höhe, der *Grundwasserstand* hängt vorwiegend von den Schwankungen der Niederschläge und den Klimaänderungen ab. *Grundwasserabsenkungen* können durch den Bergbau, die Flussregulierungen und durch starken Süßwasserentzug für die Trinkwasserversorgung der Bevölkerung in dichten Wohnsiedlungen verursacht werden.

Bei geneigtem Grundwasserspiegel entsteht ein *Grundwasserstrom*, dessen Richtung und Geschwindigkeit geologisch bedingt ist. Die Strömungsgeschwindigkeit ist abhängig von der Durchlässigkeit des Grundwasserleiters, der Schichtenlagerung und dem Grundwasserstand. Die Grundwasserströmung schwankt zwischen einigen Zentimetern bis zu mehreren hundert Metern pro Tag. Bei *Kluft- und Spaltwasser* oder *Höhlenwasser* beträgt die Geschwindigkeit mehrere Kilometer täglich.

Stehendes Grundwasser wie z. B. fossiles Grundwasser, findet sich in abflusslosen Grundwasserbecken, die häufig unterhalb von Wüstenoberflächen anzutreffen sind. Wenn der Grundwasserspiegel nach oben hin nicht von einer undurchlässigen Schicht begrenzt ist, dann handelt es sich um einen *freien Grundwasserspiegel*. Die obere Erdschicht ist dann wassergetränkt. Dort können nur Pflanzen gedeihen, die ihre Wurzeln ständig im Wasser zu halten vermögen, z. B. Schilf und Seggen[32]. Diese Regionen sind die Feuchtgebiete der Erde und bilden die Feuchtwiesen, Torfmoore, Marschgebiete und Sümpfe. Sie werden als die *gesättigten Ökosysteme* bezeichnet.

Grundwasser ist bei ausreichender Filterwirkung der durchzusickernden Sedimentschicht und bei genügend langer Aufenthaltsdauer von etwa 50 Tagen bis 60 Tagen keimfrei und von gleichbleibender Temperatur. Im Jahresmittel entspricht sie der Lufttemperatur, in Deutschland beträgt sie in der Regel ca. 10 °C. Dieses Grundwasser ist für eine Trinkwasserversorgung gut geeignet.

Die Zusammensetzung der gelösten Stoffe wird von den durchströmten Gesteinen beeinflusst. Kalk- und gipshaltige Gesteine verursachen *hartes Wasser*.

Mit zunehmender Tiefe der wasserführenden Schichten macht sich die geothermische Tiefenstufe bemerkbar[33]. Das Grundwasser wird wärmer.

Wasserdruck in Gesteinsporen
(E. water pressure in pores of rocks)

Gesteine erscheinen auf den ersten Blick trocken und fühlen sich auch so an, obwohl sie in ihren Poren große Mengen von Wasser enthalten. Sogar an den stark erwärmten Wüstenoberflächen können die Gesteinsporen bis zu 80 % mit Wasser gefüllt sein.

---

31) aqua (lat.) – Wasser, ferre (lat.) – führen, tragen; Aquifer – Wasser führend

32) Seggen (niederdeutsch) – Riedgras, Sauergras, hergeleitet von Säge und Sichel.

33) Die geothermische Tiefenstufe ist die Tiefe, um die man senkrecht in die Erde hinabsteigen muss, damit die Temperatur um 1 °Celsius zunimmt. An der Erdoberfläche beträgt sie im Mittel 30 m bis 40 m. In Südafrika in Extremfällen 100 m bis 125 m. Sie hängt von der Wärmeleitfähigkeit der Gesteine ab.

Innerhalb von grundwasserführenden Bodenschichten sind die Gesteinsporen mit Wasser übersättigt. Als Grundwasserspeicher kommt dem Porenwasser eine nicht zu unterschätzende Bedeutung zu.

Eine Forschergruppe um den Geologen *Serge Shapiro*[34] an der Freien Universität Berlin fand mit Hilfe von hochempfindlichen Seismographen heraus, dass dieses Porenwasser für das Entstehen von Mikroerdbeben wesentlich verantwortlich ist. Wasser ist nur sehr wenig kompressibel. Es reagiert auf Druck von außen nicht mit einer Veränderung seines Volumens wie z. B. Gase. Dagegen wandeln sich die Strukturen im Gestein um, wenn sich der Druck des in seinen Poren gespeicherten Wassers ändert. Auf diese Weise werden die Druck ausübenden Kräfte aufgefangen. So bilden sich Mikrorisse, die sich zu Klüften in den Gesteinen entwickeln können. Diese Deformationen bauen sich zu Mikroerdbeben auf. Veränderungen des Porendruckes können tektonische Verspannungen entlang einer Verwerfung von Gesteinsschollen hervorrufen.

Erkenntnisse über den Porendruck in Gesteinen geben u. a. auch Auskunft darüber wie z. B. fossile Energieträger in den Poren von Gesteinen – häufig sind es Sandsteine – gespeichert sind. Das Einpressen von Wasser in Ölfelder und die sich daraus ergebenden Mikroerdbeben lassen Rückschlüsse zu über die Porosität und Durchlässigkeit des Speichergesteins. Mit ihrer Hilfe kann eine Erdölförderung optimiert werden.

Bodenfeuchte
(E. ground dampness)

Von dem Grundwasser ist das *Bodenwasser* bzw. das *Haftwasser* zu unterscheiden. Es ist für die Bodenfeuchte verantwortlich.

Das Haftwasser wird durch Adhäsionskräfte[35] an der Oberfläche von Feststoffteilchen fest gebunden. Auf diese Weise ist es nicht mehr frei beweglich und kann weder in künstliche noch in natürliche Speicherräume abfließen.

In Trockenperioden vermag Grundwasser als Kapillarwasser in die oberen Schichten aufzusteigen und für eine Bodenfeuchte sorgen. Der bodenfeuchte Kapillarraum ist für die Pflanzenernährung sehr wichtig. Dieser Kapillareffekt des Grundwassers wirkt sich bei Wiesen noch aus, wenn der Grundwasserspiegel 1 m unter der Oberfläche liegt, beim Ackerland 2 m bis 3 m und beim Wald noch bei 3 m bis 6 m.

Pflanzenwurzeln vermögen bis in eine Tiefe von 20 m in den Boden vorzudringen, um an das Grundwasser in Wüsten zu gelangen. In speziellen Fällen sogar bis zu 70 m. Sie folgen dem Weg des geringsten Widerstandes, d. h. dem Weg des lockeren Bodengefüges, denn dort ist wegen der höheren Porendichte Wasser gespeichert und auch ausreichend Luftsauerstoff vorhanden. Die Wurzeln benötigen für ihr Wachstum Energie, die durch Oxidation der Nährstoffe mittels Luftsauerstoff freigesetzt wird.

[34] Frankfurter Allgemeine Zeitung vom 14.10.2003, Nr. 238

[35] adhaerere (lat.) – anhaften

Auch die heimische Weizenpflanze schafft es in einem tiefgründigem Boden bis zu einer Tiefe von 2,80 m. Eine einzeln stehende Pflanze kann dabei ein Wurzelwerk von 7111 m entwickeln, um sich mit dem nötigen Wasser und den mineralischen Nährstoffen zu versorgen. Eine Roggenpflanze bringt es auf 13,8 Mio. Wurzeln und einer Wurzeloberfläche von 235 km². Dazu kommen noch 14 Mrd. winzige Ausstülpungen als Wurzelhaare, die nochmals eine Fläche von 400 km² ergeben (Abb. 12).

Ein optimales Bodengefüge für das Wachstum von Pflanzen liegt vor, wenn 50 % des Gesamtvolumens aus Poren bestehen. Davon sollen 20 % luftgefüllte Grobporen sein und 30 % wassergefüllte Feinporen.

Die Lebensdauer eines Teils der Wurzeln ist relativ kurz. Ständig sterben Feinwurzeln ab. Neue werden gebildet, die dann in nicht durchwurzelte Bereiche des Bodens vordringen. Beim Winterweizen erneuert sich das gesamte Wurzelsystem bis zur Ernte viermal. Dieser Wurzelumsatz garantiert den „ununterbrochenen Wasser- und Nährstoffstrom in die Pflanze.[36)]

Die Wurzelmasse eines Laubbaumes von 15 m bis 20 m Höhe beträgt 300 kg bis 500 kg. Sie vermag im Laufe eines Jahres bis zu 70 000 L Wasser am Abfließen zu hindern [20].

Bäume können maximal 130 m hoch wachsen. Darüber hinaus reichen die kapillaraktiven Kräfte nicht mehr aus, das Wasser gegen die Schwerkraft steigen zu lassen. Der höchste Mammutbaum der Erde steht mit 113 m Höhe im Humboldt Redwoods State Park (USA).

Unsachgemäße Bearbeitung der Äcker durch die Landwirtschaft führt zur Wasserverarmung und damit zur Degradation, d. h. Unfruchtbarkeit.

Seitdem die Pferde als Zugkräfte durch Traktoren verdrängt worden sind, werden die Böden mit immer leistungsfähigeren elektronisch zu bedienenden Maschinen bearbeitet bzw. abgeerntet. Die Folge ist, dass die landwirtschaftlichen Nutzflächen immer höheren Druckbelastungen ausgesetzt sind. Die luftführenden, wasserableitenden und wasserspeichernden Poren der Ackerkrume werden bis in tiefere Schichten irreversibel zusammengepresst. Die Fähigkeit des Bodens, Niederschlagswasser aufzunehmen, sinkt rapide. Das Wasser fließt auf den verdichteten Schichten ab, sobald nur eine geringe Geländehöhendifferenz vorliegt. Damit verbunden ist auch eine erhöhte Erosionsgefahr[37)].

Die verheerenden Überschwemmungen im Herbst 2002 sind auch auf die Bodenverdichtung durch die Landwirtschaft zurückzuführen. Verdichtete Böden nehmen weniger Wasser auf. Auch ihr Ertrag nimmt ab und ist weniger planbar. Ist es im Frühjahr zu nass, bleiben die Wurzeln der Pflanzen in Wasserhöhe an der Oberfläche. Trocknet der Boden im Sommer schnell ab, kommt das Wurzelwachstum in die Tiefe nicht hinterher. Die Nährstoffquellen können nicht mehr erreicht werden.

Für die asphaltierten Autobahnen ist eine Belastung von 42 Tonnen durch LKWs vorgesehen. Ein Rübenernter kann beladen bis zu 62 Tonnen wiegen. Allerdings sind schon Traktoren von 8 t bis 10 t für den Acker viel zu schwer.

---

36) Profil, Magazin der Pflanzenschutz- und Düngemittelindustrie (2001), Heft 1, Karlstraße 21, 60329 Frankfurt am Main.

37) erosio (lat.) – Zernagung; Erosion ist die Abtragung von Oberflächen-Erdschichten durch Wasser und Wind.

Aufgrund internationaler Versuche sollten 5 t die Höchstbelastung sein.

Der Druck breitet sich im Boden dreidimensional aus, d. h. Ballon ähnlich bis zu einer Tiefe von 50 cm. Die Regenerationsdauer solcher geschädigter Böden beträgt bis zu 10 Jahren[38].

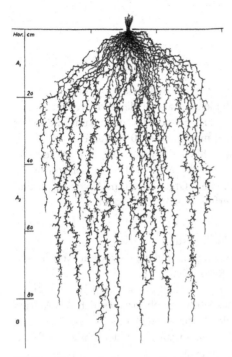

Abb. 12: Wurzelwerk einer zweizeiligen Gerste im Juni
(E. roots of a two-lined barley in month of June)

Wasserkreislauf im menschlichen Körper
(E. water circulation in the human body)

Der Wasseranteil aller Lebewesen, der Mikroorganismen, Pflanzen, Tiere und des Menschen ist im Vergleich zu den übrigen biochemischen Stoffen sehr hoch.

Kein Lebewesen kann ohne Wasser leben. Die meisten von ihnen bestehen zu 50 % bis 99 % ihrer Biomasse aus Wasser.

Der Wasseranteil im menschlichen Körper ist unterschiedlich und hängt vom Geschlecht und Alter ab. Mit zunehmendem Alter verringert sich der Wassergehalt (Tab. 2).

38) *Quelle:* Professor Dr. Rainer Horn, Institut für Pflanzenernährung und Bodenkunde der Universität Kiel und Frankfurter Allgemeine Zeitung Nr. 291 vom 15.12.2003.

Tab. 2: Wassergehalt des Menschen im Körper (E. percentage of water in the human body) [81]

Alter		Wassergehalt [% des Körpergewichts]
Säugling	1. Tag	75 – 80
Säugling	3 Monate	ca. 70
Erwachsener	25 Jahre	ca. 60
Senioren	85 Jahre	ca. 50

Neben der Glykosylation[39] ist das Altern auch ein Austrocknungsvorgang.

Bei Frauen ist der Wassergehalt erheblich niedriger als bei Männern, weil bei Frauen das Fettgewebe wesentlich stärker ausgebildet ist. Fettgewebe enthält aufgrund seiner Hydrophobie (wasserabstoßenden Wirkung) nur 10 % bis 30 % Wasser.

Wird jedoch der Wassergehalt des menschlichen Organismus auf die fettfreie Körpersubstanz bezogen, so ergibt sich für beide Geschlechter ein fast konstanter Wasseranteil von 73 %. Das Wasser in lebenden Organismen im Allgemeinen und im menschlichen Körper im Besonderen erfüllt vielfältige Aufgaben.

Wasser dient als

- Lösemittel für die Elektrolyte und die Nährstoffe.
- Transportmittel für die stoffliche Versorgung und die Entsorgung von Abbauprodukten und nicht verwertbaren Reststoffen.
- Medium für den Wärmetausch zur Konstanthaltung der Körpertemperatur.
- Reaktionskomponente innerhalb des Stoffwechselprozesses, d. h. des Abbaus der Nährstoffe und des Aufbaus der körpereigenen Biomassen. Wasser ist der Wasserstofflieferant für Hydrierungsvorgänge und der Wasserstoffbrückenbildner innerhalb der Biopolymeren [40].

Wasserbilanz im menschlichen Körper
(E. water balance in the human body)

Ein 70 Kilogramm schwerer Körper des Menschen enthält ca. 43,5 Kg Wasser, das sind 62 %.

Unter den mitteleuropäischen klimatischen Bedingungen beträgt der tägliche Wasserumsatz 2,6 L. Von diesen werden in der Regel 1,3 L durch Trinken und 1 L durch die Nahrung aufgenommen. Weitere 0,3 L entstehen als Oxidationswasser während des Stoffabbaus innerhalb der Zellen bzw. an den Mitochondrien. Da es sich um ein Fließgleichgewicht handelt, müssen auch wieder 2,6 L Wasser ausgeschieden werden, und zwar

---

39) Glykosylation ist die Reaktion von reduzierenden Zuckern wie Glucose und Fructose, mit Proteinen und Nukleinsäuren zu quervernetzten hochpolymerisierten Verbindungen ohne Beteiligung von Enzymen [23].

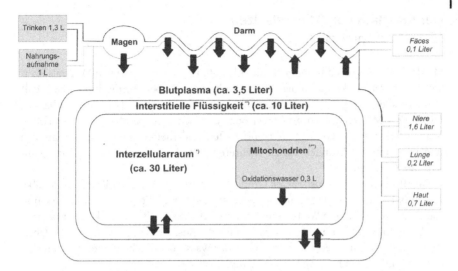

Abb. 13: Wasserhaushalt des menschlichen Körpers bezogen auf einen 70 kg schweren Mann
[E. water balance of a human body based on a man of 70 kg body weight]
*) cella (lat.) – Zelle, kleinste Einheit von Lebewesen; Raum zwischen den Zellen.

**) interstitium (lat.) – Zwischenraum; Raum zwischen den Geweben
***) mitos (grch.) – Faden, Schlinge; Mitochondrien sind faden- oder körnchenartige enzymhaltige Zellbestandteile, die chemische Energie speichern und umwandeln.

0,1 L	mit dem Fäces,
1,6 L	über die Niere und Harn,
0,2 L	über die Lunge mit der ausgeatmeten Luft und
0,7 L	durch die Haut in Form von Schweiß und Verdampfung (Abb. 13).

Die notwendige Wasseraufnahme durch den Menschen ist vom Alter, Geschlecht und seinen Aktivitäten abhängig. Als Richtwert gilt, dass für 4 Kilojoule Nahrungsaufnahme dem Körper 1 mL (1 cm^3) Wasser zugeführt werden sollte. Für einen Erwachsenen sind das täglich 2,6 Liter. Der mit den Nahrungsmitteln aufgenommene Wasseranteil und das bei den biologischen Oxidationen freigesetzte Wasser sind hier mit eingerechnet. Bei größeren körperlichen Aktivitäten steigt der Wasserbedarf kräftig an, in trockenen Klimazonen bis zu 8 Liter täglich.

Gesundheitliche Schäden bis zur Todesfolge treten ein, wenn der Wasserverlust 10 % bis 20 % des gesamten Wasserbedarfs des Körpers übersteigt [81].
Eine Wasserminderung im Körper um

3 %	reduziert den Speichel und die Harnproduktion,
5 %	beschleunigt die Herz- und Pulsfrequenz und erhöht die Körpertemperatur,
10 %	hat Verwirrtheit zur Folge und um
20 %	führt zum Tod [78][40].

40) *Lit.:* Wasserwissen (2002, März), Geberit International AG, www.geberit.com

Der Kreislauf von Mineralsalzen
(E. cycle of minerals)

Mit dem Wasserkreislauf in der Natur (Abb. 10) ist ein Transport von Mineralsalzen aus der oberen Erdkruste in die Ozeane verbunden. Dabei nimmt deren Salzgehalt langsam aber stetig zu. Die Niederschläge über den Kontinenten werden über die Flüsse den Meeren wieder zugeleitet oder versickern in die oberen Erdschichten, bleiben teilweise als Grundwasser dort haften und fließen durch das porenreiche und kapillaraktive Erdreich bis zu mehreren 100 Metern Tiefe unterirdisch ebenfalls den Ozeanen zu.

Oberflächenwasser, Flusswasser, Grundwasser und Sickerwasser lösen aus der oberen Erdschicht Mineralsalze heraus oder suspendieren die schwerlöslicheren und transportieren sie in die Weltmeere. Dadurch erhöht sich deren Salzkonzentration.

Meeresströmungen und Winde sorgen für die Ausbreitung der Salze an der Oberfläche. Temperaturunterschiede zwischen der Wasseroberfläche und dem Meeresboden sorgen für eine horizontale Verteilung.

Bei den gelösten Mineralien handelt es sich um Silikate, Eisensalze, Phosphate und Calcium- und Magnesiumcarbonate bzw. -sulfate und die sehr leicht löslichen Natrium- und Kaliumchloride (NaCl; KCl).

Je nach Gestein, durch das sich das Wasser in der Erdschicht bewegt, wechseln Art und Menge der gelösten Stoffe. In Kalkstein, $CaCO_3$, oder Gips, $CaSO_4$, angereicherten Schichten belädt sich das Sicker- und Grundwasser mit Calcium- und Magnesiumsalzen, deren Menge die Wasserhärte bestimmen (S. 101).

Wasser als Kohlenstoffdioxidspeicher
(E. water as storage for carbon dioxide)

Calciumcarbonate
(E. calcium carbonates)

$CaCO_3$, gehören neben Feldspat und Quarz zu den verbreitesten Mineralien der Erde. 4,8 % aller Eruptivgesteine und 5,4 % der Sedimentgesteine bestehen aus Kalksteinen.

In allen Erdzeitaltern lagerten sich in den Flach- und Randmeeren dicke Kalkschichten von mehreren hundert bis tausend Metern ab.

In den Urgesteinsgebieten verwittern fortwährend Kalkfeldspäte (Anorthit, ein Calcium-Aluminiumsilikat), deren Calciumoxid, CaO, sich mit dem Kohlenstoffdioxid der Luft zu Kalk verbindet.

Calciumoxid	Kohlenstoff-dioxid		Kalkstein
CaO	$+$ CO_2	$\longrightarrow$	$CaCO_3$
			$\Delta H = -177{,}8$ kJ/mol

Die stabilste und häufigste Kristallform des Kalks ist der *Calcit*. In reinem Zustand ist er ein farbloser, klar durchsichtiger, gut spaltbarer Kristall mit der Härte 3. Wegen seiner leichten Spaltbarkeit wird er auch Kalkspat genannt. Die unterschiedlichen Färbungen des Calcits rühren von geringen Beimengungen der Fe-, Mn-, Mg-, Zn-, Ba-, Sr-, Pb- und Co-Ionen her.

Kalkstein (E. limestone) wird auch als Sammelbegriff für weitere Carbonatmineralien verwendet: Dolomit, Jura, Kreide, Marmor, Mergel u. a.

Kohlenstoffdioxid ist die energetisch stabilste Kohlenstoffverbindung. Sie ist eine Schlüsselverbindung im Kohlenstoffkreislauf der Natur. *Kohlenstoffdioxid* ist zusammen mit *Wasser* die Reaktionskomponente bei der Fotosynthese (S. 60). Es entsteht bei den Verbrennungsprozessen der Kohle, des Erdöls, des Erdgases, des Holzes, des Strohs und aller organischer Verbindungen.

Kohlenstoffdioxid ist in Wasser relativ gut löslich und steht deshalb an der Grenzfläche zwischen der Atmosphäre und den Oberflächen der Meere, Seen und Flüsse in einem temperaturabhängigen Gleichgewicht.

Bei 0 °C sind in 100 Volumenanteilen Wasser 171 Volumenanteile CO_2 gelöst, bei 10 °C 119 Volumenanteile, bei 20 °C 88 Volumenanteile und bei 60 °C nur noch 27 Volumenanteile Kohlenstoffdioxidgas. Die Löslichkeit nimmt mit steigender Temperatur ab.

Die Meere sind sowohl eine bedeutende Kohlenstoffdioxidsenke (Speicher) als auch -quelle.

In den Weltmeeren und den Gewässern des Festlandes kommt es als gelöstes Gas oder als gelöste Salze von Carbonaten, CO_3^{2-}, oder Hydrogencarbonaten, HCO_3^-, vor.

Nur etwa 1 % des im Wasser gelösten Kohlenstoffdioxids dissoziiert nach den Gleichungen:

Kohlenstoffdioxid		Wasser		Kohlensäure
CO_2	+	H_2O	$\longrightarrow$	H_2CO_3

Kohlensäure		Wasser		Hydroniumion		Hydrogencarbonation
H_2CO_3	+	H_2O	$\longrightarrow$	H_3O^+	+	HCO_3^-

Hydrogencarbonation		Wasser		Hydroniumion		Carbonation
HCO_3^-	+	H_2O	$\longrightarrow$	H_3O^+	+	CO_3^{2-}

Die Carbonationen CO_3^{2-} bilden mit Erdalkaliionen wasserunlösliche bzw. schwer wasserlösliche Carbonate, die sich als Bodenkörper absetzen.

Das Dissoziationsgleichgewicht für Erdalkalicarbonate (Me steht für Erdalkali, z. B. Ca^{2+} oder Mg^{2+}) ist sehr weit nach links verschoben:

$$MeCO_3 \quad \rightleftharpoons \quad Me^{2+} + CO_3^{2-}$$

Polare Stoffe, d. h. deren elektrische Ladungen im Molekül ungleich verteilt und nach außen hin nicht neutral sind, lösen sich in Wasser leicht. Denn Wasser ist ebenfalls eine polare Substanz (Abb. 22). Die fluss-, seen- und meeresbiologischen Systeme wie Mikroorganismen, Kleintiere, Fische und Pflanzen benötigen organische Ionen für ihre Stoffwechselprozesse zur Erhaltung des Protoplasmas und zum Aufbau oder zur Ergänzung ihrer inneren Skelette oder äußeren Schalen.

Calcium- und Magnesiumcarbonate werden von den Hydrozoen und Korallen, Mollusken, Kalkschwämmen, Rot- und Grünalgen, Foraminiferen, Seeigeln u. v. a. verstoffwechselt.

Andere Mineralien: Silikate, Phosphate, Eisenoxide
(E. other minerals: silicates, phosphates, ferric oxides)

Silikatschalen sind u. a. bei Radiolarien, Kieselschwämmen und Diatomeen anzutreffen.

Hydroxylapatit, $Ca_5[(PO_4)_3OH]$, ist unter Beteiligung von Calciumcarbonat, $CaCO_3$, Bestandteil in den Hartteilen von Trilobiten, Crustaceen, hornschaligen Brachiopoden und Wirbeltieren.

Der *Phosphatgehalt* des Meerwassers liegt mit 60 Mikrogramm pro Liter, das entspricht $60 \cdot 10^{-6}$ g/L, an der Sättigungsgrenze. Wird sie überschritten, so scheidet sich Phosphorit ab, ein Gemenge aus *Calcit (Kalkspat)*, $CaCO_3$, und *Hydroxylapatit*, $Ca_5[(PO_4)_3OH]$.

Eisenionen sind im Meer mit 10 Mikrogramm pro Liter, das sind $10 \cdot 10^{-6}$ g/L, enthalten. Davon sind 10 % echt gelöst und 90 % liegen in kolloidaler Form als Eisen-III-oxidhydrat, $Fe(OH)_3 \cdot H_2O$, vor. Je nach Beschaffenheit des Meerwassers bzw. des Porenwassers im frischen Sediment scheidet sich Eisen in verschiedenen Verbindungsformen aus. Sie geben dem Gestein die jeweilige Färbung, z. B.

Hämatit, α-Fe_2O_3, rot;
Fe^{II}/Fe^{III}-*Oxidhydrate* und Fe^{II}/Fe^{III}-*Silikate*, grün;
Magnetit, Fe_3O_4, schwarz;
Siderit, $FeCO_3$, braun;
Pyrit, FeS_2; und *Magnetkies*, FeS, schwarz.

Bei der Ausfällung wirken Mikroorganismen mit, wie z. B. Eisenbakterien und sulfatreduzierende Bakterien, die Schwefelwasserstoff, H_2S, freisetzen.

Die Fauna und Flora spielt sich in Meerestiefen bis zu ca. 40 m ab. Soweit dringt in der Regel das Sonnenlicht durch. Es gibt aber auch Lebewesen wie z. B. die Korallen, die bis zu 2500 m und tiefer sich ansiedeln.

Nach dem Absterben der tierischen und pflanzlichen Lebewesen setzen sich die anorganischen Stoffe auf dem Meeresboden ab und bilden im Laufe von Millionen Jahren die entsprechenden Sedimentschichten.

Bei diesem Transport von wasserlöslichen und suspendierten Festlandmineralien wird durch den Wasserkreislauf ein Teil der Festlandgesteine in die Ozeangründe verlagert. Der größte Anteil dieser Umlagerungen entfällt auf die Calcium- und Magnesiumcarbonate. Das ist nicht überraschend. Denn nach Sauerstoff, Silizium, Aluminium und Eisen stehen sie an 5. bzw. 8. Stelle der am Aufbau der Erdrinde beteiligten Elemente. An 6. und 7. Stelle stehen Natrium und Kalium. Natrium, Kalium und Magnesium sind für den hohen Salzgehalt der Meere verantwortlich (Tab. 20 und 21).

Speicherung von Wasser durch Stoffe
(E. storage of water through substances)

Trockenes Wasser
(E. dried water)

Trockenes Wasser ist eine pulverförmige Substanz mit einem Wassergehalt von bis zu 95 %. Wasser wird in Gegenwart von hydrophober pyrogener Kieselsäure (AEROSIL®)

$$\left[\begin{array}{c} Si-O \\ || \\ O \end{array}\right]_n$$

in einem geeigneten Mischer in feine Wassertröpfchen zerteilt. Da hydrophobe Kieselsäure von Wasser nicht benetzt wird, umhüllen die Kieselsäurepartikel die Wassertröpfchen und hindern sie auf diese Weise am erneuten zusammenfließen. So können Lösungen, die Vitamine, Pflanzenextrakte oder andere Wirkstoffe enthalten in pulverförmige Produkte überführt werden. Trockenes Wasser ist eine hervorragende Grundlage für Kosmetik-, Körperpflegeprodukte und Arzneimittel.

Superabsorber
(E. superabsorber)

ist eine vernetzte Polyacrylsäure

$$\left[\begin{array}{c} CH-CH \\ | \quad | \\ CH_3 \quad C-OH \\ || \\ O \end{array}\right]_n$$

mit der Fähigkeit, bis zum 300fachen ihres Eigengewichts an Wasser aufzunehmen und dieses nicht wieder abzugeben, d. h. 1 g Superabsorber bindet bis zu 300 mL Wasser und gibt es auch unter Druckeinwirkung nicht wieder frei. Im Hygienesektor werden sie als Pampers genutzt.

Eine ähnlich chemisch aufgebaute Wasser speichernde Substanz ist ein dreidimensional vernetztes Copolymer aus Acrylsäure, $H_2C\!\!=\!\!CH\!\!-\!\!COOH$, und Acrylamid, $H_2C\!\!=\!\!CH\!\!-\!\!\underset{\substack{\|\\O}}{C}\!\!-\!\!NH_2$

Unter Zusatz von geringen Mengen Kalium- und Aminosalzen speichert es das 150fache seines Eigengewichtes an natürlichem Süßwasser und vermag dieses unter bestimmten Bedingungen auch wieder abzugeben. Es ist besonders geeignet, die Wasserspeicherkapazität des Ackerbodens und dessen Ernteerträge zu steigern. Unter dem Produktnamen Stockosorb® bringt die Degussa AG dieses wasserspeichernde Copolymer auf den Markt.

Quelle: Information durch Degussa AG, Düsseldorf.

3.
Physikalische und chemische Eigenschaften des Wassers
(E. physical and chemical properties of water)

Wasser
(E. water)

Wasserstoff tritt in drei Isotopen auf, Hydrogenium $_1^1H$, Deuterium $_1^2H$ = D und Tritium $_1^3H$ = Tr. Alle Formen bilden mit Sauerstoff entsprechende Oxide, H_2O, D_2O und Tr_2O bzw. TrHO. Natürliches Wasser besteht zu 99,985 % aus $_1^1H$ und 0,015 % aus D. Die Oxide des Tritiums liegen nur in Spuren vor.

Wasser, ein Oxid des Wasserstoffs, ist mit seiner freien Bildungsenthalpie $\Delta_B G$ = −237,2 kJ/mol eine stabile und damit an innerer Energie relativ arme Verbindung. Für biochemische Reaktionen ist Wasser sowohl der Wasserstoff- als auch Sauerstoffabgeber (Donator). Neben dem Kohlenstoffdioxid ist Wasser als niedrigste Energiestufe die zweite Abbaukomponente kohlenwasserstoffhaltiger Stoffe.

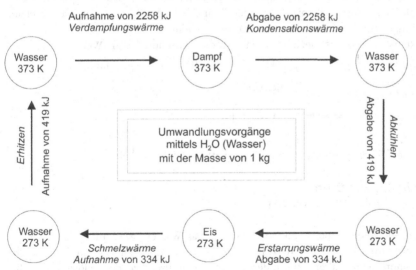

Abb. 14: Schematische Darstellung der Energieumsetzung am Beispiel Wasser (Dabei auftretende Energieverluste sind nicht berücksichtigt)

(E. diagrammatic figure of energy conversion e.g. water (occuring losses of energies are not considered)) (273 K = 0 °C; 1 kcal = 4,184 kJ)

Wasser. Vollrath Hopp
Copyright © 2004 WILEY-VCH Verlag GmbH & Co. KGaA, Weinheim
ISBN: 3-527-31193-9

Physikalische Daten bei Normdruck, 1,01325 bar (Abb. 14 u. 15 und Tab. 11) [73]:

Molare Masse	18,02	
Erstarrungspunkt	0 °C	unter Druck von 2000 bar bei −22 °C
Siedepunkt	100 °C	
Schmelzwärme	333,9 kJ/kg	bei 0 °C
Normal-Bildungsenthalpie	$\Delta_B H^0_{298} =$ −285,83 kJ/mol	
Freie Normal-Bildungsenthalpie	$\Delta_B G^0_{298} =$ −237,18 kJ/mol	
Normal-Entropie für flüssigen Zustand	$S^0_{298} =$ 69,9 J/mol · K	
Normal-Entropie für Dampfzustand	$S_{298} =$ 188,72 J/mol · K	
Verdampfungswärme	2258,4 kJ/kg	bei 100 °C
Spezifische Wärmekapazität bei 15 °C	4,1855 kJ/kg · K,	
bei 37,5 °C hat sie ein Minimum mit	4,1743 kJ/kg · K.	
Wärmeleitfähigkeit bei 25 °C	0,610 W/m · K	
Größte Dichte (bei 4 °C)	1 kg/dm³	
Volumenausdehung am Gefrierpunkt bei Umwandlung von Wasser in Eis	um 9 % Massenanteil, d. h. Eis ist leichter als flüssiges Wasser.	

Eine weitere Anomalie ist die Druckabhängigkeit des Erstarrungspunktes. Während bei anderen Flüssigkeiten bei Druckzunahme die Erstarrungspunkte (Schmelzpunkte) ansteigen, sinken sie beim Wasser. Reinstes Wasser lässt sich durch Unterkühlung noch bei −20 °C flüssig halten.

Wasser hat mit 80,18 unter den Flüssigkeiten fast die höchste Dielektrizitätskonstante[41], so dass z. B. die Ionen des Steinsalzes, NaCl, trotz entgegengesetzter Ladungen im Wasser nebeneinander bestehen können.

Reinstes Wasser ist Bezugssubstanz für die Definition des pH-Wertes.

Dissoziationsgrad $\quad K_w = [H^+] \cdot [OH^-] = 10^{-14} \left(\frac{mol}{L}\right)^2 = \text{konstant.}$

undissoziiertes Wasser　　　　　Hydroniumion　　　　Hydroxidion

$$2\ H\!-\!OH \quad \rightleftharpoons \quad \left[H\!-\!\overline{\underset{H^\oplus}{O}}\!-\!H \right]^+ \quad + \quad HO^-$$

Oberflächenspannung gegen feuchte Luft　　$75{,}64 \cdot 10^{-3}$ N/m

Hydrolyse und Elektrolyse
(E. hydrolysis and electrolysis)

Aufgrund seines Dipolcharakters (S. 49) vermag Wasser Stoffe mit ionischen Molekülstrukturen in ihre Ionen zu hydrolysieren, d. h. in kationische und anionische Bestandteile zu spalten. Die in den Flüssen, Seen und Ozeanen gelösten Salze lie-

---

41) Dielektrika sind Stoffe, die keine oder nur sehr geringe elektrische Leitfähigkeit haben, d. h. sie besitzen einen hohen elektrischen Widerstand, z. B. Isolatoren. Die Dielektrizitätskonstante ist für das Vakuum als „1" definiert.

gen als Kationen, den positiv geladenen Teilchen, und Anionen, den negativ geladenen Teilchen, vor, z. B.

Steinsalz   Natrium-   Chlorid-
(Natriumchlorid)   kation   anion

$$NaCl \quad \xrightarrow{\text{H--OH}} \quad Na^+ \quad + \quad Cl^-$$

Bittersalz   Magnesium-   Sulfat-
(Magnesiumsulfat)   kation   anion

$$MgSO_4 \quad \xrightarrow{\text{H--OH}} \quad Mg^{++} \quad + \quad SO_4^-$$

Calciumhydrogen-   Calcium-   Hydrogen-
carbonat   kation   carbonatanion

$$Ca(HCO_3)_2 \quad \xrightarrow{\text{H--OH}} \quad Ca^{++} \quad + \quad 2\,HCO_3^-$$

Wasser ist somit auch ein Speicher- und Transportmedium für elektrisch geladene Teilchen.

Dieser als *Hydrolyse* bezeichnete Vorgang ist eine Voraussetzung für die Elektrolyse. Die Elektrolyse ist eine chemische Umwandlung von Stoffen durch Einwirkung von elektrischem Gleichstrom mit Hilfe von Elektroden, den Kathoden (negativer Pol) und den Anoden (positiver Pol). Der Stoff- und Energieumsatz sind unmittelbar miteinander gekoppelt. Elektrische Energie wird in chemische Energie umgewandelt und als solche in den elektrischen Reaktionsprodukten gespeichert oder als Reaktionswärme freigesetzt (S. 121).

Bei den Bleiakkumulatoren, die von jedem Kraftfahrzeug mitgeführt werden, verläuft der Prozess in umgekehrter Richtung. Chemische Energie, *als geladener Akku,* wird in elektrischen Gleichstrom umgesetzt, um die Stromversorgung des Autos sicherzustellen.

Aufgeladen wird der Akkumulator immer wieder durch einen vom laufenden Motor angetriebenen Drehstromgenerator.

An allen diesen elektrolytischen Vorgängen ist Wasser als *Medium* vonnöten.

Sie sind die Grundlagen für alle durch Wasser geführte großtechnischen Elektrolyseprozesse (S. 121) und zahlreiche von Wasser geführte Stofftransporte in der Natur und ihren biologischen Systemen.

Kritische Daten des Wassers:
kritische Temperatur $T_K = 647{,}15$ K;   kritischer Druck $P_K = 221$ bar;
kritische Dichte $\rho_K = 0{,}315$ kg/L;   kritisches Volumen $V_K = 0{,}057$ L.

Bei einem kritischen Zustand sind die kritische Dichte der Flüssigkeit und die des Dampfes gleich groß, d. h. die beiden Phasen können nicht mehr unterschieden werden. Oberhalb der kritischen Temperatur kann ein Gas auch unter Aufwendung starker Drücke nicht mehr verflüssigt werden.

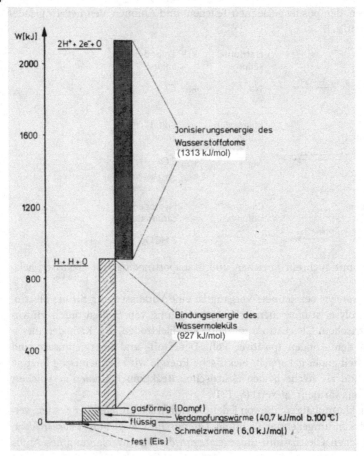

Abb. 15: Energieaufwand zur stufenweisen Spaltung von
1 mol Wasser in seine Elemente
(E. the necessary required energy to split 1 mol water into its elements in several steps) [25]

Dichteunterschiede von Gewässern
(E. density differences in waters)

Die meisten Stoffe nehmen in fester Form an ihrem Gefrierpunkt ein kleineres
Volumen ein, als in flüssiger Form. Beim Wasser ist das umgekehrt, man spricht
daher von der *Anomalie des Wassers*. Wasser hat beim Normdruck und bei +4 °C
seine größte Dichte. Deshalb schwimmt Eis auf der Wasseroberfläche. Würde seine
Dichte höher sein als die des flüssigen Wassers bei 4 °C, würde es nach unten sinken und alle Vegetation in tieferen Schichten der Seen ersticken. Diese Anomalie
ist die Ursache dafür, dass in den tiefen Schichten der Ozeane die Wassertempera-
tur nicht unter 4 °C sinkt.

Die Dichteunterschiede des Meerwassers beruhen auf ihrem schwankenden Salzgehalt und den jeweils herrschenden Wassertemperaturen. Wasser mit einer hohen Salzkonzentration hat eine größere Dichte als Süß- oder Brackwasser (S. 25) und wärmeres Wasser hat oberhalb 4 °C eine geringere Dichte als kaltes Wasser (s. Anomalie S 38).

Die größten durch den Salzgehalt bedingten Dichteunterschiede gibt es in polaren Gewässern. Insbesondere in kalten Jahreszeiten kühlt sich das Meerwasser stark ab und ein Teil gefriert zu Eis. Das im Meerwasser gelöste Salz wird dabei nicht in die Eiskristalle eingebunden. Es bleibt gelöst und dadurch erhöht sich der Salzgehalt des ungefrorenen Wassers unter der Eisdecke leicht. Schon 0,1 % mehr Salz führt zu einer Dichtesteigerung, wie sie sonst nur bei einer Abkühlung von 5 Grad erreicht wird. Dieses kalte salzreichere Wasser ist deshalb wesentlich schwerer als die typischen Wassermassen der Polarmeere. Sie sinken in die Tiefe und verteilen sich von dort in alle Weltmeere. Ein Zusammenhang zwischen den Schwankungen des Salzgehaltes im Meerwasser und den damit einhergehenden Dichteunterschieden mit den Großwetterlagen scheint sich zu bestätigen, wie z. B. das Azorenhoch, Islandtief oder die El Niño Großwetterlage[42].

Wasser zählt zu den Hauptbestandteilen der uns umgebenden belebten und unbelebten Natur und bedeckt vier Fünftel der Erdoberfläche als Ozeane, Binnenseen und Flüsse (Abb. 8).

Die Eigenschaften des Wassers als

* Lösemittel
* Transportmittel
* Reaktionskomponente
* Wasserstoff- und Sauerstoffquelle
* Dipolcharakter
* Wärmespeicher und
* das anomale Verhalten

erklären, warum Wasser das Lebensmedium schlechthin ist.

Schweres Wasser – Deuteriumoxid[43]
(E. heavy water – deuterium oxide)

Im schweren Wasser ist im Molekül H–OH anstelle des Wasserstoffes das Deuterium, *D*, getreten. Das Atom Deuterium enthält im Kern neben dem Proton ein zusätzliches *Neutron*, es ist also doppelt so schwer wie das Wasserstoffatom, es gilt $_1^2 H$ entspricht *D*.

Schweres Wasser hat die chemische Formel D–OD = D_2O und wird *Deuteriumoxid* genannt. Seine molare Masse beträgt 20,03.

---

42) *Lit.:* Hakkinen, S., Geophysical Research Letters, Bd. 29, Nr. 24; Ballabrera-Boy, J., Journal of Geophysical Research, Bd. 107, Nr. C12.

43) deuteros (grch.) – der Zweite

Es ist eine farblose und geruchlose wasserähnliche Flüssigkeit. Es schmilzt bei 3,82 °C unter Normdruck und siedet bei 101,42 °C. Die Dichte bei 20 °C beträgt 1,1073 kg/dm^3. Seine höchste Dichte liegt bei 11,2 °C und nicht bei 4 °C.

Bei 25 °C lösen sich in 100 mL Wasser 35,9 g Steinsalz, NaCl, im schweren Wasser nur 30,5 g. Mit 50 % D$_2$O angereichertes Wasser wirkt auf viele Lebewesen stark wachstumshemmend. Natürliches Quell- und Leitungswasser enthält ca. 0,015 % Molanteile D$_2$O. Diese geringen Mengen sind völlig unschädlich.

Schweres Wasser, D$_2$O, wird gewonnen durch elektrolytische Zersetzung von destilliertem Wasser, welches in Wasserstoff und Sauerstoff zerlegt wird. Das D$_2$O wird schwerer angegriffen und konzentriert sich in den Elektrolysezellen.

Als Kühl- und Neutronenbremsmittel wird es in schwerwassermoderierten Kernreaktoren eingesetzt.

Eis
(E. ice)

Bei einer Temperatur von *273,15 K $\triangleq$ 0°C* und einem Druck von *1 atm $\triangleq$ 1,01325 mbar* verwandelt sich flüssiges Wasser in seine feste Phase *Eis*. Die Dichte des Eises ist *0,9167 g · cm^{-3}*, also geringer als die des Wassers. Jedes Wassermolekül verknüpft sich mit fünf anderen zu einem Sechseck. So ist die hexagonale Struktur der Eiskristalle vorgegeben. Eis kristallisiert in 7 verschiedenen Modifikationen[44], von denen die hexagonale[45] Form die häufigste ist. Sie leitet sich aus dem Gittertyp des Tridymits, eines Quarzkristalls, SiO$_2$, her. Das sind sechsseitige Täfelchen, in denen die Wassermoleküle weitmaschig und von zahlreichen Hohlräumen unterbrochen angeordnet sind (Abb. 16). Die Hohlräume sind die Ursache, dass Eis leichter ist als Wasser mit seiner höheren Packungsdichte der Moleküle.

Vier Wasserstoffatome sind jeweils um ein Sauerstoffatom tetraedrisch[46] gruppiert. Je zwei dieser Wasserstoffatome sind an ein Sauerstoffatom über eine Wasserstoffbrückenbindung gebunden. Dadurch bildet sich ein großes hochpolymeres Molekül.

Eis, aber auch Wasser zählt zu den wichtigsten vernetzten Molkülverbänden in der Natur (H–OH)$_n$ (Abb. 16 und Abb. 17).

Der Tripelpunkt[47] charakterisiert einen besonderen Zustand eines Einstoffsystems, in dem drei Phasen (z. B. Dampf, Flüssigkeit und Festkörper) miteinander im nonvarianten[48] Gleichgewicht stehen.

Im Tripelpunkt des Wassers (T$_{tr}$ = 273,16 K $\triangleq$ 0,01 °C) ist der Dampfdruck über allen drei Phasen mit 6,10 mbar gleich groß.

---

44) modificare (lat.) – gehörig abmessen, abändern.
45) hex (grch.) – sechs; gonia (grch.) – Winkel.
46) tettares (grch.) – vier, hedra (grch.) – Fläche.

47) triplex (lat.) – dreifach, Zusammenfassung dreier Ringe.
48) varia (lat.) – verschieden; nonvariant – nicht verschieden

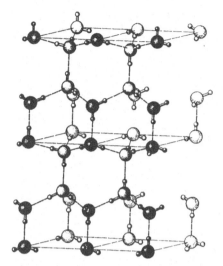

◎ Sauerstoffatome (oxygen atoms)

○ Wasserstoffatome (hydrogen atoms)

Abb. 16: Kristallstruktur des Eises als Raumnetz tetraedrisch verknüpfter Sauerstoffatome (E. structure of ice crystal as tetrahedral linked oxygen atoms in space lattice)

Abb. 17: Verschiedene Formen von Eis- und Schneekristallen (E. different modifications of ice- and snow-crystals) [2]

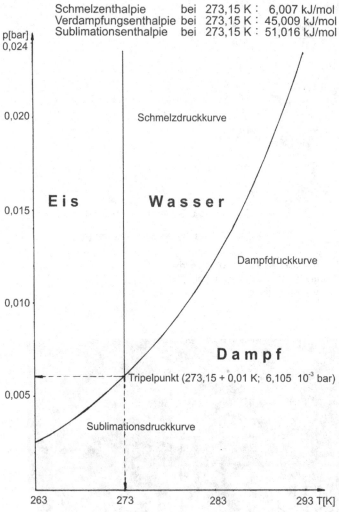

Schmelzenthalpie   bei 273,15 K :   6,007 kJ/mol
Verdampfungsenthalpie bei 273,15 K : 45,009 kJ/mol
Sublimationsenthalpie bei 273,15 K : 51,016 kJ/mol

p[bar]
0,024

0,020

Schmelzdruckkurve

Eis   **Wasser**

0,015

Dampfdruckkurve

0,010

Dampf

Tripelpunkt (273,15 + 0,01 K; 6,105 10^{-3} bar)
0,005

Sublimationsdruckkurve

263   273   283   293 T[K]

Abb. 18: Zustandsdiagramm des Wassers (E. phase diagram of water)

Frostspaltung
(E. cleavage through frost)

Frostspaltung ist ein Vorgang, bei dem gefrierendes Wasser Gesteine auseinander bricht. Gefriert das Wasser unter atmosphärischen Bedingungen, ordnen sich seine Moleküle zu einem festen hexagonalen Kristallgitter. Sein spezifisches Volumen erhöht sich um 9 % (S. 38).

Gefriert in einem Gestein eingeschlossenes Wasser, so entstehen durch seine Volumenzunahme sehr hohe Drücke.

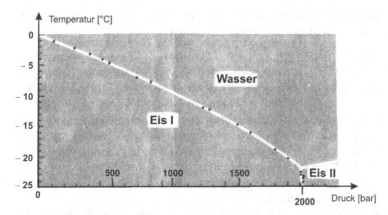

Abb. 19: Druckzunahme von eingeschlosse- nem reinen Wasser in Abhängigkeit sinkender Temperaturen (E. increase of pressure of ent- rapped pure water in dependence on decrea- sing temperatures)

Quelle: Bloom, A. L. (1973), The surface of the Earth, Pretice/Hall International, Inc., London. dt. Übersetzung: Die Oberfläche der Erde (1976), 1. Aufl., Ferdinand Enke Verlag, Stuttgart.

Wasser, das sich in Bodennähe der Erdoberfläche oder direkt über dem Boden befindet, gefriert bei 0 °C und kann sich ungehindert ausdehnen, da es nicht einge- schlossen ist. Gerölle, Grassoden, Ackerboden werden dabei leicht angehoben, aber es werden keine großen Drücke erzeugt.

Beginnt Wasser in einer Gesteinsspalte zu gefrieren, gestalten sich die Vorgänge komplizierter. Zuerst gefriert die Oberflächenschicht, dabei wird das darunter befindliche Wasser eingeschlossen und unter Druck gesetzt. Je mehr Eis sich bildet, um so größer wird der Druck in der noch nicht gefrorenen Wasserschicht. Die Tem- peratur muss weiter abfallen, damit der Gefriervorgang sich fortsetzen kann (Abb. 19). Der Druck nimmt bis zur Temperatur von –22 °C bis zu einem Maximal- wert von 2000 bar ständig zu. Bei Temperaturen unterhalb von –22 °C bleibt der Druck konstant, es bildet sich eine andere Eiskristallstruktur mit höherer Dichte.

In humiden[49] Klimazonen ist die *Frostspaltung* am wirksamsten, wenn die Tem- peratur nachts unter den Gefrierpunkt absinkt und tagsüber darüber ansteigt. Wäh- rend des Tages kann das Schmelzwasser wieder in die Gesteins- und Felsspalten eindringen, welches nachts von neuem gefriert.

Schneekristalle
(E. snow crystals)

Schneekristalle sind keine gefrorenen Wassertropfen. Sie entstehen unmittelbar aus der Luftfeuchtigkeit. Dazu müssen drei Voraussetzungen erfüllt sein:

* Die *Lufttemperatur* muss im Bereich der Minusgrade liegen.
* Die Luft muss bei der jeweils herrschenden Temperatur mit *Wasserdampf* übersättigt sein.

---

49) humidus (lat.) – feucht

- Es müssen *Kristallisationskeime* wie z. B. Staubkörner vorliegen, um Wassermoleküle um sich herum anzureichern (Abb. 20).

Um ein Staubteilchen bildet sich ein Schneekristall als winziges *sechseckiges Prisma* (ein Dendrit)[50]. Wassermoleküle bilden im festen Zustand ein *hexagonales Kristallgitter*. Es ist das Grundmuster der unüberschaubaren Formenvielfalt der Schneekristalle, wie z. B. *hexagonale Plättchen, Prismen, Nadeln* und die vielfältigen Kombinationen davon. Die endgültige Form eines Schneekristalls hängt von der Umgebung ab, in der ein Kristall sein *Entwicklungsstadium* durchlaufen hat (Abb. 21), z. B. von welcher *Windstärke*, welcher *Temperatur* und *Luftfeuchtigkeit* ein Kristallkeim durch die *Atmosphäre* gewirbelt wurde. Temperaturdifferenzen von 0,5 °C und Unterschiede der Wasserdampfdichten von 0,5 % geben dem Schneekristall schon jeweils eine abgewandelte Wachstumsform.

Diese Kristallvielfalt mit dem hexagonalen Grundmuster ist auf die Ausbildung von *Wasserstoffbrücken* und deren Wechselwirkungen untereinander zurückzuführen (S. 49). Es wird vermutet, dass vor allem die *Oberflächenmoleküle* für die starke Temperaturabhängigkeit des Schneekristallwachstums verantwortlich sind. Die interessantesten und mannigfaltigsten Kristallformen entstehen bei Temperaturen zwischen –10 °C und –25 °C (Abb. 17).

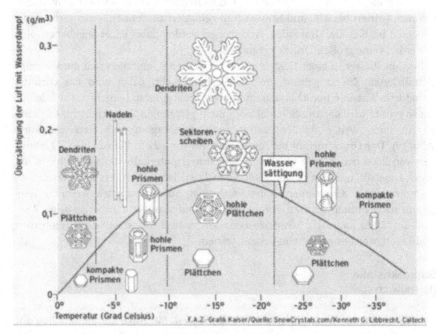

Abb. 20: Kristallformen der Schneeflocken in Abhängigkeit von Temperatur und Dampfsättigung der Luft (E. forms of snow crystals in dependence on temperature and degree of saturation of vapour in the air) [32]

50) dendron (grch.) – Baum, Dendrite sind verästelte Gesteins- und Kristallflächen.

Von allen bisher untersuchten Schneekristallen gleicht kein Kristall dem anderen. Die Anzahl der makroskopisch unterscheidbaren Formen, in denen sich Wassermoleküle zu einem mittelgroßen Schneekristall zusammenlagern können, schätzte *Halley* auf eine 1 mit 5 Millionen Nullen, das entspricht $10^{(5 \cdot 10^6)}$ Variationsmöglichkeiten. So viele Kristalle müssten erst entstehen, bevor sich die Form eines ganz bestimmten Schneekristalls mit einiger Wahrscheinlichkeit wiederholt [32].

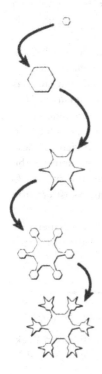

Abb. 21: Der Werdegang eines Schneekristalls von der Atmosphäre zur Erde (E. development of a snow crystal from the atmosphere to the Earth) [32]

Wasser und Wasserstoffbrückenbindungen – ein Beispiel für Wechselwirkungen zwischen Stoffen und Energien
(E. water and hydrogren bondings –
an example for interactions between matters and energies)

Eine Reihe von Eigenschaften des Wassers weichen von denen der übrigen Nichtmetallwasserstoffverbindungen ab, z. B. sind Methan, CH_4, Schwefelwasserstoff, H_2S, Ammoniak, NH_3, Phosphin, PH_3, sowie die Halogenwasserstoffe, HF, HCl, HBr, HJ, bei Normbedingungen Gase. Nur Wasser ist flüssig. Während sich alle Flüssigkeiten während des Gefrierens zusammenziehen und sich dadurch ihre

Dichte erhöht, dehnt sich Wasser beim Erstarren aus (S. 38). Aufgrund der geringen Wärmeleitfähigkeit des Eises, gefrieren die Gewässer von der Oberfläche her und selten vollständig bis zum Grund. Daraus leiten sich die Überlebenschancen für Wasserorganismen in gefrorenem Oberflächengewässer ab.

Die außergewöhnlichen Eigenschaften des flüssigen Wassers sind auf die räumliche Struktur seines Moleküls zurückzuführen. Sie besteht aus einem leicht verzerrten Tetraeder mit dem Sauerstoffatom im Mittelpunkt, zwei Wasserstoffkernen an zwei Ecken (1) und (2) sowie Wolken negativer Ladungen an den beiden anderen Ecken (3) und (4) (Abb. 22). Die ungleichen Ladungsverteilungen befähigen die Wassermoleküle, ein System von vernetzten Molekülen auszubilden.

Die ungleichen Ladungsverteilungen haben ihre Ursache in dem stärkeren Bestreben des Sauerstoffs gegenüber dem Wasserstoff, die Elektronen an sich heranzuziehen. Sauerstoffatome sind Elektronenaufnehmer, also Acceptoren. Das hängt natürlich mit seiner höheren Protonenanhäufung im Kern – *8 an der Zahl* – zusammen. Sie verleihen dem Sauerstoffkern ein stärkeres positives Ladungspotenzial gegenüber dem Wasserstoffkern mit nur einem Proton. Den positiven Sauerstoffkern umgeben acht negativ geladene Elektronen, zwei befinden sich auf dem K-Orbital[51], das damit abgesättigt ist. Die übrigen 6 bewegen sich auf dem L-Orbital, und zwar 4 als 2 Elektronenpaare und 2 als Einzelelektronen. Das äußere L-Orbital hat aber noch Platz für zwei weitere Einzelelektronen, denn es ist erst mit 4 Elektronenpaaren gesättigt.

Da ein Wasserstoffatom nur über ein Elektron verfügt, vermag ein Sauerstoffatom sich zwei Einzelelektronen von 2 Wasserstoffatomen einzuverleiben und sich zum Wassermolekül zu verbinden, z. B.

$$\text{H}\bullet \; + \; \bullet\overset{\bullet\bullet}{\underset{\bullet\bullet}{\text{O}}}\bullet \; + \; \bullet\text{H} \longrightarrow \text{H}\longrightarrow\overset{\bullet\bullet}{\underset{\bullet\bullet}{\text{O}}}\colon\longleftarrow\text{H} \longrightarrow \text{H}\longrightarrow\overline{\overline{\text{O}}}\longleftarrow\text{H}$$

$$\Delta_B H = -683{,}7 \text{ kJ/mol}$$

Diese hohe Reaktionsenthalpie wird freigesetzt, da hier von den atomaren Reaktionspartnern ausgegangen wird und nicht von den molekularen, wie sonst üblich. Im molekularen Fall ist $\Delta_B H \cong 285{,}8$ kJ/mol.

Die beiden Wasserstoffelektronen halten sich bevorzugt in der Nähe des Sauerstoffatoms auf und erzeugen dort im zeitlichen Mittel einen leichten Überschuss an negativer Ladung, während die Wasserstoffatome durch die Elektronenentblößung ein leichtes positives Ladungsumfeld auszeichnet.

Dieser Umstand verleiht dem Wassermolekül polare Eigenschaften (Abb. 22 und 23).

51) orbis (lat.) – Kreis. Orbital ist die gedachte kugelförmige oder elliptische Schale, in deren Bereich sich die dem Atomkern umkreisenden Elektronen am wahrscheinlichsten aufhalten.

Wasserstoffbrückenbindungen
(E. hydrogen bondings)

Im einzelnen Wassermolekül sind die beiden Wasserstoffatome im Winkel von 105° angeordnet. Wegen der unterschiedlichen Elektronennegativitäten ist die Sauerstoff-Wasserstoff-Bindung, $\cdot\overline{O}$–H, polarisiert, d. h. das vom Wasserstoffatom, $\cdot$H, eingebrachte Elektron ist stärker zum Sauerstoffatom hingezogen. Auf diese Weise bildet sich im Wassermolekül ein Dipol, und die negativen und positiven Ladungszentren sind im Mittel voneinander getrennt (Abb. 22).

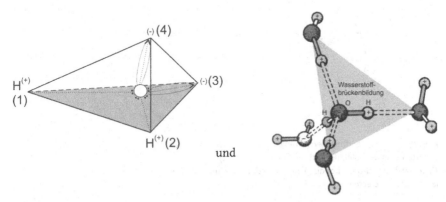

und

Abb. 22: Das Wassermolekül als Dipolmolekül, ein verzerrtes Tetraeder mit einem angeregten Sauerstoffatom in der Mitte [E. water molecule as a dipole molecule, it is a distorted tetrahedron with an excited oxygen atom in the centre)

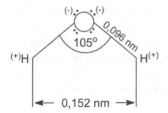

Abb. 23: Verteilung der Elektronennegativitäten im gewinkelten Wassermolekül
(E. distribution of the electrons negativities in an angular molecule of water)

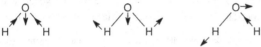

Abb. 24: Normalschwingungen des nichtlinearen dreiatomigen Wassermoleküls
(E. normal oscillations of a non-linear triatomic molecule of water)

Die Polarität der Wassermoleküle löst eine elektrostatische Wechselwirkung aus zwischen dem positiv geladenen Umfeld des Wasserstoffatoms eines Wassermoleküls und dem negativen Umfeld des Sauerstoffatoms eines anderen Wassermoleküls. Es bilden sich Wasserstoffbrückenbindungen. Wegen der tetraedrischen Struktur der Wassermoleküle ist jedes Molekül befähigt, vier Wasserstoffbrücken mit benachbarten Wassermolekülen herzustellen (Abb. 25).

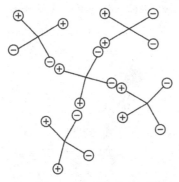

Abb. 25: Wasserstoffbrückenvernetzung von tetraedrisch strukturierten Wassermolekülen (in die Fläche projiziert)
(E. network of hydrogen bondings of tetrahedral structured molecules of water (projected into the plane))

Sowohl die Struktur eines einzigen Wassermoleküls als auch der Wasserstoffbrückenverbund im flüssigen Wasser sind nicht statisch, sondern dynamisch. Die Wasserstoff- und Sauerstoffatome in einem Wassermolekül befinden sich in ständiger Schwingung mit unterschiedlichen Frequenzen[52] und Wellenzahlen[53], deren Überlagerungen sich aber immer wieder auf drei Schwingungsformen zurückführen lassen (Abb. 24).

Die Pfeile in der Abb. 24 sollen die einzelnen möglichen Translationsschwingungen[54] andeuten. Unabhängig von diesen vollziehen die Atome selbst noch Schwingungen um ihre eigene Achse, die Rotationsschwingungen.

Bei diesem Schwingungssystem können sich auch die positiven und negativen Ladungsschwerpunkte zueinander verschieben.

Während die Wassermoleküle im Eis in der Regel in einem Gitter mit perfekter tetraedrischer Struktur angeordnet sind, unterliegen sie im flüssigen Wasser einer ständigen dynamischen Veränderung. Die Wasserstoffbrücken wechseln fortlaufend ihre Partner. Sie werden immer wieder gelöst und mit anderen Wassermolekülen neu verknüpft. Der Wechsel pro Molekül kann zwischen 2 und 6 benachbarten Wassermolekülen liegen, im Mittel beträgt er 4,5. Bei dieser Dynamik bleibt der Dipol-

52) frequentare (lat.) – häufig besuchen; Frequenz bedeutet im physikalischen Sinne die Anzahl der Schwingungen in der Zeiteinheit, z. B. in der Sekunde. Je höher die Frequenz, desto energiereicher die Strahlung.

53) Wellenzahl gibt die Anzahl der Schwingungen an, die ein Licht einer bestimmten Wellenlänge entlang einer Strecke von 1 cm vollführt.

54) translatio (lat.) – fortschreitende geradlinige Bewegung von Körpern.

charakter jedes Wassermoleküls erhalten. Die verwinkelte stereometrische Struktur des Traeders lässt andererseits keinen häufigeren Molekülwechsel zu, da sie sich durch die Verwinkelung zugleich behindern. Durch die tetraedrisch ausgerichteten Wasserstoffbrücken hat Wasser eine offene lockere Struktur. Da es sich bei Wasserstoffbrückenbindungen um Anziehungskräfte entgegengesetzter Ladungen handelt, ist ihre Reichweite innerhalb des molekularen Bereiches recht groß.

Wasserstoffbrückenbindungen in Biomolekülen
(E. hydrogen bondings in biomolecules) [23]

Die Entwicklung von Leben auf dem Planeten Erde beruht nicht zuletzt auf der Ausbildung von Wasserstoffbrückenbindungen zwischen Wassermolekülen einerseits und anderen polaren Molekülen, wie z. B. Säuren, Salzen, Biomonomeren[55] und -polymeren, das sind z. B. Zuckerbausteine, die kurzkettigen Fettsäuren und Aminosäuren, Aminobasen sowie Kohlenhydrate, Proteine und Nukleinsäuren [47].

Auf der Polarität des Wassers beruht auch seine Grenzflächenaktivität. Wasser tritt mit wasserfreundlichen (hydrophilen) Stoffen, z. B. Tensiden, Zuckern, Alkoholen in Wechselwirkung, dagegen mit Fetten kaum wegen ihres wasserabweisenden (hydrophoben) Verhaltens. Biopolymere enthalten sowohl hydrophile als auch hydrophobe Bereiche.

Die Grenzflächenaktivität bzw. -spannung bestimmt auch die Haftfähigkeit von Flüssigkeiten in engen Röhren (Haarröhrchen), den Kapillaren. Diese *Kapillaraktivität* genannten Kräfte ermöglichen es, dass Pflanzensäfte entgegen der Erdanziehung in den Pflanzen nach oben steigen können. Die Kapillaraktivität des Wassers ist ein entscheidender Faktor für das Verteilungssystem in der Pflanzenwelt. Nachteilig wirkt sich der Kapillareffekt bei der Korrosion von Werkstoffen über die Haarrisse aus (S. 27).

Die Stärke der Wasserstoffbrückenbindungen schwankt zwischen 4 kJ/mol bis 40 kJ/mol. Ihre mittlere kinetische[56] Translationsenergie beträgt bei der Körpertemperatur des Menschen ca. 4 kJ/mol. Viele Wasserstoffbrückenbindungen sind deshalb stabil genug, um den fortwährenden Stößen der benachbarten Moleküle zu widerstehen.

Wird ihre Energie geringfügig verändert, dann werden sie gespalten, aber auch wieder neu gebildet. Dieses ständige Spalten und Wiederverknüpfen der Wasserstoffbrückenbindungen ist ein bedeutendes Wechselspiel in den Stoffwechsel- und sonstigen physiologischen[57] Prozessen.

Bindungsenergien werden bei höheren Temperaturen leichter gespalten als bei niederen.

55) bios (grch.) – Leben; monos (grch.) – allein, ein; meros (grch.) – Teil. Biomonomere sind Bausteine des Lebens, wie z. B. Aminosäuren für die Eiweiße, Zucker für die Kohlenhydrate, Fettsäuren für die Fette, Aminobasen für die Nukleinsäuren.

56) kinein (grch.) – bewegen; kinetische Energie ist die Energie der Bewegung

57) physis (grch.) – Natur; Physiologie ist die Lehre von den Funktionen und Reaktionen der Zellen, Gewebe und den Organen der Lebewesen.

Wären die Wasserstoffbrückenbindungen schwächer als oben angegeben, dann müssten viele Organismen bei tieferen Temperaturen leben oder sie würden sich sonst wegen der höheren Temperaturen bzw. Wärmeenergien zersetzen. Wären die Wasserstoffbrückenbindungen wesentlich stärker, dann würden die Stoffwechsel- prozesse und sonstigen biologischen Funktionen so langsam ablaufen, dass die Organismen unbeweglich und reaktionsunfähig bleiben.

Von allen molekularen stofflich-energetischen Wechselwirkungen besitzen nur die Wasserstoffbrückenbindungen die entsprechende Bindungsstärke und den ziel- orientierten Charakter, um die komplexen Molekülstrukturen aufrecht zu erhalten und zugleich den schnellen Strukturwechsel bei der jeweiligen Körpertemperatur zu erlauben.

Wasserstoffbrückenbindungen zwischen Wasser und Harnstoff – ein Bei- spiel
(E. hydrogen bondings between water and urea – an example)

Harnstoff ist ein Abbauprodukt des Proteinstoffwechsels, als solcher wird er mit Urin ausgeschieden. Seine chemische Struktur gleicht einem Ypsilon, Y.

Am Kohlenstoff einer Carbonylgruppe, $\cdot C \cdot$, hängen zwei Aminogruppen, $\cdot NH_2$. Harnstoff ist

polar und hydrophil

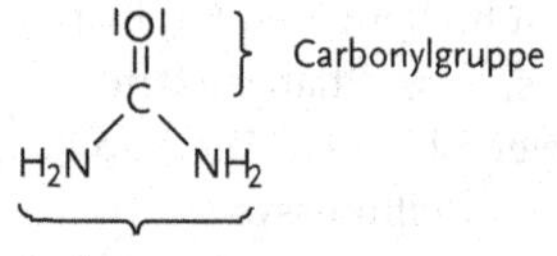

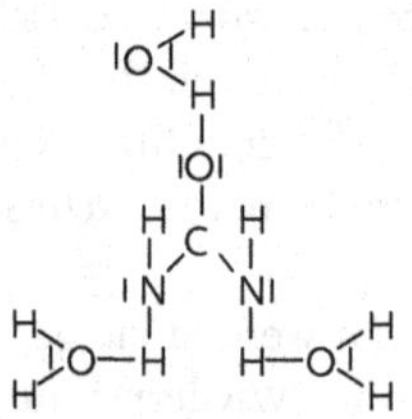

Abb. 26: Wasserstoffbrückenbindungen zwischen Harnstoff- und Wassermolekülen
(E. hydrogen bondings between urea and water molecules)

Wassermoleküle treten mit Harnstoff in direkte Wechselwirkung, indem sie sowohl mit dem Sauerstoff der Carbonylgruppe als auch mit den Aminogruppen Wasserstoffbrückenbindungen bilden (Abb. 26).

Wasserstoffbrückenbindungen in Proteinen
(E. hydrogen bondings in proteins)

Biopolymere wie Proteine und Nukleinsäuren enthalten innerhalb ihrer Makromolekülketten hydrophile und hydrophobe Bereiche [2, S. 303 ff].

Die dreidimensionale Gestalt der Proteine hängt davon ab, wie sich die Ketten zu kompakteren Einheiten falten (Abb. 29 u. Abb. 30).

Ein Grundprinzip ist, dass sich bei einer Faltung und der Bildung einer Helixstruktur die hydrophilen Gruppen an der Oberfläche anordnen. Dort können sie mit Wasser wechselwirken. Die hydrophoben sind dem Inneren der Kette zugekehrt und somit vom Wasser abgewandt. Nach Computermodellen von Biomolekülen in wässriger Lösung muss zwischen drei Arten von Wassermolekülen unterschieden werden [47; 17][58]:

1. die sich unmittelbar an der Oberfläche des Biopolymers befinden und durch die starke Wechselwirkung mit dem hydrophilen Bereich einen hohen Ordnungsgrad aufweisen,
2. die sich in der eigentlichen wässrigen Flüssigkeit aufhalten und nicht in Wechselwirkung mit dem Biopolymer stehen,
3. die möglicherweise im Inneren des Biomoleküls eingeschlossen sind.

Dies hat zur Folge, dass jede biologische Zelle viele Milliarden Wassermoleküle enthält. Sie nehmen fast den gesamten Zellraum ein. Überall dort, wo sich keine organischen Biomoleküle befinden, sind Wassermoleküle. Wie schon erwähnt, bestehen die lebenden Organismen von 50 % bis zu 99 % aus Wasser. Der Wasseranteil des menschlichen Körpers beträgt je nach Alter und Geschlecht 60 % bis 70 % (Tab. 2).

Die charakteristischen Peptidbindungen, $\cdot C-N\cdot$, entstehen durch die Verknüp-
$$\overset{\|}{O}\quad\overset{|}{H}$$
fung zweier Aminosäuren unter Wasserabspaltung. Sie bilden das Rückgrat einer Proteinkette.

Die unterschiedlichen Seitenreste, R, geben jeder Proteinkette ihren eigenen Charakter.

Die räumliche Struktur eines Proteins wird von zwei Faktoren entscheidend beeinflusst:

1. von der Helixdrehung, Verbiegung der Polypeptidkette und der Faltung des Polypeptids (Abb. 27 u. 28).
2. von den Wasserstoffbrückenbindungen zwischen den Polypeptidabschnitten.

58) *Lit.*: Richards, F. M. (1991), Die Faltung von Proteinmolekülen, Spektrum der Wissenschaft, Heft 3, S. 72.

Gerstein, M. u. Levitt, M. (1999), Die Simulation von Biomolekülen in Wasser, Spektrum der Wissenschaft, Heft 2, Spektrum der Wissenschaft Verlagsgesellschaft mbH, Heidelberg.

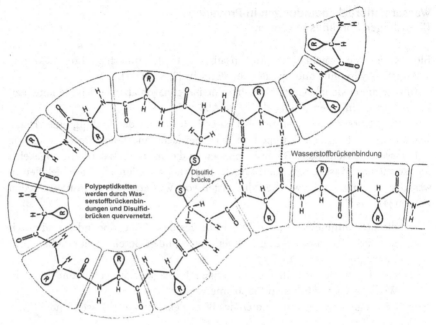

Abb. 27: Modell einer Peptidkette mit Wasserstoffbrückenbindungen und Disulfidbrücken
(E. model of a peptide chain with hydrogen bondings and disul-
fide bridges)

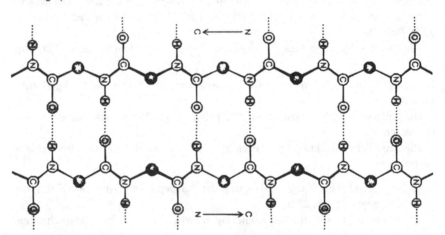

Abb. 28: Wasserstoffbrückenbindungen im
Seidenprotein (E. hydrogen bondings in silk
protein)
Insektenspinnfäden wie Seide sind antiparal-
lele längsgestreckte Proteinketten, die durch
Wasserstoffbrückenbindungen zu Schichten
verbunden werden und eine räumliche Struktur
aufbauen.

(E. gossamer of insects, e.g. silk, are
antiparallel longitudinal extended chains of
protein, they are connected for layers by
hydrogen bondings and they develop a
volumetric structure)

Wasserstoffbrückenbindungen in Nukleinsäuren
(E. hydrogen bondings in nucleic acids)

Die Nukleinsäuren sind Biopolymere, deren Ketten *Phosphorsäureriboseester* sind (Abb. 31).

Jeder Riboserest ist mit einer *heterocyclischen Base* verknüpft. Diese sind *Adenin, Cytosin, Guanin, Thymin* und *Uracil*. Je drei von ihnen stellen den Code für eine Aminosäure dar. Die lineare Abfolge von je drei kombinierten Basen in den Desoxiribonnukleinsäuren, DNS, bestimmen auch die lineare Sequenz der Aminosäuren. Doch diese Sequenzanordnung erfolgt indirekt über die Ribonukleinsäure, die an Stelle der Pyrimidinbase Thymin *Uracil* enthält und im Gegensatz zur Helix Doppelstrangstruktur nur einsträngig vorliegt. Die DNS wirkt also nicht unmittelbar bei der Proteinsynthese mit, sondern sie überschreibt ihre Information (transskribiert)[59] auf die RNS und diese steuert die genetische Information über die Reihenfolge der Aminosäuren in ein Polypeptid.

Es gilt also folgender Informationsablauf:

$$\text{DNS} \xrightarrow{\substack{\text{Trans-}\\\text{skription}}} \text{RNS} \xrightarrow{\substack{\text{Aminosäure-}\\\text{verknüpfung}}} \text{Polypeptid}$$

Die Konformation[60] der aktiven RNS ist von großer Bedeutung für die ständig unveränderliche Wiederholbarkeit der Polypeptidsynthese.

Ihre Struktur wird stabilisiert, in dem bestimmte Abschnitte der Polynukleotidkette durch Wasserstoffbrückenbindungen stabilisiert werden. Sie bilden sich zwischen den Purin- und Pyrimidin-Basen, die sich in ihrer Flächenstruktur ergänzen und gegenüberliegen.

59) transcribere (lat.) – lautgetreue Übertragung in eine andere Schrift.
60) conformis (lat.) – übereinstimmende gleichförmige Struktur, chemisch bedeutet die Konformation eines Moleküls diejenige räumliche Anordnung von Atomen, die sich nicht zur Deckung bringen lassen.

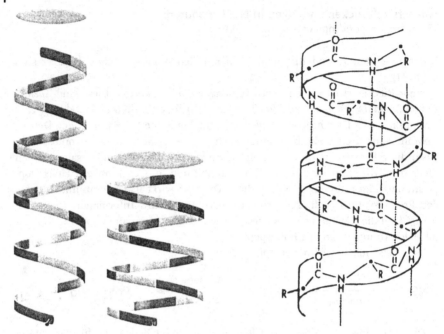

Abb. 29: α-Helix-Struktur eines Proteinmoleküls mit Wasserstoffbrückenbindungen
(E. α-helix-structure of a proteinmolecule with hydrogen bondings)
[22]

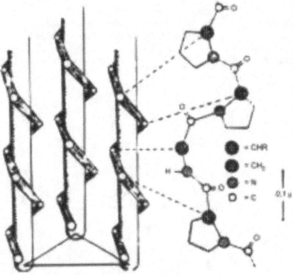

Bei der α-Helix verteilen sich
auf 10 Umdrehungen
37 Aminosäurereste. Auf
einen Umgang bezogen sind
das 3,7 Aminosäurereste.
(E. 37 amino acid residuals
are distributed among
10 turns of a α-helix; that
means one turn consists of
3.7 Amino acid residuals.)

Abb. 30: Helix-Struktür eines Tropokollagens im Muskel
[E. helix-structure of tropocollagen of muscle) [23]

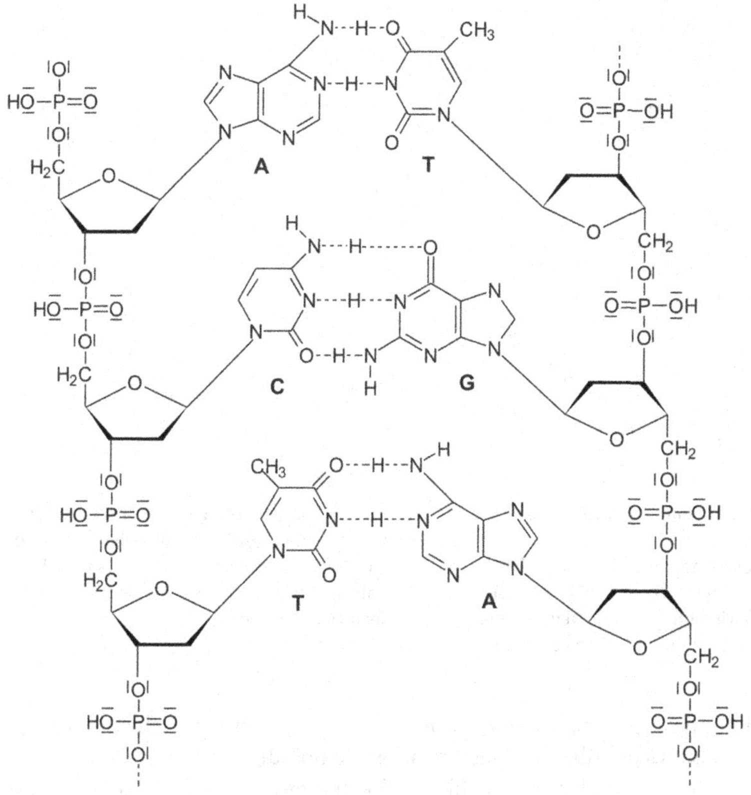

A = Adenin ⎫
G = Guanin ⎬ Purinbasen

T = Thymin ⎫
C = Cytosin ⎬ Pyrimidinbasen

Abb. 31: Wasserstoffbrückenbindungen zwischen Nuklein-
säurekettenausschnitten [E. hydrogen bondings between secti-
ons of nucleic acids)

Wasserstoffbrückenbindungen in Zellulose
(E. hydrogen bondings in cellulose)

Zellulose ist ein Biopolymer, das die Gerüstsubstanz der pflanzlichen Zelle bildet.
Ihr monomerer Baustein ist *Glucose*. Sie verleiht u. a. dem Holz die mechanische
Stabilität. Baumwolle besteht fast aus reiner Zellulose und zeichnet sich durch
hohe Flexibilität aus. Den Wiederkäuern ist sie als Gras ein wertvolles Futtermittel.

Die Festigkeit der Zellulosekette beruht auf der Verknüpfung der Glucosebau-
steine untereinander über die Etherverbindungen, d. h. Kohlenstoff-Sauerstoff-Koh-
lenstoff-Bindungen (Abb. 32).

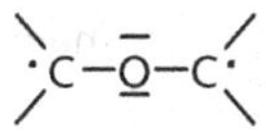

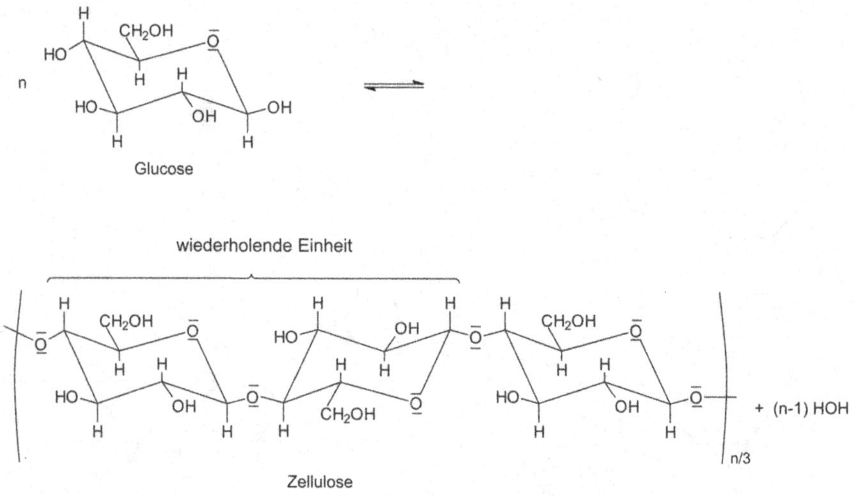

Glucose

wiederholende Einheit

Zellulose

Abb. 32: Zusammenhang zwischen Glucose und Zellulose.
In der Zellulose sind die D-Glucosemoleküle β(1,4)-glucosidisch verknüpft. Zu beachten ist, dass die sich wiederholende Einheit aus zwei Glucoseresten besteht und nicht aus einem.

(E. connection between glucose and cellulose; in cellulose the D-glucose molecules are linked to β-(1,4)-glycosides units; the fact is that the repeating unit consists of two glucose molecules and not one)

Die Verknüpfung und damit eine zusätzliche Stabilisierung zwischen den Polymerketten erfolgt wieder über die Wasserstoffbrückenbindungen.

Die Festigkeit von Zellulosewerkstoffen und Hilfsstoffen kann durch eine Veränderung des Umfangs der Wasserstoffbrückenbindungen gesteuert werden, z. B. lassen sich Zellulosefasern durch Wasser aufweichen, dabei lösen sich die ursprünglichen Wasserstoffbrückenbindungen, und die polaren Wassermoleküle schieben sich dazwischen.

Einschlussverbindungen von Wasser – Clathrate[61]
(E. inclusion compounds of water – clathrates)

Der Meeresbiologe *Dr. David Völker* der Freien Universität Berlin berichtet, dass am tiefen Grund der Ozeane riesige Mengen Clathrate, fälschlicherweise auch oft Methanhydrat genannt, geortet worden sind [72]. Clathrate sind Käfigeinschlussverbindungen [2, S. 315 ff].

Bei niedrigen Temperaturen und den am Ozeangrund herrschenden hohen Drücken bilden Wassermoleküle Käfigstrukturen mit großen Hohlräumen, die Methan, CH_4, gespeichert enthalten. Die Methanmoleküle sind in diesen Hohlräumen so dicht gepackt, dass aus 1 m^3 Clathrat nach der Druckentlastung an der Erdoberfläche bis zu 164 m^3 Methan entweichen. Besonders hoch sind die Vorkommen an den Rändern der *Kontinentalsockel* und in *tektonisch aktiven Zonen*. Riesige Funde

61) clatratus (lat.) – vergittert

wurden in der *Nankai Senke* vor der japanischen Küste gemacht, wo sich Ozeanboden unter Ozeanboden schiebt. Eine 16 m dichte Schicht mit starker Porösität ist dort bis zu 80 % mit Clathraten gesättigt.

Vor Guatemala hat man einen Bohrkern mit einer 1 m dicken massiven Hydratschicht geborgen. Auch in arktischen *Permafrost-(Dauerfrost)böden*, wie z. B. in Sibirien, ist man fündig geworden.

Es wird angenommen, dass der Umfang der Clathratvorkommen sämtliche Lagerstätten von Kohle, Erdöl und Erdgas zusammengenommen bei weitem übertrifft [72].

Wasser und bestimmte Gase bilden bei hohem Druck und niederen Temperaturen als *Gashydrate* eine feste Verbindung.

Gashydrate sind nichtstöchiometrische Verbindungen. Die Wassermoleküle bauen *Käfigstrukturen* auf, in denen Gasmoleküle als *Gastmoleküle* eingeschlossen sind. Gastmoleküle können sein: Stickstoff, N_2, Schwefelwasserstoff, H_2S, Kohlenstoffdioxid, CO_2, Methan, CH_4, und seltener Kohlenwasserstoff mit längeren Kohlenstoffketten wie Propan, Butan oder Pentan. In der Natur finden sich Stickstoffhydrate im Eisschild Grönlands. Methanhydrate sind vorwiegend in Meeressedimenten und in Permafrostböden[62] der Polarregionen anzutreffen.

In den dreißiger Jahren des letzten Jahrhunderts stellte man fest, dass die Bildung von Gashydraten für die Verstopfung von Öl- und Gaspipelines die Ursache seien.

Aufgrund der physikalischen Eigenschaften kommen Methanhydrate ab einer Meerestiefe von 300 m bis ca. 1000 m, in Polargebieten bis ca. 2000 m, vor. Die Mächtigkeit der Hydratzonen ist temperaturabhängig. Die Temperaturen schwanken vom Minusbereich bis +6 °C.

In den Ozeanen stammt das Methan vorwiegend aus dem fermentativen Abbau organischer Mikroorganismen und aus der bakteriellen Kohlenstoffdioxid-Reduktion in den Ablagerungen.

Die größten Methananteile in Hydraten entstehen an den Kontinentalrändern. Dort herrscht eine hohe Planktondichte und somit stehen große Mengen an organischen Substanzen für die Methanbildung zur Verfügung. Gashydrate finden sich außerdem im *Mittelmeer, Schwarzen Meer, Kaspischen Meer* und im *Baikalsee*.

Die als Gashydrate gespeicherte Menge Kohlenstoff ist mit ca. 10 000 Gigatonnen[63] umfangreicher als alle übrigen Kohlenstoffquellen auf der Welt zusammen.

---

62) permanere (lat.) – verbleiben, ständig fortdauernd

63) 1 Gigatonne sind 10^9 Tonnen bzw. 1 Mrd. Tonnen.

Tab. 3: Mengenanteile von einigen organischen Kohlenstoff-
reserven auf der Erde, aber ohne die feinverteilten organischen
Kohlenstoffanteile (E. parts of amounts of some reserves of
organic carbon without the finely divided parts of organic carbon)

Kohlenstoffquellen	Mengen in Gigatonnen $\triangleq 10^9$ t
1. Gashydrate im Meer und in Dauerfrostböden	10 000
2. Fossile Energieträger Kohle, Erdöl, Erdgas	5000
3. In Böden	1400
4. Gelöste organische Substanzen	960
5. Erdbiosphäre	830
6. Torf	500
7. Organischer detritischer Kohlenstoff[64]	60
8. Atmosphäre	3,6
Summe der Zeilen 2 bis 8	8653,6

Wasser und Sonnenenergie, Fotosynthese
(E.water and solar energy, photosynthesis)

Sowohl in der Natur als auch in unserer technisierten Welt sind Wasser und Energie in ihren Umwandlungsprozessen eng und untrennbar miteinander verknüpft.

Die treibende Energie für alle Vorgänge liefert direkt oder indirekt die Sonne. Durch die Fotosynthese wird Sonnenenergie in chemische Energie umgewandelt und als solche in den Syntheseprodukten wie Pflanzen und deren Früchten gespeichert. Das Energieumwandlungsmedium ist Wasser.

Die Fotosynthese ist eine energiespeichernde Hydrierungsreaktion, durch die sie aus dem Kohlenstoffdioxid der Luft und dem Wasser mit Hilfe der Sonnenenergie Glucose aufbaut. Eine Schlüsselverbindung ist die Glucose. Sie ist unter anderem der Baustein für Stärke, Zellulose, Chitin und andere kohlenhydratähnliche Verbindungen (Abb. 34).

Die Synthese findet in den Zellorganellen der fotosynthetisierenden grünen Pflanzen, den Chloroplasten[65] statt (Abb. 33). Sie enthalten das Chlorophyll[66] als Blattpigment, welches die Lichtstrahlen absorbiert. Zur Fotosynthese sind nicht nur Pflanzen, sondern auch Algen, Flechten, Plankton[67] und zahlreiche Bakterien befähigt (Abb. 34 u. S. 105).

Die Stoffbilanz zeigt, dass 264 g Kohlenstoffdioxid und 216 g Wasser zu 180 g Glucose, wieder zu 108 g Wasser und 192 g Sauerstoff unter dem Aufwand von

64) detritis (lat.) – abgerieben, abgeschliffen. Bezeichnung für meist im Wasser als Schwebstoffe feinster Teilchen aus dem natürlichen Zerfall anorganischer und organischer Materie.

65) chloros (grch.) – gelbgrün; plassein (grch.) – formen, bilden
66) phyllon (grch.) – Blatt
67) planktos (grch.) – umhergetrieben

Lichtenergie	Kohlenstoff-dioxid	Wasser	Enzyme	Glucose	Wasser	Sauerstoff
2876 kJ	+ 6 CO_2	+ 12 H–OH	$\longrightarrow$	$C_6H_6(OH)_6$	+ 6 H–OH +	6 O_2
	6 x 44 g	12 x 18 g		180 g	6 x 18 g	6 x 32 g

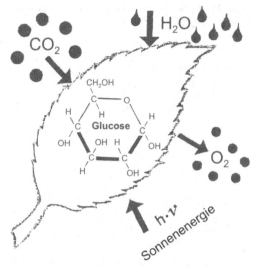

Abb. 33: Fotosynthetisierendes Blatt (E. photosynthesizing leaf)

2876 Kilojoule umgesetzt werden. Die durch die Fotosynthese auf der Erde jährlich gespeicherte Energiemenge wird auf 10^{12} Kilojoule geschätzt. Das entspricht dem Einbau von mehr als 10^{10} (10 Milliarden) Tonnen Kohlenstoff in Kohlenhydraten und anderen daraus abgeleiteten organischen Substanzen. Im Prinzip ist das diejenige Energiemenge, die jährlich an technischer und physiologischer Energie in Form von Kohle, Erdöl, Erdgas und Getreide von den Menschen zum Leben benötigt werden (Tab. 4).

Es müssen 12 Mole Wasser für die Hydrierung eingesetzt werden, nämlich 12 Wasserstoffatome für die Hydrierung des CO_2 und die übrigen 12 für die restlichen Sauerstoffatome des CO_2, die nicht für die Glucose benötigt werden.

$$6 \ \overline{\underline{O}}=C=\overline{\underline{O}} \longrightarrow \{ 6 \ \dot{C}=\overline{\underline{O}} \ + \ 6 \cdot \overline{\underline{O}} \cdot \}$$

$$12 \ H–\overline{\underline{O}}–H \longrightarrow \{ 12 \ H \cdot \ + \ 12 \ H \cdot \} \ + \ 6 \ O_2$$

$$6 \ CO_2 \ + \ 12 \ HOH \longrightarrow C_6H_6(OH)_6 \ + \ 6 \ H_2O \ + \ 6 \ O_2$$

Diese Stoffverteilungsbilanz belegt, dass der Sauerstoff der Fotosynthese aus dem Wasser stammt und das neu gebildete Wasser eine Hydrierung des aus dem Kohlenstoffdioxid stammenden Sauerstoffs ist.

Eine 115jährige Buche mit ca. 200 000 Blättern, das entspricht einer Oberfläche von 1200 m², nimmt an einem Sonnentag 9,4 m³ CO_2 auf und synthetisiert daraus 12,5 kg Kohlenhydrate. Als Begleitprodukt entstehen aus dem Wasserstoff liefernden Wasser 9,4 m³ Sauerstoff, der sich in der Atmosphäre angereichert hat und als solcher weiterhin aufgenommen wird. Für die Sauerstoffproduktion von 9,4 m³ werden täglich 15,1 Liter Wasser zerlegt. Auf diese Weise werden jährlich weltweit ca. 10¹¹ Tonnen Sauerstoff aus Wasser freigesetzt [15; 18[68]; 20].

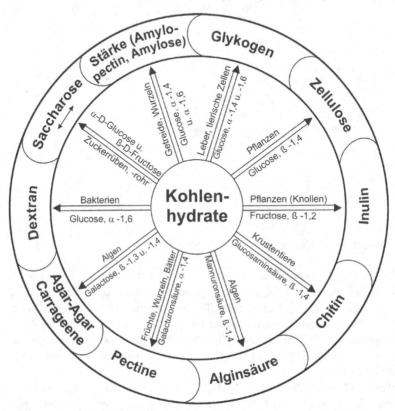

Abb. 34: Wichtige Kohlenhydrate in der Natur
(E. important carbohydrates in nature)

Aus der Summenformel Seite 61 für die Fotosynthese folgt, dass zur Synthese von 180 g Glucose 216 g Wasser als Reaktionskomponente benötigt werden. Die fotosynthetische jährliche Ergänzung pflanzlicher Biomasse i. Trockensubstanz beträgt auf dem Erdball ca. 172,5 Mrd. t. Dazu werden 206,4 Mrd. t Wasser benötigt. Glucose ist das wichtigste Monosaccharid in der Natur und der Baustein für zahlreiche Kohlenhydrate. Da während der Fotosynthese nach der Reaktions-

68) Gienapp, Ch. (2002), Primäres Ziel: Verbesserung der Wasserqualität, GIT, Labor Fachzeitschrift Nr. 7.

gleichung wieder 103,2 Mrd. t Wasser neu gebildet werden, beläuft sich der reale Wasserbedarf auf 103,2 Mrd. Tonnen. Das am häufigsten vorkommende Kohlenhydrat ist Zellulose. Jährlich werden alleine von den Bäumen der Erde ca. 100 Mio. t - Zellulose synthetisiert. Das Monomere ist Glucose (Abb. 34).

Ein Anteil von 9,1 Mrd. t i. Tr., das sind 5,3 %, liefert die Landwirtschaft und sonstiges Kulturland. Dafür sind 5,46 Mrd. m^3 Wasser jährlich erforderlich (S. 194; [20]).

Wasser und die Fotosynthese, d. h. Sonnenenergie, sind die Voraussetzungen dafür, dass jährlich ausreichende physiologische Energie für die menschliche Ernährung bereit steht. In 2002 sind 5218 Mio. t an Grundnahrungsmitteln durch die Landwirtschaft erzeugt worden (Tab. 4). Dazu sind weltweit 70 % des Süßwasseraufkommens erforderlich gewesen.

Tab. 4: Physiologische Energiequellen in der Welt im Jahre 2002/03 [in Mio. t] (E. physiological energy sources of the world in the year 2002/03 [mio. t])

Getreide gesamt	2889,00
davon	
• Grobgetriede (Triticale, Hirse, Dinkel u. a.)	860,00
• Mais	602,00
• Weizen	572,00
• Reis	576,00
• Gerste	132,00
Kartoffeln	307,44
Gemüse	787,36
Obst	475,50
Zucker	149,00
Ölsaaten wie Soja, Raps, Sonnenblumen, Baumwollsaat, Palmenkerne, Erdnüsse	323,80
Aquakultur (Fische, Krustazeen, Weichtiere, Wasserpflanzen)	45,00
Fleisch	241,50

Quelle: ZMP Marktbilanz Kartoffeln, Gemüse, Obst, 2003; Zuckerindustrie, 2004, Töpfer International 2002/03; FAO 129, Nr. 3

Zum Vergleich: Weltförderung von technischen Energieträgern (E. in comparison: mining of technical energy sources)

	Jahr 2002
Steinkohle	3692 Mio. t
Braunkohle	863 Mio. t
Erdöl	3552 Mio. t
Erdgas	2534 Mrd. Nm^3

Nach Angaben der FAO ist China mit Abstand der größte Weizenanbauer in der Welt. Auf einer Ackerfläche von ca. 24,4 Mio. Hektar sind im Jahre 2001 94 Mio. t Weizen geerntet worden. Es folgen Indien mit 68,5 Mio. t und die USA mit

53,7 Mio. t. Im selben Jahr wurden in Deutschland 22,8 Mio. t Weizen auf einer Fläche von 2,9 Mio. Hektar eingebracht. Die Ernteerträge pro Hektar mit 7,9 t sind sehr hoch. Entsprechend groß ist der Bedarf an Süßwasser zur Bewässerung dieser landwirtschaftlich genutzten Flächen (S. 88 und S. 172 ff) [80].

Wasserdampf – der natürliche Treibhauseffekt
(E. water vapour – natural greenhouse effect)

Die Atmosphäre vermag Wasser bis zu 0,04 Volumenanteilen, das sind 4 %, in Form von Wasserdampf aufzunehmen. Dieser Anteil befindet sich in einem ständigen Kreislauf zwischen Verdunstung und Kondensation, der von den Temperatur- und Druckänderungen in der Atmosphäre, den Ozeanen und dem Festland ständig aufrecht erhalten wird. Eine relativ dünne Wasserdampfschicht um den Erdplaneten ist entscheidend mitverantwortlich dafür, dass auf der Erdoberfläche Leben möglich ist. Die kurzwellige ultraviolette Sonnenstrahlung mit dem Wellenlängenbereich $\lambda = 3$ nm bis 750 nm[69], einschließlich des sichtbaren Spektrums, durchdringt die oberen Luftschichten der Erdatmosphäre[70]. In den unteren erdnahen Schichten wandelt sich diese energieintensive Strahlung in langwellige Infrarotstrahlung (Wärmeenergie) mit Wellenlängen oberhalb $\lambda = 800$ nm um. Eine Rückstrahlung in die Stratosphäre[71], das sind Höhen über 25 km, wird durch Wasserdampf und andere natürliche Treibhausgase wie Kohlenstoffdioxid, CO_2, Ozon, O_3, Methan, CH_4, u. a. verhindert. Durch diesen Umwandlungseffekt der Sonnenenergie hat sich die mittlere Temperatur der Biosphäre auf ca. +15 °C eingestellt. Ohne diesen gewünschten Treibhauseffekt würde auf der Erdoberfläche nur eine mittlere Temperatur von −15 °C gemessen werden, also eine um 30 °C niedere als zur Zeit vorhanden [15].

Mehr als zwei Drittel des natürlichen Treibhauseffektes gehen auf den Wasseranteil in der Atmosphäre zurück, der dort gasförmig tröpfchenartig und kristallin vorliegen kann.

Treibhausgase regeln den Wärmehaushalt zwischen Atmosphäre und der Erdoberfläche. Sie nehmen die Rolle eines Thermostaten wahr.

Der Begriff *Treibhauseffekt* sollte in Diskussionen wertneutral verwendet werden. Denn dieser Effekt ist notwendig für die Entfaltung und Erhaltung des Lebens auf der Erde. Um so mehr muss darauf geachtet werden, dass dieser Treibhauseffekt durch anthropogene[72] (menschliche) Einwirkung, z. B. Industrialisierung, Motorisierung, Bevölkerungsverdichtung, nichttiergerechte intensive Viehhaltung u. a. nicht nachhaltig gestört wird, d. h. dass der natürliche Thermostat nicht *„nach oben verstellt"* wird [28; 29].

---

69) 1 nm = 1 Nanometer $\triangleq 10^{-9}$ Meter $\triangleq$ 1 Milliardstel Meter

70) atmos (grch.) – Dunst; sphaira (grch.) – Kugel; Atmosphäre ist die Lufthülle um die Erde.

71) stratum (lat.) – Schicht; Stratosphäre ist eine obere Schicht der Atmosphäre.

72) anthropos (grch.) – Mensch

Vom Fließen des Wassers – die Verteilung des Wassers in der Natur
(E. the flow of water – its distribution in nature)

Das Wasser unseres Planeten ist nicht wie die Gase unserer Atmosphäre (Stickstoff, Sauerstoff, Kohlenstoffdioxid, Edelgase) gleichmäßig auf der Erdoberfläche verteilt. Wasser ist nicht ubiquitär[73] (S. 5 ff). Nach der Anwesenheit des Wassers lässt sich die Planetenoberfläche in reine Wasserflächen, Sumpfgebiete, normale Feuchtgebiete, halbtrockene und trockene Bereiche unterteilen [53]. Vom Verteilungsgrad des Wassers hängen die Vegetation und die Lebensbedingungen für die Mikroorganismen, Pflanzen, Tiere und Menschen ab (Abb. 96 u. 97).

Aufgrund seiner physikalischen Eigenschaften ist das Wasser in den einzelnen Erdzonen unterschiedlich verteilt bzw. angereichert. Eines seiner hervorstehendsten Merkmale ist seine Fließfähigkeit, seine physikalische und chemische Stabilität. Der Dipolcharakter und die damit verbundenen polaren Eigenschaften sind die Ursachen für alles sonstige wasserspezifische Verhalten, wie z. B. die Grenzflächenaktivität. Die treibenden Kräfte für das Fließen und Verteilen des Wassers werden freigesetzt durch die von der Natur vorgegebenen Höhen-, Temperatur- und Druckunterschiede oder allgemeiner ausgesprochen, von den Potenzialdifferenzen. Die in den Landschaften vorhandenen Höhenunterschiede lassen das Wasser immer freiwillig von oben nach unten bzw. vom Berg in das Tal fließen.

Wegen unterschiedlicher Sonneneinstrahlung während des Tages und der Nacht, sowie der Jahreszeiten entstehen Temperaturunterschiede innerhalb der Landschaften, zwischen den Landmassen und Wasserflächen sowie zwischen der Erdoberfläche und der Atmosphäre. Die jeweils herrschenden Temperaturunterschiede sind die Anzeichen für die vorhandenen Wärmeenergien, die das Wasser verdampfen und kondensieren bzw. gefrieren lassen und somit über die Zustandsänderungen einen Wasser- aber auch Wärmetransport bewirken.

Wasser erweist sich als ein gutes Transportmedium für Wärmeenergie. Das Fließen von Wasser bzw. Gewässern durch Druckentlastung, d. h. von hohem zu niederem Druck ist bei artesischen Brunnen, bei manchen Quellen und insbesondere bei fossilem Grundwasser festzustellen (S. 6).

Auf die Grenzflächenaktivität sind die kapillaraktiven Kräfte des Wassers zurückzuführen. Sie sind für die Feinstverteilung des Wassers in Pflanzen und vielen anderen Organismen entgegen der Erdanziehung verantwortlich. Im technischen Sektor müssen die korrosiven Eigenschaften des Wassers über die Haarrisse in Kauf genommen werden.

Die Dichteanomalie des Wassers sorgt während des Gefrierens für die Sprengung von Felsen und Massivgestein und lockert das Gestein als Voraussetzung für die Bildung von Humusboden mit Hilfe von Mikroorganismen. Danach können sich Pflanzen ansiedeln.

---

73) ubique (lat.) – überall; ubiquitär – überall vorkommend.

Soll Wasser entgegen den Potenzialunterschieden gefördert und transportiert werden, dann muss sehr viel Energie aufgewendet werden. In der Regel wird sie über Pumpen zugeführt. Dabei sind nicht nur die Höhenunterschiede, sondern auch die inneren Reibungskräfte des Wassers, seine Viskosität, und auch die äußeren, nämlich zwischen Wasser und Rohrleitungen bzw. Flussbett, zu überwinden.

Fließendes Wasser fördert seine eigene Vermischung, die gelösten und suspendierten Feststoffteilchen und die Vermischung mit den an der Oberfläche berührenden Luftschichten. Auf diese Weise gedeihen in den oberen Gewässerschichten aerobe[74] Lebensvorgänge für Meerestiere und -pflanzen. Stehende Gewässer neigen zum so genannten *Umkippen*, d. h. die anaeroben Prozesse gewinnen die Oberhand. Sie sind für aerobe Vorgänge lebensbedrohlich.

Die Faktoren für die treibenden Kräfte lassen sich durch die allgemeinen *Gesetze für Ausgleichsvorgänge* beschreiben.

Die Erfahrung lehrt, dass alle Ströme durch Potenzialunterschiede, d. h. zwischen den Unterschieden der potenziellen Energien, zustande kommen (Tab. 5).

Im weiteren Sinne sind es Unterschiede zwischen den stofflichen, energetischen und informatischen Zuständen. In der Wirtschaft sind es die finanziellen Potenziale.

Jedem System ist das Bestreben eigen, diese Unterschiede auszugleichen, z. B.

1. einen Temperaturausgleich herbeizuführen, indem Wärme von einem höheren Temperaturniveau zu einem niederen Niveau übergeht, z. B. Wärmetransport bei Wärmetauschern.
2. die Spannung zwischen zwei elektrischen Polen auszugleichen, indem elektrischer Strom fließt, z. B. elektrische Kraftwerke.
3. Konzentrationsunterschiede an Grenzflächen zu beseitigen, indem Stoffteilchen fließen, z. B. Stoffaustausch zwischen und innerhalb von Zellen.
4. Druckausgleich herbeizuführen, indem Stoffe wie Gase oder Flüssigkeiten von einem System mit höherem Druck in ein System mit einem niederen Druck überführt werden, z. B. artesische Brunnen, Förderung von Wasser aus fossilen Untergrundquellen, Filtration.
5. Wasser kann nur aufgrund von Höhenunterschieden fließen. Werden die Höhenunterschiede eingeebnet, wird aus einem fließenden Bach ein stehendes Gewässer mit allen Nachteilen des anaeroben Stoffabbaus durch Mikroorganismen (das Wasser beginnt zu faulen).
6. Wasserströme und Wasserbewegungen in der Natur werden hervorgerufen und beeinflusst durch die Gravitation zwischen Erde und Mond, sichtbar sind die Gezeiten der Meere. Auch die in sich bewegende elastische Erdoberfläche führt immer wieder zu Niveauverschiebungen, deren Folge ein Wasserfließen ist.

Strömende Medien sind einseitig ausgerichtet, wenn sie freiwillig verlaufen. Sie sind irreversibel, d. h. nicht umkehrbar.

---

74) aer (lat.) – Luft, aerobe Vorgänge sind von der Zufuhr von Luftsauerstoff abhängig, anaerobe Prozesse vollziehen sich unter Ausschluss von Luftsauerstoff.

Wasser fließt nicht den Berg hinauf, es sei den, man wendet sehr viel Energie mittels Pumpen auf oder es verdampft durch Zufuhr von Wärme.

Ständig strömende Systeme sind nicht nur durch ihre Irreversibilität, sondern auch durch Fließgleichgewichte und offene Systeme charakterisiert.

Fließgleichgewicht herrscht, wenn die Eingangsgeschwindigkeit strömender Medien gleich der Austrittsgeschwindigkeit in einem offenen System ist (Abb. 35).

Abb. 35: Irreversible (nicht umkehrbare) Strömung
(E. irreversible flow)

Ist die Eintrittsgeschwindigkeit $\frac{dm_E}{dt}$ größer als die Austrittsgeschwindigkeit $\frac{dm_A}{dt}$, dann tritt z. B. beim Bach das Wasser über die Ufer. Ist die Austrittsgeschwindigkeit größer als die Eintrittsgeschwindigkeit, dann leert sich der Bach.

Fließgleichgewicht, steady state, herrscht, wenn $\frac{dm_E}{dt} = \frac{dm_A}{dt}$ ist, unter der Bedingung der Irreversibilität (Unumkehrbarkeit).

Der gemeinsame Parameter dieser Ausgleichsgesetze ist die Zeit t.

Entscheidend ist die Tatsache, dass alle Ströme, wie fließende Stoff-, Energie-, Kapital- und Informationsmengen zum Erliegen kommen, wenn die treibenden Gradienten, die Potenzialdifferenzen immer kleiner werden (d. h. gegen null gehen). Das gilt für technische Systeme, Wirtschaftsprozesse, Sozialsysteme, biologische Systeme und für alle Vorgänge in der Natur schlechthin und insbesondere für die Ausbreitung des Wassers [15 u. 23].

Der endgültige Ausgleich von Potenzialen würde das Ende jeglichen Lebens bedeuten. Werden die Spannungsunterschiede zu groß, dann kommt es zu plötzlichen (spontanen) Entladungen bzw. Eruptionen, soziologisch zu Revolutionen. Sie sind systemzerstörend.

Das Gesetz für allgemeine Ausgleichsvorgänge lautet:

$$\frac{\text{fließende Menge}}{\text{Zeiteinheit}} \sim \frac{\text{treibender Gradient (Potenzialdifferenz)}}{\text{Widerstand}}$$

Tab. 5: Beispiele für Ausgleichsvorgänge
(E. examples for compensatory processes):

Wärmeübergang

$$\frac{\text{Wärmemenge}}{\text{Zeiteinheit}}\; \frac{\Delta Q}{\Delta t} \;\sim\; \frac{\text{Temperaturdifferenz}}{\text{Schichtdicke der Wärmedurchgangsfläche}} = \lambda \cdot q\, \frac{\Delta T}{x}$$

q = Übergangsfläche; x = Schichtdicke; λ = Wärmeleitzahl

Stromfluss (Ohmsches Gesetz)

$$\frac{\text{elektrische Ladungsmenge}}{\text{Zeiteinheit}}\; \frac{\Delta C}{\Delta t} \;\sim\; \frac{\text{Spannungsdifferenz}}{\text{elektrischer Widerstand}} = \frac{\Delta U}{R} = I$$

Diffusions- und Osmosegesetz nach Fick (stationär); Gas, Flüssigkeiten

$$\frac{\text{Anzahl der diffundierten Teilchen}}{\text{Zeiteinheit}}\; \frac{\Delta n}{\Delta t} \;\sim\; \frac{\text{Konzentrationsdifferenz}}{\text{Diffusionsstrecke}} = -\,Dq\,\frac{\Delta c}{x}$$

q = Diffusionsübergangsfläche; D = Diffusionskoeffizient

Filtration (stationär)

$$\frac{\text{Filtratvolumen}}{\text{Zeiteinheit}}\; \frac{\Delta V}{\Delta t} \;\sim\; \frac{\text{Filtrationsdruck}}{\text{Widerstand des Filtrationskuchens}} = k_F\, \frac{\Delta p}{W_k}$$

k_F = Filtrationskoeffizient

Gesetz vom Stoff-Fluss (fest, flüssig)

$$\frac{\text{Stoffmenge}}{\text{Zeiteinheit}}\; \frac{\Delta m}{\Delta t} \;\sim\; \frac{\text{Höhendifferenz}}{\text{Stoffeigenschaften}} = k_s\, \frac{\Delta h}{S_w}$$

k_s = Proportionalitätskonstante, z. B. Stoffeigenschaften wie Dichte, Viskosität, Fließbettbeschaffenheit

Meeresströmungen
(E. ocean currents)

Eines der charakteristischen Eigenschaften des Wassers ist sein Fließverhalten. Die auf der Erdoberfläche, in Ozeanen, Seen, Flüssen, im Erduntergrund, in Eisbergen und in der Atmosphäre verteilten Wassermassen befinden sich in ständiger Bewegung und im gegenseitigen Austausch. Es sind richtungsorientierte Bewegungen, d. h. Strömungen. Ihre Strömungsgeschwindigkeiten hängen vom Höhen-, Dichte- und Temperaturgefälle ab, aber auch von den Windstärken.

Zwei Drittel der weltweiten Ozeanflächen liegen auf der Südhalbkugel (Abb. 8).

Die Oberflächenströmungen der Ozeane werden vorwiegend von Winden hervorgerufen. Sie verteilen die oberen hundert Meter der ozeanischen Wassermassen um. Die Oberflächenströmungen wirken in den verschiedenen Jahreszeiten unterschiedlich stark, z. B. die Passatwinde, Monsunwinde und Gezeiten (S. 169). Neben den Oberflächenströmungen gibt es entgegengesetzt gerichtete Unterströme in unterschiedlicher Tiefe, unter dem Golfstrom z. B. in mehr als tausend Metern.

Neben den horizontalen Oberflächenströmungen sorgen auch die vertikalen Strömungen für eine intensive Durchmischung der Gewässer. Die treibenden Faktoren sind Temperaturdifferenzen, Dichteunterschiede, wirbelähnliche Strudel, die Beschaffenheit des Meeresbodens und die Salzkonzentrationen (S. 40). Die Corioliskräfte, hervorgerufen durch die Erdrotation, beeinflussen im hohen Maße die Strömungsrichtung, -geschwindigkeit und damit die Durchmischung der Ozeane (Glossar S. 251). Das Strömungsverhalten der Seen und Flüsse wird im Wesentlichen von dem Höhengefälle bzw. den Zufluss- und Abflussgeschwindigkeiten der Wassermengen bestimmt.

Entsprechend dieser hier nur kurz skizzierten Einflussfaktoren auf das Strömungsverhalten der Gewässer ist deren Verweildauer in den jeweiligen Wasserregionen sehr unterschiedlich. Einige Daten sind nachstehend aufgeführt[75]

Wasserregionen	Austausch- bzw. Umsatzzeit
Atmosphäre	9 Tage
Flüsse	10 bis 60 Tage
Bodenfeuchte	2 bis 50 Wochen
Wasser in lebenden Organismen (Biomasse)	wenige Wochen
Seen	10 Jahre
Grundwasser	10 bis 300 Jahre
Ozeane	50 bis 3 000 Jahre
Gletscher und Polareis	12 000 bis 15 000 Jahre

Beispiele von Meeresströmungen (Abb. 98):

im *Atlantik*
    Golfstrom-Trift (warm);
    Westafrikanische Strömung (kalt);
    Labrador-Trift (kalt);
    Polar-Trift (kalt)
    Ostgrönland Strom (kalt)
    Westwind-Trift (kalt);
im *Atlantik und Pazifik*
    Nord-Äquatorial Strömung (warm)
    Äquatorial Gegenstrom (warm);
    Süd-Äquatorial Strömung (warm);

im *Pazifik*
    Kuro Schio-Westwind Trift (warm);
    Humboldt-Strom (kalt);
    Falkland (Kap Hoorn) Strömung (kalt);
    Westwind-Trift (kalt);
    Oja Schio-Strom (kalt);
    Alaska-Strom (warm);
    Kalifornischer Strom (kalt);
um Australien
    Westaustralischer Strom (kalt);
    Südaustralischer Strom (kalt);
    Ostaustralischer Strom (warm);
im *Indischen Ozean*
    Agulhas Strom (warm);

75) Frede, W. (1991), Taschenbuch für Lebensmittelchemiker und -technologen, Bd. 1, S. 504, Springer-Verlag Berlin, Heidelberg, New York.

Die Weltmeere, die die tiefgelegenen Flächen der Erdkruste bedecken, sind der große Sedimentationsraum, dem alle verwitterten Mineralien zustreben. Die tiefsten Meeresgründe messen bis zu ca. 9000 m. Die Hauptmenge wird von den Flüssen der Kontinente in die Meere transportiert. Auch die Gezeiten nagen an den Randzonen der Kontinente und tragen zur Durchmischung der Sedimente und des Meerwassers bei (S. 169).

Die Meeresströmungen vermischen und verteilen nicht nur Wasser und Sedimente, sondern sie haben maßgeblichen Anteil am Austausch von Wärmeenergien auf der Erdoberfläche. Sie verfrachten riesige Wärmemengen aus den Tropen in die kälteren Breiten der Erde, die sonst keine Vegetation hervorbringen würden (Abb. 97 und 98).

Golfstrom[76)]
(E. Gulf Stream)

Der Golfstrom ist kein Fluss im üblichen Sinne, der als fließendes warmes Wasser durch den Atlantik strömt. Er ist ein schmaler Hochgeschwindigkeits-Grenzwasserstreifen, der ein Überfließen und Vermischen der warmen Ozeangewässer des Sargasso-Meeres (rechte Seite) mit dem küstennahen Ozeanwasser des amerikanischen Kontinents (linke Seite) verhütet.

Dieser Meeresstrom ist auf der nördlichen Erdkugel im Nordatlantik das bedeutendste Warmwassersystem. Es ist klimabestimmend für Westeuropa, Skandinavien bis zur Insel Nowaja Semlja im Nördlichen Eismeer Sibiriens. Es ist dafür verantwortlich, dass Nord-Europa und Russland an ihren Nordküsten über eisfreie Seehäfen, z. B. Murmansk verfügen. Der Ursprung dieses warmen Meeresstroms ist im Golf von Mexiko zu suchen. Dort heisst er Floridastrom. Zwischen *Cape Hatteras* und dem *Grand Banks* führt er den Namen Golfstrom, um danach Nordatlantik Strom genannt zu werden (Abb. 98).

Der Strom zeichnet sich durch eine große Mächtigkeit (Tiefe) von mehreren 100 Metern bis zu 1500 Metern aus. Seine Strömungsgeschwindigkeit beträgt an der Oberfläche 2 m bis 2,5 m pro Sekunde. Riesige Wassermengen von ca. 100 Mio. Kubikmetern werden pro Sekunde von dem Golfstrom durch den Atlantik transportiert. Von den umgebenden Ozeangewässern unterscheidet sich das Golfstromsystem durch eine erhöhte Strömungsgeschwindigkeit, Oberflächentemperatur, eine unterschiedliche Salzkonzentration und Dichte. Die entsprechenden Daten hängen von den Jahreszeiten, den Breitengraden, den Meerestiefen sowie dem Strömungsverhalten ab.

Im Verhältnis zur Längsstreckung ist der Golfstrom mit einer Breite von ca. 50 km relativ schmal. Von seiner Umgebung hebt er sich durch eine Blaufärbung ab, die auf seinen höheren Salzgehalt und seine höhere Temperatur zurückzuführen ist. Je nach ihrer Tiefe sind die Ozeangewässer im Allgemeinen grünstichig bis nur leicht bläulich gefärbt. In seiner Entstehungsregion werden die Wassermassen

76) *Lit.*: Stommel, H. (1969), The Gulf Stream,
University of California Press, Berkeley and
Los Angelos

des Floridastroms durch starke Sonneneinstrahlung und die warmen Luftschichten kräftig erwärmt, teilweise bis über 30 °C.

Diese mit dem Wasserstrom transportierte Wärme beeinflusst das Klima West- und Nordeuropas maßgeblich. Der Wärmeeffekt wird noch durch westliche Luft-strömungen unterstützt und reicht auch im Winter bis über den Nordural hinaus.

Die mittlere Oberflächentemperatur des Golfstroms schwankt in seinem südli-chen Teil um 28 °C und sinkt in den nordeuropäischen Regionen bis auf 15 °C ab.

4.
Wasserkrise, eine Folge von Bevölkerungsverdichtung, landwirtschaftlicher Bewässerung und Industrialisierung
(E. water crisis, a consequence of population density, agricultural watering and industrialization)

Wasserknappheit
(E. scarcity of water)

Die Wassermengen, sowohl die der Ozeane als auch die des Süßwassers, sind auf der Erde konstant. Sie können weder vermehrt noch verbraucht werden. Sie unterliegen einem ständigen Kreislauf der Verdunstung, des Kondensierens, Gefrierens und Schmelzens (Abb. 9, 10 u. 11) [70].

Unter diesem Gesichtspunkt dürfte es keine Wasserknappheit und Wasserkrise geben. Die Begriffe beziehen sich allerdings auf das Süßwasser. Obwohl es an der Gesamtwassermenge nur mit 2,65 % beteiligt ist, sind es absolut betrachtet immer noch ungeheure Mengen, nämlich 37,1 Mio. Kubikkilometer (Abb. 2).

Bevölkerungsverdichtung in den bevorzugten Lebensregionen der Menschen, Urbanisierung, Industrialisierung, unsachgemäßer Umgang mit den Süßwasserquellen und eine Vernachlässigung von Reinigungs- bzw. Recyclingsprozessen von benutztem Wasser haben zur so genannten Wasserknappheit und Wasserkrise in den Ballungsgebieten geführt. Das Abfallen des Grundwasserspiegels in der Umgebung der Großstädte ist ein untrügliches Zeichen einer sich anbahnenden Wasserkrise (Abb. 39). Neben der Energie wird Wasser sehr teuer werden und als Folge davon auch die Nahrungsmittel.

Der tägliche Wasserbedarf
(E. daily requirement of water)

Die amerikanische Entwicklungshilfeorganisation USID[77] gibt als Minimum für den Verbrauch in privaten Haushalten 100 L Wasser pro Tag und Person an. Einem palästinensischen Haushalt stehen im Mittel nur 60 Liter täglich für eine Person zur Verfügung. In Deutschland sind es ca. 128 L pro Tag und Person (Abb. 43 – Abb. 45) [2, S. 435 ff].

[77] USID = United States Internat. Developers,
Email: info@stampwebs.com

Wasser. Vollrath Hopp
Copyright © 2004 WILEY-VCH Verlag GmbH & Co. KGaA, Weinheim
ISBN: 3-527-31193-9

Der Wassermangelindex
(E. the index of water shortage)

Die Menge von 100 L Wasser/Tag und Person ist als der Index für Wassermangel festgelegt worden. Diese entsprechen 36,5 m³ jährlich. Sie ist die Mindestmenge Wasser, die für den privaten Bedarf jährlich pro Person bereit stehen sollten (Tab. 6).

Die Erfahrung derjenigen Länder, die sorgsam mit Wasser umzugehen vermögen, aber industriell nur mäßig entwickelt sind, zeigt, dass das fünf- bis zwanzigfache für Landwirtschaft, Industrie und Energiebereitstellung benötigt wird. Der Konsum an Wasser für die Landwirtschaft ist in den Trockenregionen der Erde besonders groß, z. B. in Afghanistan, Sudan, im Nahen Osten und im Südwesten der USA. Die Verdunstung ist sehr hoch, und die Niederschläge sind gering. Im Sudan und Afghanistan fließen 90 % des gesamten Wasserverbrauchs in die Landwirtschaft. Aufgrund dieser Tatbestände schlug Malin Falkenmark Grenzwerte zur Kennzeichnung von *Wassermangel, Wasserknappheit* und ausreichender *Wasserversorgung* vor [10]. Die Werte beziehen sich ausschließlich auf die pro Kopf zur Verfügung stehende erneuerbare Süßwassermenge.

Danach besteht Wassermangel, wenn jährlich weniger als 500 m³ Wasser pro Kopf verfügbar sind [8; 76].

1000 m³ Wasser und weniger pro Kopf zeigen chronische Wasserknappheit an.

Besteht das Angebot von 1700 m³ ständig sich erneuerndem Süßwasser und mehr pro Jahr und Person, dann gilt die Wasserversorgung als gesichert. Nur selten oder örtlich begrenzt, treten dann Versorgungsprobleme auf. *Verfügbarkeit* heißt in diesem Falle, dass das Wasser vor Ort vorhanden ist und erschlossen werden könnte. Es besagt aber nicht, ob die Menschen tatsächlich Mittel und technische Möglichkeiten besitzen, diese Wasserquellen zu nutzen. Ein Beispiel dafür ist unter vielen anderen Ländern Afghanistan, das mit einem Süßwasserreservoir von 2861 m³ pro Person und Jahr mehr Wasser zur Verfügung hat als Deutschland mit 2080 m³ (Tab. 6). Aber auch der 1700 m³-Wert pro Kopf und Jahr ist ein Warnsignal für diejenigen Länder, in denen die Bevölkerung weiterhin schnell zunimmt.

Mit 15 000 Kubikmeter Wasser müssen sich 100 Nomaden und 450 Stück Vieh drei Jahre lang versorgen oder 100 ländliche Familien vier Jahre. Dagegen reicht diese Menge für 100 städtische Familien nur zwei Jahre lang und für ein Luxushotel mit 100 Gästen nur 65 Tage.

Rangliste von Ländern nach dem Wassermangel-Index
(E. ranking list of countries for shortage of water index)

Tab. 6: Rangliste von Ländern nach dem Wassermangel-Index
(E. ranking list of countries for shortage of water index) [8]
Quelle: Engelmann, R., Dye, B. u. LeRoy, P. (2000), Mensch,
Wasser!
   Report über die Entwicklung der Weltbevölkerung und die
Zukunft der Wasservorräte, 2. aktualisierte Auflage, Hrsg. Deut-
sche Stiftung Weltbevölkerung, Balance Verlag, Stuttgart.

Wassermangel (E. shortage of water)

Nr.	Länder	Verfügbarkeit von Süßwasser pro Kopf in [m³] im Jahr 2000
1	Kuwait	10
2	Vereinigte Arabische Emirate	61
3	Libyen	107
4	Saudi Arabien	111
5	Jordanien	132
6	Singapur	168
7	Jemen	226
8	Israel	346
9	Oman	388
10	Tunesien	430
11	Algerien	454
12	Burundi	538
13	Ruanda	815
14	Ägypten	851

Wasserknappheit (E. scarcity of water)

Nr.	Länder	Verfügbarkeit von Süßwasser pro Kopf in [m³] im Jahr 2000
15	Kenia	1004
16	Marokko	1058
17	*Großbritannien*	1207
18	*Belgien*	1230
19	Südafrika	1238
20	Somalia	1337
21	Haiti	1338
22	*Polen*	1450
23	Libanon	1463
24	Burkina Faso	1466
25	Südkorea	1488
26	Peru	1559

Tab. 6: Fortsetzung (E. continuation)

Ausreichende Wasserversorgung (E. sufficient water supply)
Beispiele aus weiteren 85 Ländern (E. example of 85 countries)

Nr.	Länder	Verfügbarkeit von Süßwasser pro Kopf in [m³] im Jahr 2000
29	Äthiopien	1758
30	Indien	1882
32	Iran	2031
34	Deutschland	2080
35	China (Großraum Beijing)	2215 (300)
39	Dänemark	2456
40	Nigeria	2511
41	Tadschikistan	2586
42	Togo	2592
44	Tansania	2655
46	Moldawien	2671
47	Pakistan	2673
48	Ukraine	2767
49	Syrien	2774
50	Spanien	2808
51	Afghanistan	2861
52	Italien	2915
57	Türkei	3057
61	Irak	3263
62	Frankreich	3351
63	Japan	3393
64	Mexiko	3614
74	Griechenland	5510
77	Weißrussland	5666
78	Tschechien	5682
79	Niederlande	5701
80	Slowakei	5716
84	Kasachstan	6756
85	Schweiz	6770
86	Litauen	6784
87	Portugal	7048
90	USA	8902
91	Botsuana	9062
92	Estland	9168
93	Rumänien	9316
94	Bangladesch	9373
98	Österreich	10 998
99	Vietnam	11 163
100	Ungarn	11 957
101	Kanada	93 280

Politische Konflikte als Folgen von Wassermangel bzw. Wasserknappheit
(E. political conflicts as consequences of shortage and scarcity of water respectively)

Konflikte wegen Wasser treten in der Welt überall dort auf, wo die Wasserversorgung für die privaten Haushalte der Bevölkerung, die Bewässerung von landwirtschaftlichen Ackerflächen oder für die Industrie nicht gesichert ist. Es sind Gebiete, in denen Seen, Flüsse und Grundwasservorkommen auf den Territorien mehrerer Nationen liegen. Vor allem in ariden und semiariden[78] Regionen gibt es politischen Streit, Wirtschaftsrepressalien und auch kriegerische Auseinandersetzungen um die Vorrechte der Wasserquellennutzung. Mit steigender Bevölkerungszahl und auch Industrialisierung werden die Konflikte zunehmen [85[79]; 88; 89].

Zunahme der Bevölkerung und Wassermangel
(E. population growth and shortage of water) [8]

Wenn sich die Bevölkerungszunahme in einigen Ländern nicht stabilisiert, wird die dort bestehende Wasserknappheit in Wassermangel überleiten, z. B. leben in Indien gegenwärtig (2003) 1,067 Mrd. Menschen, für 2050 wird die Anzahl auf 1,628 Mrd. geschätzt..

Heute leiden ca. 600 Mio. Menschen in 29 Ländern unter Wasserknappheit oder Wassermangel. In diesen Ländern werden täglich 34 000 Kinder geboren. Bis zum Jahr 2025 werden in die Kategorie des Wassermangels und der Wasserknappheit 39 bis 46 Länder fallen. 1,3 Mrd. Menschen haben derzeit keinen Zugang zu sauberem Trinkwasser. In vielen Ländern versickern wegen defekter Leitungen mehr als 50 % der zu transportierenden Wassermenge [8; 36; 50]. Im Jahre 2050 werden vermutlich 4,2 Mrd. Menschen in Ländern leben, deren Wasservorräte nicht ausreichen, um die Grundbedürfnisse der Bevölkerung zu befriedigen.

Dort, wo die erneuerbaren Süßwasserreserven nicht ausreichen, um ihren Bedarf für die Bevölkerung zu decken, wird auf fossiles Grundwasser unter den Wüstendecken [14] oder auf die Entsalzung von Meerwasser zurückgegriffen (Kap. 9, S. 175).

Kuwait, Jemen, Oman, Saudi-Arabien und die *Vereinigten Arabischen Emirate* zählen zu den neun Ländern der Welt mit dem geringsten Wasseraufkommen pro Kopf [13; 39]. Doch der Ölreichtum dieser Länder erlaubt es, die notwendige Energie einzusetzen, um die energieaufwändigen Meerwasserentsalzungsanlagen zu betreiben oder fossiles Grundwasser an die Erdoberfläche zu pumpen (S. 10).

In *Afrika* haben insbesondere die Länder südlich der Sahara mit sinkenden Süßwassermengen zu kämpfen. Die Bevölkerungszunahme ist schneller als die Erschließung von Süßwasserreserven bzw. als die Errichtung von Recyclingvorrichtungen.

---

78) semi (lat.) – halb; aridus (lat.) – trocken

79) World Resources Institute (1993), World Resources 1992 – 1993, Wahington D. C.

Zu den von Wassermangel bzw. Wasserknappheit bedrohten Ländern gehören *Kenia, Malawi, Ruanda, Somalia*, aber auch *Algerien in Nordafrika* [14].

Kanada als möglicher Süßwasserexporteur
(E. Canada as a potential exporter of fresh water)

Das Land mit den reichsten Süßwasserreserven in der Welt ist Kanada. Von der 9 960 000 km^2 Landesfläche sind 6,1 % von hunderttausenden klein- und großflächigen Süßwasserseen bedeckt. Entsprechend zahlreich sind die Wasserkraftwerke, die das Land mit billigem elektrischen Strom versorgen. Im Vergleich zu der kontinentalgroßen Landfläche ist die Zahl der Einwohner mit etwas über 31,1 Mio. im Jahr 2000 gering.

Kanada ist, von einigen dichter besiedelten Regionen abgesehen, ein fast unbesiedeltes Land mit riesigen Rohstoffvorkommen wie z. B. Ölsande, Eisenerze, Aluminium u. v. a. Der Bevölkerung stehen jährlich 2901 km^3 erneuerbares Süßwasser zur Verfügung, das sind 93 280 m^3 pro Person. Die durchschnittliche jährliche Niederschlagsmenge beträgt 33 feet, das entspricht 9,9 m/m^2 [41].

Der größte Exportrohstoff wird in Zukunft Wasser werden. Als Abnehmerland haben sich die USA schon gemeldet.

Während eines Besuches hat der Präsident der USA G. W. Bush dem kanadischen Premierminister Jan Chretien vorgeschlagen, über eine Pipeline kanadisches Wasser aus British Columbien in den durstenden Südwesten der USA, nach Californien, zu liefern. Hier bahnt sich ein politischer Konflikt an, denn ein großer Teil der kanadischen Bevölkerung ist gegen eine Ausfuhr von Süßwasser. Sie befürchten eine nicht wieder gut zu machende Zerstörung der Landschaften durch die notwendigen Baumaßnahmen. Vorerst weist die kanadische Regierung den Export von Süßwasser in die USA noch zurück [41].

Nicht nur zwischen Kanada und den USA entstehen Konflikte über eine ausreichende Wasserversorgung, ebenso zwischen Mexiko und den angrenzenden Bundesstaaten der USA Kalifornien, Arizona und Texas. Diese drei haben mit Mexiko eine 3 200 km lange gemeinsame Grenze [70].

Kalifornien
(E. California)

Kalifornien ist ein typisches Beispiel für regionalen Wassermangel. Obwohl die USA mit jährlich 8902 m^3 Süßwasser pro Kopf zu den wasserreichsten Ländern der Welt zählt, gibt es auch dort Landstriche mit akutem Wassermangel. Zu diesen gehört der Bundesstaat Kalifornien mit seinen halbtrockenen Landschaften, 30 Mio. Bewohnern und einer hohen Bevölkerungszuwachsrate. Die kalifornischen Millionenstädte haben sich schnell ausgedehnt. San Francisco erhält sein Wasser aus der mehrere hundert Kilometer entfernten Sierra Nevada. Los Angeles ist auf Wasser aus dem fernen Monosee, dem Central Valley Projekt und dem Colorado angewie-

sen. Gleichzeitig haben sich große landwirtschaftliche Bewässerungsflächen entwickelt. Staudämme, Pumpstationen wurden gebaut, Wasserleitungen und Wasser-
verteilungssysteme verlegt. Das machte es möglich, riesige Wassermengen von was-
sereichen in ferne wasserarme Gebiete zu leiten [70].

Eines der Mammutstaudämme in den USA ist der Glen-Canyon-Damm. Er staut
das Wasser des Wüstenflusses Colorado zum *Lake Powell* (Abb. 80). Der Stausee
bedeckt eine Fläche von 638 km^2 und ist damit noch um 100 km^2 größer als der
Bodensee (S. 152). Durch die vielen Buchten erstreckt sich seine Uferlinie über
3000 km. Zur Errichtung der Staumauer wurden 800 000 t Stahlbeton verbaut. Das
aufgestaute Wasser dient zur Erzeugung von elektrischem Strom und Bewässerung
der umliegenden Trockengebiete in der Grenzregion der Staaten Arizona und Utah
[56; 63][80].

Die Auswirkungen dieser Maßnahmen auf die Umwelt blieben nicht aus. Wasser-
abhängige Ökosysteme wurden zerstört. Die Wasserqualität ist teilweise gesunken.
Fischbestände wurden vernichtet, da mehrere Flüsse und Seen völlig austrockneten.
Auch andere Tierarten schrumpften beträchtlich im Bestand (Abb. 37) [9].

Mexiko
(E. Mexico)

Während die Vereinigten Staaten von Amerika an den unerschöpflichen Süßwasservorkommen Kanadas teilhaben möchten, geht es beim Wasserkonflikt zwischen
Mexiko und USA um gegenseitigen Süßwasseraustausch bzw. -ausgleich. 1944
wurde zwischen beiden Ländern ein Wasservertrag geschlossen, weil eine Wasserversorgung allein auf nationaler Ebene nicht möglich ist. Je nach Region ist ein
grenzüberschreitender Wasserausgleich nötig.

Nach dem Vertrag ist vorgesehen, dass die USA jährlich 1,85 Mrd. Kubikmeter
Wasser an Mexiko aus dem *Imperial Stausee* liefern. Dieser Stausee wird aus dem
Colorado-Fluss in Kalifornien gespeist.

Mexiko hat sich verpflichtet, 432 Mio. Kubikmeter Wasser aus seinen Stauseen
abzugeben, wie z. B. dem *Amistad-Stausee* und dem *Falcon-Stausee*. Sie werden aus
dem Grenzfluss *Rio Grande* (Name in USA) bzw. *Rio Bravo del Norte* (Name in
Mexiko) versorgt, der wiederum seinen wichtigsten Zufluss aus dem mexikanischen
Fluss *Rio Conchos* erhält (Abb. 36).

Dieser Wasserkonflikt hat sich verschärft, seit Mexiko seinen Wasserlieferungen
in den letzten Jahren nicht nachkommt. Seine *Wasserschuld* an die USA ist auf
1,9 Mrd. m^3 Wasser aufgelaufen [16].

Einer der Gründe ist die seit einigen Jahren herrschende Trockenheit in diesem
Grenzgebiet. Der Grundwasserspiegel ist rapide abgesackt und aus Flüssen sind
spärliche Rinnsale geworden. Wasserteiche sind ausgetrocknet und die Wasserreserven der Stauseen sind fast aufgezehrt. Der *Amid-Stausee* soll wegen des ausbleiben-

---

80) Schultes, S. (2002), Irgendwann ist alles nur
noch rot, Frankfurter Allgemeine Zeitung,
Nr. 38, S. R6, vom 14.02.2002.

den Regens nur noch 14 % seiner ursprünglichen Wasserreserven enthalten. Die landwirtschaftlich geprägten Regionen beiderseits der Staatsgrenze leiden so stark unter der sengenden Sonne, dass die amerikanischen Farmer ihre jeweilige Regierung um Hilfe gebeten haben. Das mexikanische Innenministerium hat einige Grenzregionen zu Katastrophengebieten erklärt.

In Nordmexiko wird die Wasserknappheit und die Lieferunfähigkeit von Wasser an die Grenzregionen der USA noch verschärft durch das Bevölkerungswachstum, Betreiben einer extensiven Landwirtschaft und der damit verbundenen Bewässerung, ein schadhaftes Wasserleitungsnetz und eine Industrialisierung. Letztere setzte 1994 mit dem Beitritt Mexikos zur Nafta[81] ein. Seitdem sind zehntausende Fertigungsbetriebe in Nordmexiko entstanden, die vorwiegend für den amerikanischen Markt produzieren, aber viel zu energie- und wasseraufwändig arbeiten.

Abb. 36: Grenzregion zwischen USA und Mexiko[82] [16]
(E. border area between US and Mexico)

Portugal
(E. Portugal)

Obwohl *Portugal* statistisch zu den wasserreichsten Ländern zählt – es stehen der Bevölkerung 7048 m³ Süßwasser pro Kopf und Jahr (Tab. 6) zur Verfügung – gibt es dort Gegenden, die unter Wasserknappheit leiden. Im Süden des Landes in der Region Alentajo wurde in den letzten Jahren einer der größten Stauseen Westeuropas am Fluss Guadiana angelegt. Die Schleusen des Staudamms wurden im Februar 2002 geschlossen, so dass eine Fläche von 250 Quadratkilometern überflutet

81) Nafta – North American Free Trade Agreement, nordamerikanisches Freihandelsabkommen, am 01.01.1994 zwischen USA, Kanada und Mexiko in Kraft getretene Vereinbarung.

82) *Lit.:* Geinitz, Ch. (2002), Kein Tropfen für Amerika, Frankfurter Allgemeine Zeitung, FAZ, Nr. 137 vom 17.06.2002.

wird. Das ist ein Gebiet, das der halben Ausdehnung des Bodensees mit 538,5 km^3 entspricht. Mit diesem Stausee soll eines der trockensten und ärmsten Gebiete Portugals mit Wasser und Strom durch ein Wasserkraftwerk versorgt werden. 110 000 Hektar Agrarland sollen aus dem Stausee bewässert werden.

Krisen an Flüssen
(E. crises at rivers)

260 Flüsse in der Welt fließen durch mehr als zwei Länder. Mindestens 10 von ihnen durchqueren ein halbes Dutzend Länder [8]. Sie sind die Ursachen für viele zwischenstaatliche Konflikte.

Donau
(E. Danube)

Die 2855 km lange Donau in Europa ist allerdings ein gutes Beispiel für geregelte Abkommen (S. 149). Ihre Quellflüsse sind Brigach und Breg bei Donaueschingen. Die Donau mündet als dreiarmiges Delta in das Schwarze Meer der rumänischen Küste und ist in vieler Hinsicht ein international genutzter Schifffahrtsweg (Tab. 12). Sie berührt oder fließt durch 9 Anrainerstaaten.[83] Völkerrechtliche Verträge mit einer mehr als 100jährigen Tradition und vielen Ergänzungen bis in die Gegenwart haben zu einer konfliktfreien Nutzung beigetragen [8 u. 9].

Naher Osten
(E. Middle East)

Länder des Nahen Ostens müssen sich gemeinsame Flussläufe oder fossile Grundwasservorkommen teilen [35]. Einer der konfliktreichsten Flüsse in der Welt ist der Jordan. Er ist 250 km lang. Seine Quelle befindet sich im Hermon Massif und fließt durch Syrien, Libanon, Israel, Jordanien, den See von Genezareth und mündet schließlich im Toten Meer [71].

Süßwasserknappheit war in den letzten Jahrzehnten im Nahen Osten die Ursache vieler politischer und kriegerischer Konflikte (Tab. 7). Die Anrainerstaaten des Jordanbeckens scheuten keine militärischen Auseinandersetzungen, um die Vorherrschaft dieses Flussverlaufes [70].

83) Die Anrainerstaaten der Donau sind Deutschland, Österreich, Slowakei, Ungarn, Mazedonien, Serbien, Bulgarien, Rumänien, Moldawien.

Tab. 7: Erneuerbares Süßwasser in einigen Ländern Nordafrikas und des Nahen Ostens (E. renewable fresh water in some countries of North Africa and Middle East)[84]

Länder	Süßwasser-Reserven pro Jahr und Person in [m³]	Wassernutzung in Prozent		
		Haushalt	Industrie	Landwirtschaft
Algerien	600	22	4	74
Ägypten	1000	7	5	88
Israel	380	16	5	79
Jordanien	210	20	5	75
Libanon	1200	11	4	85
Libyen	130	15	10	75
Mena	1200	8	7	87
Marokko	1100	6	3	91
Syrien	390	13	7	80
Westeuropa	5000	33	13	54

Der Bau des Atatürk-Staudamms am Oberlauf des *Euphrats* durch die Türkei zieht die Kritik Syriens und des Iraks nach sich. Beide Länder befürchten einen Rückgang der Euphrat-Wasserkapazitäten. Die Türkei andererseits will mit diesem Staudamm ihre zunehmende Bevölkerung in diesem Quellgebiet mit Wasser und elektrischen Strom versorgen [68; 88].

Seit August 2002 steht fest, dass die Türkei in den nächsten 20 Jahren 50 Mio. m³ Wasser pro Jahr an Israel liefern wird[85]. Das Wasser wird den teils riesigen Stauseen entnommen, die in den südlichen Flussläufen des Tigris und Euphrats errichtet worden sind (Tab. 12). Der Transport wird nicht über Pipelines erfolgen, sondern vermutlich u. a. mit Hilfe von Wassersäcken, die von Schiffen durch die Meeresoberfläche geschleppt werden. Ein Wassersack fasst bis zu 35 000 t Wasser. Das Fassungsvermögen soll auf 50 000 t pro Sack erweitert werden. Der Werkstoff, aus dem die Säcke gefertigt werden, ist Kunststoff, z. B. Polyurethan.

Mit der Methode Süßwasser in Kunstoffsäcken zu transportieren, versorgt die Türkei zur Zeit die Insel Zypern. Jährlich werden 1,7 Mio. m³ Wasser auf die Insel geschleppt. Doch diese Transportart hat auch ihre Grenzen. Bei langen Schleppzeiten verliert das Wasser an Qualität. Es ist dann nur noch für industrielle Prozesse oder landwirtschaftliche Bewässerung geeignet. Die Trinkwasserqualität versucht man wieder zu erreichen, indem man das Wasser nach dem Transport durch Keramikfilter leitet. Auch griechische Inseln werden schon so mit Süßwasser versorgt.

Auf diese Art des Wassertransports haben sich inzwischen einige Firmen in der Welt spezialisiert.

84) *Quelle:* Vergnes, J. A. (2002), Origines d'une crise planetaire de l'eau annoncée, Docteur d'Etat Es-Sciences, Consultant à l'Unesco et au Ministère des Affaires étrangères, Vice-President de l'Institut Mediterranéen de la Communication, Administrateur d'Eau Sans Frontière Membre de l'Académie de l'Eau, France.

85) Trechow, P. (2002), Die Geldhähne sind aufgedreht, VDI Nachrichten, Nr. 39, vom 27.09.2002.

Ein Luxemburger Konsortium vereint einige Unternehmen mit Wasserexporten bzw. -transporten. Dazu zählen u. a. eine der größten Reedereien der Welt, die japanische *Nippon Yusen Kaisha* (NYK), die norwegische *Nordic Water Supply* (NWS), die britisch-griechische *Aquarius Ltd*, der japanisch-saudiarabische Risikokapitalgeber *Mizutech*.

Nilbecken
(E. Nile-bed)

Ein weiteres *Konfliktbeispiel* für die Wechselwirkungen zwischen Bevölkerungswachstum und zunehmendem Wassermangel ist das *Nilbecken*. Zehn Länder liegen ganz oder teilweise im Einzugsgebiet des Nils. Sie stellen 40 % der Gesamtbevölkerung des afrikanischen Kontinents. Mehr als 85 % des Nilwassers kommen aus dem *Blauen Nil*, der dem äthiopischen Bergland entspringt. 85 Mrd. Kubikmeter Wasser wälzen sich jährlich über das Nildelta ins Mittelmeer. Der größte Teil davon wird von Ägypten genutzt [70].

Um den steigenden Wasserbedarf Äthiopiens zu befriedigen, hat die Regierung den Bau von 200 kleineren Staudämmen in Auftrag gegeben. Sie sollen zur elektrischen Stromerzeugung und der landwirtschaftlichen Bewässerung sowie der Süßwasserversorgung für die Menschen beitragen. In Äthiopien sind ca. 3,7 Mio. ha Land für die künstliche Bewässerung geeignet. Diese Landfläche ist größer als das Staatsgebiet Belgiens. Mit einer Verbesserung der wirtschaftlichen Infrastruktur werden dem Nil jährlich 500 Mio. m^3 Wasser entzogen. Das bereitet dem ägyptischen Nachbarn im Norden Sorgen, entsprechend verfolgt die Regierung diesen Modernisierungsprozess im Süden kritisch [1][86]. Erinnert sei in diesem Zusammenhang an einen Ausspruch des ägyptischen Präsidenten *Anwar as-Sādāt:* „Wer auch immer mit dem Wasser des Nils spielt, erklärt uns den Krieg."

Der Süden Afrikas
(E. the southern part of Africa)

Auch im südlichen Afrika reichen die Süßwasservorräte nicht mehr aus, um die zunehmende Zahl der Menschen mit dem lebensnotwendigen „Nass" zu versorgen.

Namibia und *Botsuana* streiten sich um die Wasservorrechte am Okavangofluss. Namibia ist das trockenste Land südlich der Sahara, denn 83 % der Niederschläge sind in kurzer Zeit verdunstet und von dem Rest erreicht nur 1 % die Grundwasserschichten.

Die großen Flüsse, die *Namibia* durchfließen, versiegen in der mehrere Monate anhaltenden Trockenzeit zu Rinnsalen. Die geballten Wohnsiedlungen und Städte liegen im Innern des Landes. Wasser über Pipelines aus Entsalzungsanlagen oder aus fossilen Grundwasserbecken dorthin zu pumpen, ist energieaufwändig und zur

86) Aaron, W. (1996), Middle East Water Conflicts and Directons for Resolution, Food, Agriculture and the Environment Discussion Paper 12, Washington, D. C. International Food Policy Research Institute.

Zeit nicht finanzierbar. Namibia möchte noch mehr Wasser dem Okavango entnehmen, und zwar sollen 20 Mio. m^3 Wasser zusätzlich abgezweigt und über eine 250 km lange Wasserpipeline in die bevölkerten Ballungsgebiete geleitet werden.

Davon betroffen ist Angola, dessen südöstliche Grenze zu Namibia der Okavango bildet, ebenso Botsuana, in dessen Territorium das große Fluss- und Sumpf-Binnendelta als Mündungsgebiet des Okavango liegt. Beide Staaten befürchten große Nachteile für die Ökosysteme der Flusslandschaft und auch den Süßwassermangel [6][87].

Zusammenhang zwischen Bevölkerungswachstum – Urbanisierung – hygienisch einwandfreie Süßwasserversorgung und Nahrungsmittelversorgung
(E. connection between population growth – urbanization – supply of clean fresh water and supply of food) (Abb. 37)

Die Weltbevölkerung wird zur Zeit auf 6,3 Mrd. Menschen geschätzt. 2025 werden es ca. 8 Mrd. sein (Abb. 38). Davon leben 1,202 Mrd. in Industrieländern und 5,112 Mrd. in Entwicklungsländern, ohne China sind das 3,823 Mrd.[88] 47 % dieser Menschen, nämlich 2,9 Mrd., leben in Städten oder urbanisierten Regionen, in Europa sind es schon 73 %. 31,6 % dieser verstädterten Bevölkerung verbringt ihr Leben in Slums. In den Städten Afrikas südlich der Sahara sind es sogar 71 %.

Nur 10 % der Landmassen werden von 60 % der Weltbevölkerung bewohnt, das ist eine hohe Bevölkerungsverdichtung. Sie problematisiert die Versorgung ihrer Siedlungen mit dem notwendigen Wasser, den Nahrungmitteln und den technischen Energien. Gleichbedeutend ist die Entsorgung der Abfälle und die Wiederaufbereitung von verschmutztem Wasser.

In den letzten 100 Jahren ist die Zahl der Millionenstädte in der Welt von 17 auf 380 gestiegen. An 22 Orten sind diese zu Megametropolen mit über 10 Mio. Einwohnern je Metropole ausgewuchert, z.B. Mexico City mit mehr als 18 Mio. und Tokio mit ca. 26,4 Mio. Weitere 358 Großstädte weisen eine Einwohnerzahl zwischen 10 Mio. (z.B. Paris) und 1 Mio. (z.B. Dublin) auf (Abb. 39).

Mit der Bevölkerungszunahme nimmt die landwirtschaftlich nutzbare Fläche rapide ab. 2025 stehen nur noch 0,15 Hektar pro Person zur Verfügung (S. 93). Die Ernteerträge müssen je Flächeneinheit drastisch gesteigert werden. Dazu müssen zum einen effizientere und sparsamere Bewässerungsnetze entwickelt und aus-

87) Eales, K., Forster, S. and Mhango, L. Du (1996), „Strain, Water Demand and Supply Direction in the Most Stressed Water Systems of Lesotho, Namibia, South Africa and Swasiland", in Water Management in Africa and the Middle East: Challenges and Opportunities, ed. Eglal Rached, Eva Rathgeber and David Brooks, Ottawa IRDC Books.

88) 2003 World Population Data Street, Copyright © 2002 Population Reference Bureau, August 2002, Deutsche Übersetzung DSW Datenreport „Weltbevölkerung 2003", Hannover. 2003, UN Habitat, The challenge of slums.

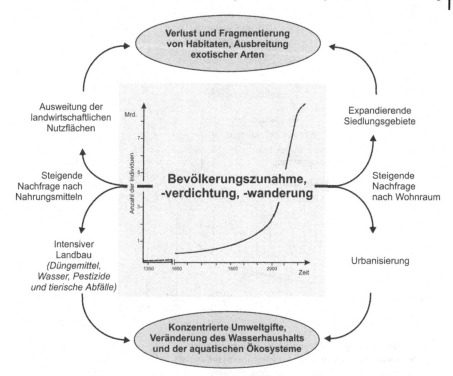

Abb. 37: Folgen der Bevölkerungszunahme (E. consequences of population growth) [9]

gebaut werden, zum anderen wird der Anbau von genveränderten Pflanzen wie z. B. Reis, Soja, Weizen, d. h. die *grüne Agrartechnik* nicht aufzuhalten sein und zu einer Ertragssteigerung beitragen.

Nach einem Bericht der Ernährungs- und Landwirtschaftsorganisation der Vereinten Nationen hatten 2003 weltweit 840 Mio. Menschen nicht ausreichend zu essen [76].

Neben England, Belgien und den Niederlanden hat Deutschland die höchste Bevölkerungsdichte in Europa, nämlich 231 Einwohner pro qkm.

Mit dem Wachstum der Weltbevölkerung hat auch die Erschließung und Bereitstellung von Süßwasser zugenommen. Aber eine gleichmäßigere Verteilung in die Wasserknappheitsgebiete ist bisher noch nicht gelungen.

Seit 1940 hat sich der Süßwasserverbrauch in der Welt vervierfacht, die Weltbevölkerung hat sich verzweieinhalbfacht, nämlich von ca. 2,4 Mrd. auf 6 Mrd. Menschen im Jahre 2000 [20]. Die gesamte Süßwassernutzung wird für 1940 mit 1375 km^3 angegeben, für das Jahr 2000 mit 5500 km^3. Die hohe Süßwassernutzung ist vor allem den Industrienationen zugute gekommen, ausgelöst u. a. durch die fortschreitende Technisierung (Abb. 40). Denn bei gleichmäßiger Verteilung müsste diese Wassermenge ausreichen, um jeden Menschen auf der Erde ausreichend mit Wasser zu versorgen.

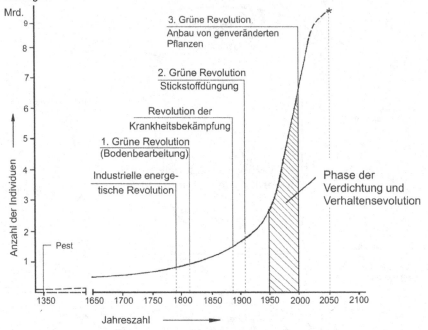

Abb. 38: Bevölkerungswachstum auf der Erde mit entwicklungsbeeinflussenden Faktoren (E. growth curve of the world's population with factors which influence development)

Folgende Rechnung belegt, dass weltweit täglich pro Person 2500 Liter Wasser für private, landwirtschaftliche und industrielle Nutzung bereitstehen:

$5500 \text{ km}^3 \triangleq 5500 \cdot 10^9 \text{ m}^3 \triangleq 5500 \cdot 10^{12}$ Liter war die Süßwassernutzung in 2000.

$$\frac{5500 \cdot 10^{12} \text{ Liter}}{6 \cdot 10^9 \text{ Menschen} \cdot 365 \text{ Tage}} = 2511 \left[\frac{\text{Liter}}{\text{Tag} \cdot \text{Person}}\right] = 916 \left[\frac{\text{m}^3}{\text{Jahr} \cdot \text{Person}}\right]$$

Laut dem Wassermangelindex (S. 74) besteht eine ausreichende Süßwasserversorgung ab 1700 m³ pro Person und Jahr. Doch wie schon erwähnt, das Wasser ist von Natur aus und durch die Industrialisierung und Urbanisierung sehr ungleich verteilt. Wassermangel besteht, wenn jährlich weniger als 500 m³ Wasser pro Person verfügbar sind [8].

Wie aufwändig und fein abgestimmt ein Verbundnetz von Wasserrohrleitungen gestaltet sein muss, zeigt das *Lire-Projekt* der Pariser Innenstadt mit ihren 4 Mio. Einwohnern, die täglich 700 Mio. Liter Trinkwasser benötigen. Das Lire-Projekt soll die Kapazität des zwischen 1865 und 1945 gebauten Wasserversorgungsnetzes verdoppeln [33]. Das Wasser für Paris stammt zur Hälfte aus dem Untergrund der benachbarten Gebiete und wird durch Aquadukte[89] in die Innenstadt geleitet.

89) aqua (lat.) – Wasser; ducere (lat.) – führen;
Aquadukte sind hochgelegte bzw. obererdig
verlegte Wasserleitungen.

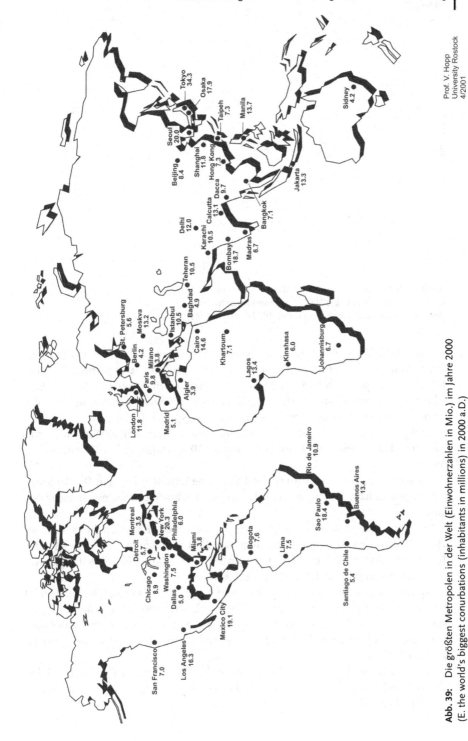

Abb. 39: Die größten Metropolen in der Welt (Einwohnerzahlen in Mio.) im Jahre 2000
(E. the world's biggest conurbations (inhabitants in millions) in 2000 a.D.)

Prof. V. Hopp
University Rostock
4/2001

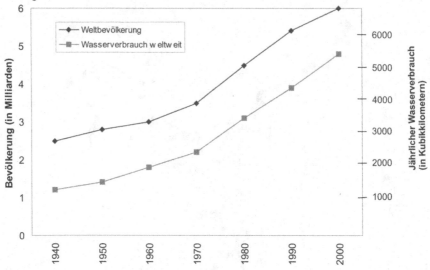

Abb. 40: Zusammenhang zwischen Weltbevölkerung und Süßwassernutzung von 1940 bis 2000 (E. connection between the world population and use of fresh water, 1940–2000], [21; 89].

Die andere Hälfte wird den Flüssen Seine und Marne entnommen, in drei Klärwerken aufbereitet und in fünf Reservoirs am äußeren Ring der Stadt gespeichert (Abb. 41). Die fünf Speicherbehälter haben ein Fassungsvolumen von 1,2 Mio. m³. Entscheidend für eine kontinuierliche reibungslose Trinkwasserversorgung sind die Verbindungen der Leitungen zwischen den Wasser-Speicherbecken.

Fertiggestellt ist eine Querleitung im Nordosten der Stadt mit 1000 m Länge und 1400 mm Durchmesser und eine weitere mit 900 m Länge und 1200 mm Durchmesser.

Im Südwesten von Paris wird eine 4,4 km lange Leitung mit einem Durchmesser von 1400 mm bzw. 1200 mm errichtet. Sie soll 3 Wasserspeicher miteinander verbinden.

Eine technische Höchstleistung ist die Verlegung einer Wasserleitung in einer Tiefe von 35 m bis 45 m auf einer Länge von 2533 m. Dazu wurde ein begehbarer Tunnel mit einer Höhe von 3145 mm gebaut, in dem dann die Rohrleitungen mit einem Durchmesser von 1200 mm verlegt werden.

Dieser Tunnelabschnitt liegt zwischen dem Square Victor und der Porte d'Auteuil im 15. und 16. Arrondissement. Hier stoßen zahlreiche Ver- und Entsorgungsnetze sowie die tiefen Gründungen des Stade du Parc des Princes und einer breiten Umgehungsstraße aufeinander. Ein besonderes erschwerendes Hindernis ist zusätzlich die Seine.

Diese Tiefenverlegung der Wasserrohre brachte aber auch Vorteile. Über Zugangsschächte kann man bequem an die Leitungen gelangen, um sie zu kontrollieren und zu warten.

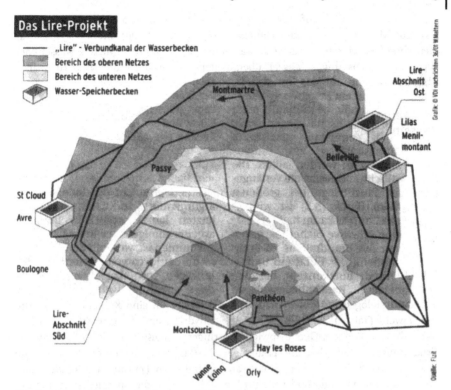

Abb. 41: Wasserleitungsverbundnetz von Paris –
das Lireprojekt. [33] (E. network of water pipelines in Paris –
the Lire project)

Auch in Deutschlands dicht besiedelten Gebieten und Großstädten wird die Wasserversorgung und -entsorgung technisch immer aufwändiger und kostspieliger. Im Jahr 2000 hat die Stadt Frankfurt am Main 46,7 Mio. Kubikmeter Wasser benötigt.[90] Nur 20 %, das sind knapp 10 Mio. m^3, deckt die Stadt aus eigenen Brunnen im Stadtwald. Fast die Hälfte, nämlich 20 Mio. m^3, müssen durch eine 40 km lange Leitung aus dem Vogelsberg in die Stadt gepumpt werden. Aus 17 Brunnen, die in 7 Gewinnungsgebieten liegen, wird das Trinkwasser gefördert. 33 % des Wasserbedarfs, das sind 15,4 Mio. m^3, bezieht die Stadt aus dem Hessischen Ried. Weitere 2 Mio. m^3 werden aus dem Vogelsberger Tal der Bracht nach Frankfurt geleitet.

Annähernd 600 Millionen Menschen in 29 Ländern leiden gegenwärtig unter akuter Wassernot. Am stärksten betroffen sind Menschen im *Nahen Osten* und im *südlichen Afrika*. Aber auch Südeuropa, Nordafrika, Südasien, Teile Chinas und der Westen der USA bekommen die Knappheit jetzt schon teilweise zu spüren. In 25 Jahren werden ein Drittel der Weltbevölkerung nicht ausreichend mit Wasser versorgt werden können. Unter der Annahme, dass die Weltbevölkerung dann

90) Frankfurter Allgemeine Zeitung (2002), Nr. 7,
S. R1, vom 17.02.2002.

von jetzt mit 6,3 Mrd. auf 8 Mrd. zugenommen haben wird (Abb. 38), sind das 2,1 Mrd. Menschen mit Wasserunterversorgung (S. 77). Für mehr als 2,6 Mrd. Menschen fehlt eine hygienische Abwasseraufbereitung, um benutztes Wasser wieder in gebrauchsfähiges Wasser überzuleiten. Weltweit werden nur 10 % aller Abwässer geklärt [8; 76].

Bevölkerungsverdichtung – Nahrungs- und Futtermittelbedarf – Wassernutzung
(E. population density – food and fodder provision – use of water)

Bevölkerungszunahme und der damit einhergehende Nahrungsbedarf sowie die mittelbare Wasser- und Energienutzung hängen eng miteinander zusammen (Abb. 42). Sie beeinflussen sich gegenseitig. Über mögliche Sparpotenziale muss nachgedacht werden und die Zusammenhänge müssen offengelegt werden (Abb. 37 u. 38). Ohne Wasser gibt es keine Landwirtschaft und Nahrungsmittel und auch keine Kraftwerke zur Bereitstellung elektrischer Energie. Eine ausgewogene und gesunde Ernährung der Menschen würde auch zu einem sorgfältigen und sparsamen Gebrauch des Süßwassers führen [88].

Die physiologischen Energieträger für die Menschen sind Kohlenhydrate, Fette und Eiweiß (Tab. 4). Lieferanten für Kohlenhydrate sind die Getreidearten Mais, Reis, Weizen, Roggen, Gerste sowie im geringeren Maße Kartoffeln. Fette für die Ernährung sind tierischer und pflanzlicher Herkunft, von denen die Pflanzenfette bzw. -öle wegen ihres hohen Anteils an ungesättigten Fettsäuren gesünder sind. Während Kohlenhydrate und Fette im Wesentlichen für die Energieversorgung des menschlichen Organismus verantwortlich sind, übernehmen die Bausteine der Eiweiße, nämlich die 20 Aminosäuren, auch physiologische Funktionen innerhalb des Organismus wahr. Die Quelle dieser Aminosäuren können pflanzliches und bzw. oder tierisches Eiweiß sein. Wichtig ist, dass sie die acht essentiellen Aminosäuren (abgek. AS), enthalten, die der menschliche Organismus nicht aufzubauen vermag. Für erwachsene Menschen sind es *Leucin, Phenylalanin, Methionin, Lysin, Valin, Isoleucin, Threonin* und *Tryptophan*. Im Kindesalter kommt noch *Histidin* hinzu. *Arginin* und *Histidin* sind semiessentiell[91]. Das bedeutet, dass die Syntheseleistung des Organismus für die semiessentiellen AS in sehr beanspruchten Stoffwechselsituationen nicht ausreicht, um den Bedarf zu decken. Das ist z. B. bei schweren Verletzungen und Erkrankungen der Fall. Bei Neugeborenen gelten in den ersten Lebenstagen auch *Cystein* bzw. *Cystin* und *Tyrosin* als essentielle Aminosäuren, da für sie noch nicht alle Enzyme voll funktionsfähig sind, um sie aufzubauen.

Diese Beispiele mögen zeigen, dass es sich bei den Proteinen in ihren Funktionen und Wirkungen um ein komplex funktionales Nahrungsmittel handelt. Deshalb ist der Hunger in der Welt zum großen Teil ein Eiweißhunger [23].

Fleisch, Fisch, Eier, Milch, Milchprodukte als tierisches Eiweiß und pflanzliches Eiweiß von Getreide, Hülsenfrüchten und Soja sind die Eiweißquellen für die

---

91) semi (lat.) – als Vorsilbe halb.

menschliche Ernährung. Sie unterscheiden sich in der prozentualen Anteiligkeit der Aminosäuren. Während die tierischen Eiweißprodukte die gesamte Aminosäurepalette enthalten, sind in den Pflanzenproteinen nicht alle Aminosäuren oder nicht in ausreichender Menge vertreten. Es fehlen oft einige essentielle Aminosäuren. Doch durch eine ausgewogene Mischkost von pflanzlichem Eiweiß kann dieser Mangel behoben werden.

Ist der menschliche Organismus mit essentiellen Aminosäuren unterversorgt, treten schwerwiegende lang andauernde Krankheiten und Schäden am Gesamtorganismus auf, die häufig nicht mehr zu heilen sind. Um diesem latenten Eiweißmangel zu begegnen, ist in den westlichen Industrienationen während der letzten 100 Jahre eine intensive Viehwirtschaft betrieben worden, die zu der heutigen Form der Massentierhaltung auf engstem Raum mit allen ihren nachteiligen Begleiterscheinungen geführt hat, z. B. Beimengungen von Antibiotika und Wachstumshormonen in das Futter, von tierischem Kadavereiweiß u. a. Das Auftreten von BSE-Erkrankungen, Probleme der Gülleentsorgung, d. h. Wiedergewinnung von Gebrauchswasser [24] sind nur einige der Folgen.

Die intensive Viehwirtschaft ist von der Weide in den Stall, besser gesagt, in Hallen verlegt worden. Damit musste eine andere Futtermittelgrundlage geschaffen werden. Rinder und andere Wiederkäuer, auch Federvieh, sind reine Pflanzenfresser, Schweine bedingt. Ein großer Teil des Getreides, das ursprünglich für die menschliche Ernährung angebaut wurde, wird nun durch den Viehmagen gelenkt und den Menschen entzogen. Unbemerkt verschlechterte sich die Versorgung der Menschen in der Welt. Weltweit werden gegenwärtig 36 % des erzeugten Getreides an Masttiere zur Eiweißgewinnung verfüttert. Von 2086 Mio. t sind das 751 Mio. t Getreidefuttermittel (Tab. 4). In den USA werden schon mehr als 70 % des geernteten Getreides an Tiere verfüttert, in erster Linie an Rinder. Die Anzahl der Rinder in der Welt wird auf 1,3 Mrd. geschätzt [20 u. 49]. Der tägliche Wasserbedarf für eine intensive Viehhaltung ist außergewöhnlich hoch (Tab. 19). Jedes Rind nimmt täglich ca. 100 L Wasser auf, davon ca. 50 % als Trinkwaser, 38 % als Futterfeuchtigkeit und ca. 12 % als Oxidationswasser aus dem Stoffabbau. Das entspricht insgesamt ca. 130 Mio. m^3 pro Tag und 47,5 Mrd. m^3 jährlich, wenn man 100 L Tagesbedarf zugrunde legt.

Da im Mittel für 1 Tonne Getreide ca. 500 Tonnen bzw. Kubikmeter Süßwasser nötig sind, müssen jährlich ca. 751 Mio. t × 500 m^3 = 376 Mrd. m^3 Süßwasser für die Futtermittelversorgung in der Welt aufgebracht werden[92]. Das ist eine Fehlentwicklung, wenn man bedenkt, dass der größte Teil des tierischen Eiweißes von der Bevölkerung der westlichen Industrienationen verzehrt wird. In Nordamerika und Europa sind es 40 kg Fleisch pro Jahr und Kopf. In den asiatischen Ländern sind es zur Zeit noch 4 kg, aber mit zunehmender Tendenz.

Es ist bekannt, dass die Rinder sehr schlechte Futtermittelverwerter sind. Für 1 Kilogramm Gewichtszunahme benötigt ein Jungbulle 9 kg Futter, davon 6 kg als

92) Nach Auskunft der Landesforschungsanstalt
für Landwirtschaft und Fischerei Mecklenburg-
Vorpommern, Dorfplatz 1, 18276 Gülzow.

Getreide und Beifutter, der Rest ist Rauhfutter, d. h. Stroh oder Heu. Auf die Gesamtmenge Futter bezogen, gehen nur 11 % in die Fleischzunahme ein. Der größere Teil von 89 % wird zur Aufrechterhaltung der Lebensfunktionen durch Energiebereitstellung, zum Aufbau von Körperteilen wie Knochensubstanz, Haaren u. a. benötigt, die für menschliche Ernährung nicht geeignet sind oder als unverdaute Reste ausgeschieden werden. Diese Art der Eiweißversorgung kann langfristig bei zunehmender Bevölkerung nicht durchgehalten werden [49]. Schweine benötigen 4 kg Getreide und Hühner 2 kg zur Produktion von 1 kg Fleisch.

Die landwirtschaftlich zu nutzenden Ackerflächen werden pro Kopf der Bevölkerung immer geringer und die Süßwasserquellen zur Bewässerung von Ackerflächen werden nicht ausreichen (S. 93).

Wenn die kultivierten Ackerflächen nicht drastisch erweitert werden, dann stehen 2025 nur noch 0,15 ha/Person zur Verfügung [44].

Eine ausgewogene Proteinversorgung mit allen erforderlichen essentiellen Aminosäuren kann auch über pflanzliche Proteine erfolgen. Voraussetzung dafür ist, dass aus den pflanzlichen eiweißhaltigen Grundnahrungsmitteln wie Getreide, Hülsenfrüchte und Soja, Mischungen hergestellt werden, die die vollständige Palette der essentiellen Aminosäuren in ausreichender Menge enthalten. Aus diesen lassen sich dann die unterschiedlichsten Speisen für den alltäglichen Verzehr zubereiten. Für die Bevölkerung der westlichen Industrienationen bedeutet das natürlich eine vollständige Umstellung der Essgewohnheiten. Die asiatischen Völker besitzen allerdings eine hohe Kultur der pflanzlichen Ernährung. Abgesehen davon ist eine Ernährung auf pflanzlicher Grundlage auch viel gesünder. Ein Hektar Getreideanbaufläche liefert bei direkter Nutzung von Pflanzenanbau fünfmal soviel Eiweiß als über die Tierfütterung zwecks Fleischproduktion. Die Hülsenfrüchte liefern sogar die zehnfache Menge und Blattgemüse die fünfzehnfache Menge an Protein [49].

Inzwischen hat die Bereitstellung von tierischem Eiweiß in den westlichen Ländern zu einer Überversorgung geführt, in deren Folge zahlreiche Zivilisationskrankheiten auftreten, z. B. Kreislaufkollaps, Diabetes mellitus, Koronarembolie, Fettleber, Cholesterinämie u. a. In den USA sterben jährlich 300 000 Menschen an Übergewicht. Ihre Zahl nimmt zu. Die Hälfte der erwachsenen Europäer zwischen 35 und 65 Jahren leiden ebenfalls an Übergewicht und sind zu dick. Denn tierischer Eiweißverzehr bedeutet zugleich auch ein zuviel an tierischem Fett. In England sind 51 % der Bevölkerung übergewichtig [49]. Pflanzliche Fette und Öle mit ihren ungesättigten Fettsäuren sind gesünder.

Während die reichen Konsumenten sich an den fetthaltigen Fleischprodukten zu Tode essen, sterben jährlich 20 Mio. Menschen an Hunger und den damit verbundenen Krankheiten. Achtzig Prozent der hungernden Kinder leben in Ländern mit Nahrungsmittelüberschüssen. Diese Überschüsse werden an Tiere verfüttert, deren Fleisch von zahlungskräftigen Verbrauchern verzehrt oder exportiert wird.

Ein anderer Weg der notwendigen Eiweißversorgung könnte die Aktivierung der Single Cellprotein-Produktion mit Hilfe von geeigneten Bakterien sein, wie sie in den 70iger Jahren in Deutschland schon hochentwickelt war. Das Verfahren der ehemaligen Hoechst AG mit dem Bakterium *Methylomonas clara* war schon über eine

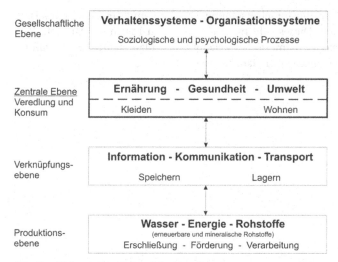

Abb. 42: Makrostruktur industrieller Veredlungsprozesse –
Life sciences [23] (E. macrostructure of industrial refining
processes – Life sciences)

Pilotanlage hinaus weit ausgereift [11; 30; 43; 46]. Die Single-Cell-Proteine enthalten alle essentiellen Aminosäuren in ausreichender Menge.

Sollte in bestimmten bevölkerungsdichten Gegenden das natürliche Süßwasserangebot nicht ausreichen, müssen riesige Entsalzungsanlagen errichtet werden, um Ozeanwasser zu Süßwasser aufzubereiten. Das ist sehr energieaufwändig, von den Kosten ganz zu schweigen (Kap. 9, S. 175).

Die Bewässerung von landwirtschaftlich genutzten Feldern muss wegen der Bevölkerungszunahme in den semiariden (halbtrockenen) Gegenden, aber auch in den landwirtschaftlich intensiv genutzten Regionen, in den nächsten 25 Jahren um 15 % bis 20 % gesteigert werden, um die Menschen zu ernähren. 40 % der weltweiten Nahrungsmittelproduktion ist auf landwirtschaftliche Bewässerung angewiesen. Die langfristigen Folgen einer Bewässerung sind vor allem in den trockenen und halbtrockenen Gebieten mit einer zunehmenden Versalzung der Böden verbunden.

In den ariden (trockenen) Gebieten, z. B. Saudi Arabien, werden durch künstliche Bewässerung für die Erzeugung von 1 Kilogramm Weizen bis zu 2000 L Wasser aufgewendet[93]. In den weniger industrialisierten Ländern fließen bis zu 90 % des Süßwassergebrauchs in die landwirtschaftliche Ackerbewässerung. Im globalen Mittel werden 70 % des Süßwasserdargebots für die Bewässerungslandwirtschaft verwendet. Es müssen in Zukunft nicht nur mehr Nahrungsmittel pro Flächeneinheit produziert werden, sondern auch mehr pro Kubikmeter Wasser. Die weltweit genutzten landwirtschaftlichen Flächen werden pro Kopf der Bevölkerung immer geringer. *1950 waren dies noch 0,51 ha pro Person, 1975 nur noch 0,34 ha und in 2025 werden nur noch 0,15 ha pro Person zur Verfügung stehen* [23, 44].

---

93) In den gemäßigten Zonen ist der unmittelbare Wasserbedarf erheblich geringer. Im Mittel wird mit 500 L pro 1 kg Trockengewicht Weizen gerechnet (S. 216).

Eine verbesserte Nahrungsmittelversorgung ist zur Zeit mit steigendem Bewässe-
rungsbedarf verbunden. Dieses geht mehr und mehr zu Lasten der Umwelt. Beispiele hierfür sind das vietnamesische Mekong-Delta, Mauretanien in Westafrika
oder die Region des spanischen La Mancha.

5.
Wasseraufbereitung und Abwasserreinigung
(E. regeneration of water and treatment of waste water)

Wasseraufbereitung
(E. regeneration of water)

Inhaltsstoffe in natürlichem Wasser
(E. ingredients in natural water)

Das Wasser in der Natur kommt mit der Luft, den Gesteinen und dem mit Pflanzen bewachsenen Boden in Berührung [15].

In seinem natürlichen Kreislauf nimmt es dabei eine Reihe von Stoffen in suspendierter, kolloider und gelöster Form auf.

Die suspendierten und kolloiden *Frachtstoffe* sind feinverteilte mineralische oder organische Festst offe, abgestorbene Mikroorganismen, Humusstoffe u. a.

Gelöst kommen im Wasser im Wesentlichen die Gase der Luft, wie Stickstoff, Sauerstoff und Kohlenstoffdioxid, vor. In stark besiedelten Gegenden kommen noch Abgase, wie z. B. Stickstoffoxide, Schwefeloxide und unvollständig verbrannte Kohlenwasserstoffe hinzu. Zu den gelösten Stoffen zählen weiterhin die Mineralsalze. Das sind insbesondere die Calcium- und Magnesiumhydrogenkarbonate, $Ca(HCO_3)_2$ bzw. $Mg(HCCO_3)_2$, als Härtebildner, die Natrium- und Magnesiumchloride, $NaCl$ bzw. $MgCl_2$, und die Sulfate des Kaliums und Magnesiums, K_2SO_4 bzw. $MgSO_4$.

Gelöste organische Verbindungen stammen aus den biologischen Abbauvorgängen der im Wasser lebenden tierischen und pflanzlichen Organismen.

Je nach dem Ursprung und dem Vorkommen des Wassers sind die *Frachtstoffe* unterschiedlich zusammengesetzt. Der Salzgehalt z. B. reicht von wenigen Milligramm pro Liter bis zu 340 g/L im Toten Meer (S. 25).

Uran, U, ist ein radioaktives Schwermetall, welches die relativ schwachen α-Strahlen aussendet. Seine Atommasse beträgt 238,0. Weniger seine α-Strahlung, sondern das Metall als solches ist für den Menschen giftig. Wie Blei reichert es sich im Körper an und verursacht Nierenkrebs, wenn langfristig Trinkwasser mit einer überhöhten Dosis Uransalzen aufgenommen wird.

Der von der Weltgesundheitsorganisation (WHO, World Health Organization) vorgegebene zulässige obere Richtwert beträgt 2 µg (Mikrogramm) pro Liter. Dieser

Wasser. Vollrath Hopp
Copyright © 2004 WILEY-VCH Verlag GmbH & Co. KGaA, Weinheim
ISBN: 3-527-31193-9

wird sehr häufig von Mineralwässern überschritten, weniger vom Leitungswasser. Ein Großteil der Uransalze im Wasser stammt aus natürlichen Quellen. Sie liegen teilweise bis zu 1000 m unter der Erdoberfläche. Bevor es an die Oberfläche gelangt, muss es viele Gesteinsschichten passieren, die besonders in vulkanischen Gebieten, aber auch in solchen mit Graniten liegen. Sie enthalten erhöhte Konzentrationen an Radionukliden, d.h. radioaktiven Elementen, wie z. B. Uran und Radium, Ra. Eine weitere Quelle von Uranbelastungen sind die Phosphatdüngemitel, die im Allgemeinen aus Apatit, $Ca_5-(PO_4)_3F$, gewonnen werden. Im Apatit liegen Uranmineralien in geringen Konzentrationen vergesellschaftet vor. Sie werden bei der Aufbereitung von Phosphatdüngern in der Regel nicht abgetrennt und gelangen somit über den Acker in das Grundwasser. Die Uranwerte in deutschen Flüssen sind über diesen Zyklus in den letzten Jahrzehnten stetig angestiegen.[94])

Blei, Pb. Der Grenzwert für Blei im Trinkwasser ist seit dem 1. Dezember 2003 mit 25 Mikrogramm pro Liter festgelegt worden.

Aufbereitung des natürlichen Wassers je nach Verwendungszweck
(E. regeneration of natural water for different uses)

Um das in der Natur vorkommende Wasser für Trinkwasser oder für Industriezwecke zu nutzen, muss es von den Begleitstoffen ganz oder teilweise befreit werden. Völlig entfernt werden müssen die suspendierten und kolloiden Schwimm-, Schwebe- und Sinkstoffe. Wasser für die Industrie, insbesondere für die Dampferzeugung, ist immer zu enthärten. Trinkwasser dagegen muss einen bestimmten Anteil an gelösten Mineralsalzen enthalten.

Für die Wasseraufbereitung sind eine Reihe von technischen Verfahren entwickelt worden, die jeweils nach der Zusammensetzung der Begleitstoffe angewendet werden.

Suspendierte und kolloide Verunreinigungen können durch

- Sieben,
- Klären,
- Ausflocken,
- Flotieren,
- Filtrieren,
- Entölen

beseitigt werden.

Gelöste Salze lassen sich ebenfalls auf verschiedene Weise entfernen. Gängige Methoden zur Entfernung von gelösten Salzen sind die

- Entkarbonisierung,
- Enthärtung mittels Fällungsreaktionen und Ionenaustausch,

94) Donner, S. (2003), Zu viel Schwermetall im Glas, VDI-Nachrichten Nr. 49 vom 05.12.2003.

- Entsalzung durch   Ionenaustausch (S. 102),
                                Destillation (S. 101 u. 183),
                                Umkehrosmose (S. 178),
                                Nanofiltration (S. 181),
                                Elektrodialyse (S. 182).

Als Desinfektionsmethode

- Ultrafiltration.
- Photokatalyse auch *Advanced Oxidation Process* (AOP) genannt [74].

Mit Hilfe von Titandioxid, TiO_2, als Katalysator und der Sonneneinstrahlung werden aus Luftsauerstoff, O_2, und Wasser, $\overline{H}OH$, Hydroxylradikale, $\cdot\overline{O}-H$, erzeugt, die hoch reaktiv sind. Sie vermögen mit hoher Reaktionsgeschwindigkeit komplizierte organische Verbindungen wie Farbmittel, Arzneimittelreste aus Krankenhäusern, Kosmetikchemikalien aus Frisiersalons, Pestizide u. a. zu umweltneutralen Stoffen abzubauen[95].

Die Entfernung von speziellen Gasen gelingt nach dem Prinzip der Verdrängung durch andere Gase, durch thermische Entgasung, indem Wasser zum Sieden erhitzt wird oder durch chemische Umsetzungen. Beispielsweise kann das Kohlenstoffdioxid im Wasser teilweise durch Luft ausgetrieben werden, indem diese dem Wasser über Rieselvorrichtungen entgegengeleitet wird.

Sauerstoff kann aus dem Wasser durch Reaktion mit Hydrazin gebunden werden.

Hydrazin   Sauerstoff   Stickstoff   Wasser

$$N_2H_{4\,(aq)} \;+\; O_2 \longrightarrow N_2 \;+\; 2\,H_2O$$

$$\Delta H = -508{,}7 \ \text{kJ/mol}$$

Stickstoff ist ein inertes[96] Gas und belastet das Wasser für die Dampferzeugung nicht.

Aufbereitung zu Trinkwasser
(E. regeneration to drinking water standard)

Als Trinkwasser ist Quellwasser am besten geeignet. In Ermangelung dessen unterwirft man Grund- und Flusswasser einer Aufbereitung. Sie besteht aus einer mechanischen Filtration, häufig auch einer chemischen Reinigung und vor allem einer gründlichen Entkeimung des Wassers, z. B. durch Ozonierung, O_3.

Bei der Trinkwasseraufbereitung werden keinesfalls alle gelösten Stoffe aus dem Wasser entfernt, denn völlig reines Wasser schmeckt außerordentlich fade und viele der im Wasser gelösten Salzspuren sind für die menschliche Ernährung sogar lebensnotwendig, z. B. zur Aufrechterhaltung des osmotischen Druckes im Blutgefäßsystem und in den Körperzellen.

95) *Quelle:* Prof. A. Vogelpohl, Institut für Thermische Verfahrenstechnik der Universität Clausthal, VDI-Nachrichten Nr. 25, S. 11, vom 20.06.2003.

96) iners (lat.) – untätig, unbeteiligt, reaktionsträge

Der Wasserbedarf in Privathaushalten
(E. water demand in private households)

Wasser ist das am häufigsten vorkommende Biopolymer in der Natur, $[HOH]_n$, und das wichtigste Nahrungsmittel. Mit dem Wasser ist es wie mit der Luft, beide weiß man in ihrer Bedeutung erst zu schätzen, wenn sie nicht mehr im Überfluss zur Verfügung stehen. Schon das Verspüren einer Verknappung der Luft führt zu Angst- bzw. Schweißausbrüchen. Beim Wasser zeichnen sich unerträglicher Durst und politische Krisen ab.

Wasser wird nicht verbraucht, sondern nur benutzt bzw. genutzt. In Abb. 44 ist der Süßwasserverbrauch von Privathaushalten einiger Industrienationen aufgelistet. Die Mengen werden bestimmt von den Süßwasserreserven der einzelnen Länder und ihrer Bevölkerungsdichte. Sie zeigen aber auch weiterhin, dass noch viel Sparpotenzial an Süßwasser vorhanden ist.

In einem Privathaushalt in der Bundesrepublik Deutschland wurden im Jahre 2000 pro Person im Mittel täglich 128 Liter Wasser benötigt. Sie müssen dem Benutzer in gesundheitlich und geschmacklich einwandfreier Form zur Verfügung gestellt werden. Doch nach Gebrauch darf auch dieses Wasser erst über Klär- und Reinigungsanlagen in Flüsse, Seen oder ins Grundwasser zurückgeführt werden. Die öffentliche Abwasserbeseitigung in Deutschland leitet ca. 98 % aller Abwässer, in denen auch die der Privathaushalte enthalten sind, über Klär- und Reinigungsanlagen.

Verbesserte technische Einrichtungen der Versorgung der Bevölkerung mit Frischwasser, die Entsorgung von Abwässern, sowie geeignete gesetzliche Vorschriften und entsprechende Preise haben zu einem sparsameren Umgang mit Frischwasser in Deutschland geführt (Abb. 43). Im internationalen Vergleich ist Deutschland innerhalb der Industrienationen ein sehr wasserbewusstes Land (Abb. 44). In den letzten 10 Jahren ist der Wasserverbrauch in Deutschland um ca. 20 % gesenkt worden.

Der Wasserbedarf pro Person im Haushalt verteilt sich auf die in Abb. 45 aufgezeigten Verwendungszwecke.

In den Privathaushalten gibt es noch manche Möglichkeiten, um den Gebrauch von Wasser zu verringern. Ein Beispiel ist das Waschen von Wäsche mit den Waschmaschinen. Mittels der technischen Optimierung der Waschmaschinen und der Synthese von *maßgeschneiderten* waschaktiven Substanzen ist es gelungen, gegenüber 1975 für einen Waschvorgang mit 5 kg verunreinigter Wäsche die Waschmitteldosierung, den Wasser- und Energiebedarf erheblich zu senken (Abb. 46).

Die Waschmitteldosierung wurde von 300 g auf 70 g reduziert, d. h. um mehr als 77 %, die Wassermenge von 150 L auf 55 L, das sind fast 64 % und der Energiebedarf von 3 kWh auf 1,6 kWh, das entspricht ca. 53 % [5].

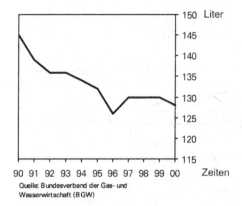

Quelle: Bundesverband der Gas- und
Wasserwirtschaft (BGW)

Abb. 43: Wasserverbrauch pro Einwohner und Tag in Deutschland von 1990 bis 2000 [76] (E. daily consumption of drinking water in litre per inhabitant in Germany from 1990 to 2000)

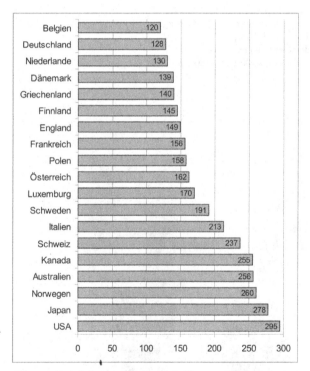

Abb. 44: Haushaltswasserverbrauch in Litern pro Einwohner und Tag in verschiedenen Ländern [76] (E. daily consumption of drinking water in litre per inhabitant in a household of different countries)

Quelle für Abb. 43 und 44: Bundesverband der Gas- und Wasserwirtschaft (BGW)

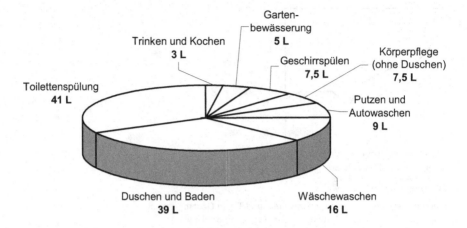

Trinkwasserverbrauch: **128 Liter pro Person und Tag**

Abb. 45: Täglicher Trinkwasserverbrauch im deutschen Haushalt pro Person im Jahre 2000. (E. daily consumption of drinking water per person in a German household, 2000)

Der Wasserverbrauch ist in den einzelnen Haushalten sehr unterschiedlich und schwankt zwischen ca. 80 L und 160 L pro Person und Tag.

Quelle: BASF

1975=100 Prozent, je 5kg-Waschgang

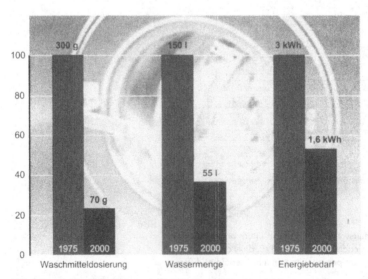

Abb. 46: Die Waschbedingungen für Wäsche 1979 im Vergleich zu 2000 [5] (E. conditions for washing of laundry in 1979 and 2000)

Destilliertes Wasser
(E. distilled water)

Die Reinigung des natürlichen Wassers durch Destillation wird im Allgemeinen nur für chemische, pharmazeutische und medizinische Zwecke angewendet. Je nach dem geforderten Reinheitsgrad wird das Wasser einmal oder mehrmals in Glas-, Quarz- oder Edelmetallapparaturen destilliert. Anstelle von destilliertem Wasser wird oft mit Hilfe von Ionenaustauschern entsalztes Wasser verwendet.

Wasser für technische Nutzung
(E. water for industrial use)

Bei der Aufbereitung natürlichen Wassers zu Dampfkesselspeisewasser oder für andere technische Zwecke, z. B. als Kühlwasser, für den Gebrauch bei chemischen Reaktionen oder in Wäschereien wird natürliches Wasser nach der mechanischen Abscheidung von Schwebstoffen und anderen festen Verunreinigungen entweder nur enthärtet oder entsalzt und zuweilen auch noch entgast.

Enthärtung
(E. softening)

Die Wasserhärte, im Wesentlichen hervorgerufen durch gelöste Calcium- und Magnesiumsalze, kann bei der technischen Verwendung von Wasser zu schweren Schäden führen.

Man unterscheidet zwischen temporärer Härte, auch Karbonathärte genannt, und permanenter Härte. Die Karbonathärte ist bedingt durch gelöste Hydrogenkarbonate des Calciums und Magnesiums, die sich beim Kochen des Wassers in wasserunlösliche Karbonate umwandeln und sich als unlöslicher Kessel- oder Wasserstein absetzen, z. B.:

Calciumhydrogen   Calciumkarbonat
karbonat   (unlöslich)
(löslich)   97)

$$Ca(HCO_3)_2 \xrightarrow{\text{kochen}} CaCO_3 + H_2O + CO_2$$

$$\Delta H = + 39{,}45 \ kJ/mol$$

Die permanente oder bleibende Härte (Nichtkarbonathärte) ist im Wesentlichen auf den Gehalt von Calcium- und Magnesiumsulfat ($CaSO_4$, $MgSO_4$) zurückzuführen. Karbonathärte und permanente Härte ergeben zusammen die Gesamthärte, die in Härtegraden angegeben wird:

Gesamthärte   =Karbonathärte +   Nichtkarbonathärte
Gesamthärte   =Calciumhärte +   Magnesiumhärte

97) Bildungsenthalpie von Calciumhydrogen-
karbonat $\Delta_B H = -1926{,}56$ kJ/mol.

10 mg Calciumoxid (CaO) pro Liter Wasser oder äquivalente Mengen anderer härtebildender Salze entsprechen einem deutschen Härtegrad (°d, manchmal auch °dH). Nach DIN 1301 ist als Maßeinheit für die Härte 1 mmol Erdalkali-Ionen pro 1 Liter Wasser definiert.

In der Technik verwendet man zum Enthärten des Wassers vielfach Ionenaustauscher, da sie den geringsten Aufwand erfordern und einfach zu bedienen sind.

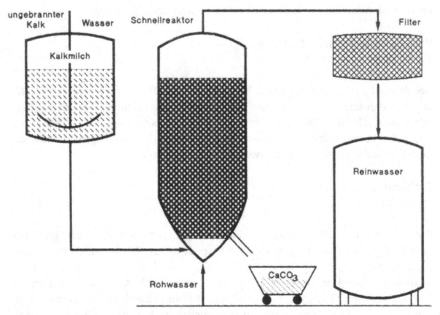

Abb. 47: Entkarbonisierung nach dem Kontaktverfahren
(E. decarbonization through the contact process)

Entkarbonisieren nach dem Kontaktverfahren
(E. decarbonization through the contact process) (Abb. 47)

Calciumhydrogen-karbonat	Kalkmilch		Calcium-karbonat	Wasser

$$Ca^{++}_{aq} + 2\,HCO_3^-{}_{aq} + Ca(OH)_2 \longrightarrow 2\,CaCO_3 + 2\,H_2O$$

$$\Delta H = -55{,}94 \text{ kJ/mol}$$

Magnesiumhydrogen-karbonat	Calcium-hydroxid		Magnesium-hydroxid	Calcium-karbonat	Wasser

$$Mg^{++}_{aq} + 2\,HCO_3^-{}_{aq} + 2\,Ca(OH)_2 \longrightarrow Mg(OH)_2 + 2\,CaCO_3 + 2\,H_2O$$

$$\Delta H = -58{,}8 \text{ kJ/mol}$$

Danach wird das Wasser zur Entfernung der permanenten Härte über Ionenaustauscher geschickt.

Dieses enthärtete Wasser eignet sich gut als Kesselspeisewasser zur Dampferzeugung, da die wassersteinbildenden Anteile entfernt sind.

In der Waschmittelindustrie werden Zeolithe, das sind Natrium-Aluminium-Silikate mit spezieller Kristallstruktur, zur Enthärtung des Wassers eingesetzt. Die Zeolithe bilden mit Ca^{2+}- bzw. Mg^{2+}-Ionen komplexe Verbindungen, die in Lösung bleiben und weder durch Erhitzen noch durch Anwesenheit von waschaktiven Substanzen ausgefällt werden können. Polyphosphate als Enthärter werden in Spezial-Industriereinigern verwendet, bei denen eine Entsorgung gesichert ist.

Flusswasseraufbereitung mit Ozon
(E. regeneration of river water with the help of ozone)

Flusswasser ist vielfach mit hohen Frachtstoffanteilen belastet. Sie stammen aus abgetragenen Mineralien aus den Gebirgen, den Abwassern der Kommunen, Industrie und privaten Haushalten und den Abbauprodukten der in den Flüssen lebenden Organismen.

Um das Flusswasser zu einer Grundwasserqualität aufzubereiten, ist ein Verfahren entwickelt worden, das die Oxidations- und Reinigungskraft des Ozons ausnutzt. Eine Ozondosierung von 20 mg/L reduziert die Zahl der Mikroorganismen von ca. 1 Milliarde auf weniger als 100 pro Liter. Gelöste organische Substanzen werden oxidiert und abgebaut. Zusätzlich fördert Ozon die Koagulation[98] der kolloiden Verunreinigungen.

Die Wirkung des Ozons, dreiatomiger Sauerstoff, O_3, beruht auf der Freisetzung von atomarem Sauerstoff, der bakterizid bzw. desinfizierend ist.

Ozon	atomarer Sauerstoff	molekularer Sauerstoff
$O_3 \longrightarrow$	O	$+ \quad O_2$; $\quad \Delta H = -289 \text{ kJ/mol}$

Zur anschließenden Flockung werden Eisen(III)-salzlösungen, z. B. $FeCl_3$, Eisen-III-chlorid, Flockungshilfsmittel, Aktivkohle und Calciumhydroxid, $Ca(OH)_2$, eingesetzt. Der ausgeflockte Schlamm setzt sich ab, und das Klärwasser wird danach über Kies mit einer Körnung von 1 mm bis 2 mm filtriert.

Alle störenden Verunreinigungen, wie Feststoffe, Kolloide, gelöste organische Substanzen, Keime, Mikroorganismen, sogar Viren, werden vollständig im Schlamm des Flockers eingebunden und damit entfernt.

---

98) coagulare (lat.) – gerinnen

Wasserversorgung und Abwasserbeseitigung
(E. water supply and removal of waste water)

Das *Wasserdargebot* in Deutschland, das sind die jährlich verfügbaren Wasserressourcen, wird im Mittel auf 182 Milliarden Kubikmeter geschätzt. Die bedeutendsten Quellen sind Grundwasser, Quellwasser, Oberflächenwasser und das Uferfiltrat (Abb. 48).

Uferfiltrat ist Wasser, das den Wassergewinnungsanlagen durch das Ufer eines Flusses oder Sees im Untergrund nach relativ kurzer Bodenpassage zusickert und sich mit dem anstehenden Grundwasser vermischt.

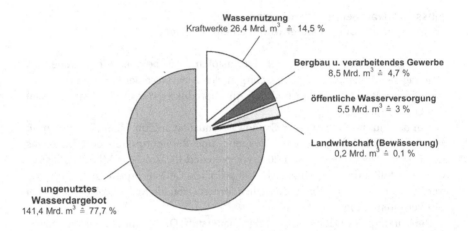

Verfügbares Wasserdargebot im Mittel insgesamt 182 Mrd. m^3, davon werden 22,3 % für die Wasserversorgung genutzt.

Abb. 48: Wasserdargebot und Wassernutzung in Deutschland (2000);[99] (E. supply and use of water in Germany (2000))

- Die 188 Wärmekraftwerke Deutschlands (S. 127 ff) sind mit 26,4 Mrd. m^3 Wasser jährlich die größten Wassernutzer, das sind 14,5 % des Dargebots. Sie beziehen ausschließlich Oberflächenwasser.

  Davon werden 94 % zu Kühlungszwecken benötigt. Durch Kreislaufführung wird jeder Kubikmeter Wasser 1,8 mal genutzt. Nach der Nutzung wird das Kühlwasser fast zu 100 % in Oberflächenwasser abgeleitet. Ca. 1,4 Mrd. m^3 werden vorher rückgekühlt. 50 Mio. m^3 davon müssen einer Abwasserbehandlung unterzogen werden.

- Der zweitgrößte Wassernutzer ist der Bergbau und das verarbeitende Gewerbe mit 8,5 Mrd. m^3 bzw. 4,7 %. Davon werden 2,4 Mrd. m^3 als Grund- und Quellwasser entnommen.

99) *Quellen:* Statistisches Bundesamt; Umweltamt; Bundesanstalt für Gewässerkunde; BGW und   Deutsche Vereinigung für Abwasserwirtschaft, Abwasser und Abfall e. V., 53773 Hennef.

- Die öffentliche Wasserversorgung, die auch die Privathaushalte bedient, nutzt 5,5 Mrd. m^3 Wasser, das sind 3 % des Dargebots.
- Die Landwirtschaft setzt für eine gezielte Bewässerung 0,2 Mrd. m^3 Wasser ein, diese entsprechen 0,1 % des Dargebots. Der gesamte Wasserbedarf der Landwirtschaft ist allerdings viel höher. Zu diesem Wert muss die Wasserversorgung für die Intensivviehhaltung hinzugerechnet werden (Tab. 9) und das Dargebot der Natur, das nicht über das Wasserleitungsnetz läuft (Tab. 19).

In den südeuropäischen Ländern wie z. B. Portugal, Spanien, Italien, Griechenland aber auch Zypern dient der größere Anteil der Wasserversorgung zur Bewässerung von Ackerflächen. Die Anteile können 50 % und mehr betragen (S. 80, 153 und S. 216).

Wasseraufkommen und Wasserableitung stehen im unmittelbaren Zusammenhang. Die Abwasserableitung erfolgt durch Direkt- und Indirekteinleitung. Unter einer *Direkteinleitung* wird die Abwassermenge verstanden, die unbehandelt oder nach Behandlung unmittelbar in ein Oberflächengewässer bzw. in den Untergrund abgeleitet wird.

Als *indirekt eingeleitetes Wasser* wird die Abwassermenge bezeichnet, die unbehandelt oder behandelt in die öffentliche Kanalisation bzw. an andere Betriebe abgeleitet wird.

Faßt man die Wassernutzung von Industrie und privaten Haushalten zusammen, fallen in Deutschland täglich 12 Mio. Kubikmeter Schmutzwasser und noch mal die gleiche Menge an Regenwasser an. Sie werden in der Kanalisation gesammelt und müssen in Klärwerken gereinigt werden. Auf ein Jahr bezogen entspricht das einer Wassermenge von 8,76 Mrd. m^3. Diese Abwassermenge ist gleich dem fünffachen Volumen des Chiemsees in Bayern (S. 152).

Abwasserreinigung
(E. treatment of waste water)

Vorgänge in Gewässern
(E. processes in waters)

Fotosynthese
(E. photosynthesis) [15]

Wie auf der Erdoberfläche finden auch in den oberflächennahen Schichten der natürlichen Gewässer fotosynthetische Vorgänge statt. Das im Wasser gelöste Kohlenstoffdioxid wird unter der Lichteinwirkung der Sonnenstrahlen von Algen, dem Phytoplankton[100] und anderen Wasserpflanzen assimiliert und als Kohlenstofflieferant zusammen mit Wasser zu Glucose aufgebaut (S. 60).

100) phytos (grch.) – Pflanze; planktos (grch.) –
Umhergetriebenes.

Kohlenstoff-dioxid	Wasser		Glucose		Wasser		Sauer-stoff	
$6\,CO_2$	$+$	$12\,H_2O$	$\longrightarrow$	$C_6H_6(OH)_6$	$+$	$6\,H_2O$	$+$	$6\,O_2$	101)

$$\Delta G = +2876\ \text{kJ/mol}$$

Die noch wasserlösliche Glucose wird in der Pflanzenzelle zur wasserunlöslichen Stärke oder Zellulose polymerisiert. Die Fotosynthese spielt sich in den oberen Wasserschichten bis zu Tiefen ab, die die Sonnenstrahlen noch durchdringen, das sind in der Regel 5 m bis 8 m, in speziellen Wasserregionen auch tiefer.

Die Fotosynthese ist die Energiepumpe, die es ermöglicht, dass aus den im Wasser gelösten Stickstoff- und Phosphorverbindungen, dem Kohlenstoffdioxid und den Spurenelementen, insbesondere Eisen und den Alkali- und Erdalkalisalzen, Biomasse produziert wird. Der dabei freigesetzte Sauerstoff wird zum Teil im Oberflächenwasser gelöst. Der größere Teil wird aber an die Atmosphäre abgegeben. Der limitierende Faktor eines grenzenlosen Algenwachstums in Seen und stehenden Gewässern ist die Selbstbeschattung der Algen. Auch der Gehalt an Spurenelementen in den Gewässern ist für eine Begrenzung des Wachstums verantwortlich.

Eutrophierung von Gewässern, Überdüngung
(E. eutrophication of waters, over fertilization)

Eine erhöhte Zufuhr von Phosphatverbindungen regt in den Gewässern zu einer starken Vermehrung von Algen und Phytoplankton an. Man nennt diesen Vorgang *Eutrophierung*[102].

Die pflanzlichen Mikroorganismen dienen als Nahrung für die tierischen Mikroorganismen, z. B. dem Zooplankton[103].

Bei gesteigerter Nahrungszufuhr vermehren auch diese sich stärker, als es dem eingespielten Fließgleichgewicht in diesem Ökosystem entspricht.

Sterben die Wasserpflanzen, die pflanzlichen und tierischen Mikroorganismen ab, dann sinken sie in die tieferen Wasserschichten, auf den Seen- oder Flussgrund. Die abgestorbenen Organismen werden durch Bakterien oxidativ (aerob) abgebaut. Diese verbrauchen dabei den im Wasser gelösten Sauerstoff. Die Endstufen des aeroben Abbaus sind im Wesentlichen Wasser, Kohlenstoffdioxid und Mineralsalze.

Übersteigt das Angebot an abgestorbener Biomasse den Sauerstoffvorrat des Wassers als Folge eines durch zusätzliche Phosphate angeregten Wachstums der Wasserorganismen, dann wird dieser vollständig aufgebraucht. Das Gewässer ist tot. Wegen des Sauerstoffmangels kommt es zum Sterben von Kleinstlebewesen und Fischen. Die aeroben Abbauvorgänge schlagen in bakterielle anaerobe Prozesse um. Das sind Fäulnis- und Verwesungsvorgänge. Beim anaeroben Abbau entstehen durch Reduktion Endprodukte, die für ein aerobes Biosystem toxisch sind, das sind z. B. Schwefelwasserstoff, Methan, Ammoniak. Diese Stoffe beeinträchtigen die Vermehrung derjenigen Fischarten, deren Laich auf dem Seegrund abgelegt wird.

---

101) ΔG ist die freie Enthalpie. – Bei biologischen Prozessen wird immer die freie Enthalpie angegeben; das ist diejenige Energie, die vollständig in andere Energieformen umgewandelt werden kann.

102) eutroph (grch.) – nährstoffreich.

103) zoon (grch.) – Lebewesen, Tier.

Fäulnisvorgänge finden bevorzugt in stehenden Gewässern statt. Flüsse erfahren eine bessere Umwälzung des Wassers und erleiden deshalb nicht so schnell Sauerstoffmangel.

Zur Belastung der Binnenseen und Flüsse mit Phosphat tragen nichtgereinigte oder nur unzureichend gereinigte Abwässer aus Kommunen und das von nicht vorschriftsmäßig gedüngten landwirtschaftlichen Nutzflächen abfließende Wasser bei.

Wasserverschmutzung
(E. water pollution)

Abwässer aus dem menschlichen Lebens- oder Tätigkeitsbereich enthalten eine Vielzahl von Stoffen, die vor allem organischer Natur sind. Lange Zeit konnte man es sich leisten, diese Abwässer entweder im Boden versickern zu lassen oder in den nächstgelegenen Fluss oder See einzuleiten. Mit fortschreitender Industrialisierung und wachsender Bevölkerungsdichte – vor allem nach dem Zweiten Weltkrieg – führte dieses Verhalten zu einer ständig steigenden Belastung der Oberflächengewässer. Die im Gewässer gemeinsam mit Einzellern und höheren Lebewesen existierenden Bakterien sind in der Lage, die aus den Fäkalien stammenden organischen Substanzen, aber auch einen großen Teil der synthetisch hergestellten Stoffe oxidativ abzubauen. Mit wachsender Belastung eines Gewässers durch solche Stoffe nimmt die Zahl der Bakterien zu und damit der im Wasser gelöste Sauerstoff ab. Unterschreitet der Sauerstoffgehalt Konzentrationen von 4 mg/L bis 5 mg/L, dann beginnen höhere Lebewesen, wie z. B. Fische, auszusterben bzw. abzuwandern.

Neben biologisch abbaubaren Stoffen zählen auch nicht abbaubare organische Substanzen, anorganische Salze und Schwermetalle zu den belastenden Inhaltstoffen von Gewässern. Einige von ihnen führen schon bei niedrigen Konzentrationen zu Schädigungen der Wasserlebewesen.

Folgende Ionenkonzentrationen führen in Flüssen bereits zum Fischsterben:

0,1 mg/L CN^- (Cyanid-Ionen)
0,2 1 mg/L Cl_2, (Chlor)
1 mg/L SO_2 (Schwefeldioxid)
0,5 mg/L Cu^{2+} (Kupfer-Ionen)

Organische schwer oder nicht abbaubare Stoffe – hierzu gehören z. B. DDT und PCB[104] – reichern sich, wenn sie im Wasser auch nur in Spuren vorliegen, im Fischgewebe an. Hierdurch gelangen sie in die Nahrungskette des Menschen, der sie im Fettgewebe speichert und sich dadurch einem Krankheitsrisiko aussetzt.

Mit zunehmender Bevölkerungsverdichtung, der damit verbundenen Urbanisierung und Industrialisierung sowie der Massentierhaltung wird auch das Grundwasser trotz aller Gesetzesauflagen und technischen Vorsichtsichtsmaßnahmen von Schadstoffen belastet (Abb. 94). Nicht nur die *Versorgung* der Menschen mit einwandfreiem Trinkwasser ist zu einer Aufgabe ersten Ranges geworden, sondern auch die *Entsorgung* und *Reinigung* von Abwasser im Zuge eines Wasserkreislaufes.

---

104) DDT, 1,1-*p,p'*-Dichlordiphenyl-*2,2,2*-trichlorethan; PCB, polychlorierte Biphenyle.

Bevor Trink- und Brauchwasser wieder in das Verteilersystem für die Nutzer gelangt, ist es in der Regel von Laboratorien für Wasseranalysen sorgfältig untersucht worden. Doch es wird längst nicht auf alle möglichen Schadstoffe geprüft. Gefunden werden können aber nur diejenigen Stoffe, auf die auch Analysen angesetzt worden sind.

Wesentlich hängt es von den Privathaushalten, Krankenhäusern, der Industrie und nicht zuletzt von der Landwirtschaft ab, wie mit Trink- und Brauchwasser umgegangen wird und wie sie nach einer Benutzung verunreinigt worden sind. Gefahrenquellen sind oft eine mangelhafte Entsorgung von Ölrückständen im Privatsektor, in Handwerksbetrieben und Industrie. Sorge bereiten immer wieder Öltankwagenunfälle, bei denen große Ölmengen auslaufen.

Auch die Enteisungsmittel, die im Winter auf den Flughäfen und für Gleisnetze auf den Bahnhöfen verwendet werden, sind Schwachstellen der Entsorgung.

Arzneimittelrückstände aus den Krankenhäusern, Arztpraxen und auch aus den Privathaushalten finden immer noch ihren Weg in den Wasserkreislauf. In der Europäischen Union wurden 1999 insgesamt 13 216 Tonnen Antibiotika verabreicht, davon 3 900 Tonnen in der Tiermast und 786 Tonnen in den Ställen als Leistungsförderer [48].

Besondere Aufmerksamkeit gilt den in den Antikonzeptionsmitteln (Antibabypille) enthaltenen östrogenen[105] Wirkstoffen, wie z. B. *Ethinyl-östradiol*.

17 α-Ethinyl-östradiol

In den letzten 15 Jahren wurden sie immer wieder in verschiedenen Oberflächengewässern nachgewiesen. Obwohl diese Konzentrationen für die Menschen noch ohne schädliche Bedeutung sind, werden sie von Fischen, Muscheln und Schnecken aufgenommen, von den Fischen über die Kiemen gefiltert und angereichert.

Eine weitere Stoffgruppe mit hohem Belastungspotenzial für Oberflächen- und Grundwasser sind *waschaktive Substanzen* mit ihren hydrophilen und hydrophoben, d. h. polaren Eigenschaften. Zu viele von ihnen gelangen immer noch unkontrolliert in die Gewässer und Böden, ebenso manche Zwischenprodukte während der weiteren Verarbeitung.

105) oistros (grch.) – Stachel, Leidenschaft; genesis (grch.) – Entstehung, Entwicklung; Östrogen, das – weibliches Geschlechtshormon.

Nonylphenol, $H_3C-(CH_2)_8-\langle\rangle-OH,$

ein Zwischenprodukt für die Herstellung von Tensiden, Emulgatoren, Antioxidantien, Fungiziden, Antikonzeptionsmittel, Pharmazeutika u. a. wird häufig in Gewässern gefunden.

In Regionen mit intensiver Landwirtschaft versickern immer noch zuviel Rückstände von Pflanzenschutzmitteln in den Boden. Das gleiche gilt für zu hohe Düngemittelgaben und die auf die Felder ausgebrachte Gülle. Von den Pflanzen ungenutzt, versickern Reste in die Grundwasser führenden Bodenschichten. Eine Ursache für die so genannte Überdüngung ist, dass die Dünger zu falschen Zeiten ausgebracht werden, d. h. zu einer Zeit, in der die Pflanzen nicht ihre optimale Aufnahmebereitschaft haben (S. 119).

Eine andere Quelle der Belastung von Gewässern sind die Massentierhaltungen auf engstem Raum. Um das Auftreten von Krankheiten oder gar Seuchen zu verhindern, werden prophylaktisch[106] Antibiotika an Rinder, Schweine und Federvieh verabreicht. Viele davon lassen sich im Oberflächen- und Grundwasser nachweisen.

Weltweit werden jährlich 400 Mio. Tonnen Chemikalien produziert und an Industrie, Landwirtschaft und Privatverbraucher in Umlauf gebracht.

Inzwischen gibt es kaum einen Ort auf unserem Erdball, an dem keine dieser Substanzen nachgewiesen werden kann. Bakterielle Belastungen des Grundwassers treten besonders in trockenen Sommermonaten auf. Durch Risse in der Bodenstruktur wird dessen Filterwirkung gestört. Fäkalien und Schadstoffe aus der Gülle werden bei starken Regenfällen und Wolkenbrüchen leichter in das Grundwasser eingeschwemmt und gelangen dann in die Trinkwasserreservate. Eine Verseuchung durch Bakterien kann die Folge sein. So erkrankten in der Ortschaft *Walterton* in der *kanadischen Provinz Ontario* mehr als 2300 Menschen an schweren Durchfällen, 10 von ihnen starben. Die Ursache für diese epidemische Erkrankung war das *Enterale hömorrhagische Escherichia Coli*, abgekürzt EHEC. Das EHEC lebt normalerweise im Darm von Wiederkäuern, wie Rindern, Schafen und Ziegen (Abb. 94). Für diese ist dieses Bakterium nicht gefährlich. Menschen nehmen EHEC beispielsweise durch infizierte Rohmilch oder andere Nahrungsmittel auf, wie in Walterton geschehen. EHEC kann nicht mit den üblichen Antibiotika bekämpft werden. Auch im deutschen Trinkwasser werden EHEC nachgewiesen. Epidemien[107] sind bisher nicht aufgetreten.

Natürliche Belastungsquellen für das Grundwasser sind arsenhaltige Bodenschichten. 500 Millionen Menschen müssen im Tal des Ganges bis hinauf in den Himalaja mit Arsenverbindungen kontaminiertem[108] Wasser leben. Im Ganges-Delta sind in den letzten 30 Jahren zwischen vier und acht Millionen Trinkwasserbrunnen gebohrt worden. So ging zwar die Zahl der Durchfallerkrankungen rapide zurück, doch an ihre Stelle sind die chronischen Arsenvergiftungen getreten. 17 weitere Staaten, darunter die VR China, Vietnam, Argentinien und auch die USA haben ebenfalls Probleme mit zu hohen Arsenkonzentrationen im Trinkwasser [38].

---

106) prophylassein (grch.) – verhüten, vorbeugen 108) contaminare (lat.) – berühren, entweichen
107) epidemios (grch.) – im Volk verbreitet.

Auf Empfehlung der Weltgesundheitsorganisation (WHO)[109], ist der zulässige Grenzwert bei 0,01 Milligramm pro Liter festgelegt worden. Die Bayer AG hat inzwischen ein Verfahren entwickelt, mit dem in Wasser gelöste Arsenverbindungen an Eisenhydroxidgranulate gebunden werden und mittels Filtration aus dem Wasser entfernt werden können. Diese Bayoxide E33 haben sich inzwischen als sehr wirksam erwiesen und werden in den Trinkwasseraufbereitungsanlagen im großen Maßstab eingesetzt[110].

Zu schaffen machen den Trinkwasserversorgern die Bakterien der Gattung *Legionella*. Sie gedeihen üppig bei Wassertemperaturen zwischen 30 °C und 60 °C. Diese Temperaturen herrschen, wenn die Wasserboiler nicht heiß genug eingestellt sind. Beim Duschen oder Baden gelangen die Legionellen über Wassertröpfchen in die Lunge und infizieren sie mit krankhaften Folgen.

Eine andere *Legionellenart* löst nach einer Infektion das grippeähnliche Pontiac-Fieber[111] aus. Nach wenigen Tagen klingt es wieder ab.

Diese Beispiele mögen zeigen, dass der Gebrauch von Wasser für Menschen und Tiere zugleich hohe Anforderungen an hygienischem Umgang stellt.

Abb. 49 zeigt das dichte Netz von Abwasserreinigungsanlagen der chemischen Industrie entlang des Rheins.

Das öffentliche Abwasserleitungsnetz in Deutschland hat eine Länge von 445 852 km.

Davon entfallen

226 657 km   auf Mischwasser, das sind Abwässer aus Privathaushalten, Gewerbebetrieben und Regenwasser.

134 163 km   Abwasserleitungen dienen dem Schmutzwasser, einschließliche Fäkalien, das aus Privathaushalten und Gewerbebetrieben stammt.

85 032 km   Leitungsnetz sind allein dem Regenwasser vorbehalten.

Auf einer Strecke von 832 km zwischen Basel und Rotterdam werden von der chemischen Industrie 76 biologische Abwasserreinigungsanlagen betrieben. Einschließlich der Anlagen am petrochemischen Standort Antwerpen sind es 83 Einrichtungen (Tab. 8).

109) WHO = World Health Organization
110) *Quelle:* Bayer-report Nr. 2/2003; Bayer research Nr. 14/Okt. 2002

111) *Pontiac* ist eine Stadt in den USA, dort wurde das Fieber diagnostiziert.

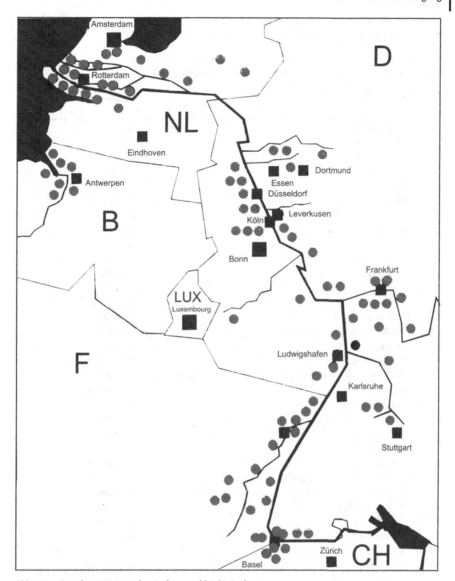

Abb. 49: Standorte von mechanischen und biologischen
Abwasserreinigungsanlagen der chemischen Industrie entlang
des Rheins und in seinem Einzugsbereich[112] (E. locations of
mechanical and biological waste water treatment plants of the
chemical industry along the Rhine and its regions] [25]

112) Statistisches Bundesamt (2001), Fachserie 19,
Reihe 21, Öffentliche Wasserversorgung und
Abwasserbeseitigung.

Tab. 8: Standorte von mechanisch-biologischen Abwasserreinigungsanlagen der chemischen Industrie entlang des Rheins und
in seinem Einzugsbereich.
(E. locations of mechanical and biological waste water treatment ·
plants of the chemical industry along the Rhine and its regions) [25]

Nr.	Betrieb	Standort
1	Degussa AG	Marl
2	Degussa AG	Marf
3	Cromptono	Bergkamen
4	Bayer AG	Uerdingen
5	Bayer AG	Wuppertal
6	BP/Erdölchemie	Dormagen
7	BP/Erdölchemie	Dormagen
8	Bayer AG	Leverkusen
9	Wacker-Chemie GmbH	Köln
10	Degussa AG	Hürth
11	Degussa AG	Knapsack
12	Dynamit Nobel AG	Lülsdorf
13	Degussa AG	Wesseling
14	Union Kraftstoff	Wesseling
15	ROW Rheinische Olefinwerke	Wesseling
16	Dynamit Nobel AG	Troisdorf
17	Zschirmer & Schwarz	Lahnstein
18	Industriepark Höchst, InfraServ Höchst GmbH u. Co. KG	Frankfurt-Höchst am Main
19	Clariant AG	Frankfurt-Griesheim
20	Scheidemandel	Wiesbaden
21	Industriepark Kalle-Albert	Wiesbaden
22	Clariant AG	Offenbach
23	AKZO N. V.	Kelsterbach
24	Ticona GmbH	Kelsterbach
25	Ticona Polymerwerke GmbH	Kelsterbach
26	C. H. Boehringer Sohn	Ingelheim
27	E. Merck KGaA	Darmstadt
28	AKZO N. V	Obernburg
29	E. Merck KGaA	Gernsheim
30	CSL Chemische Werke	Perl-Saar-Lothringen
31	BASF AG	Ludwigshafen
32	Reckitt Benckiser	Ladenburg
33	Deutsche Gelatine-Fabriken Stoess & Co.	Eberbach
34	Chemische Fabrik R. Baumheier	Weidenthal
35	Dow Chemical	Speyer
36	Haecker & Sohn	Vaihingen
37	G. Conrad & Sohn	Vaihingen
38	Ciba SC	Grenzach
39	Roche Group	Grenzach
40	WR Grace	Worms
41	BASF Coatings AG	Besigheim

Tab. 8: Fortsetzung (E. continuation)

Biologische Abwasserreinigungsanlagen
der schweizerischen chemischen Industrie
in der Baseler Region

Nr.	Betrieb	Standort
1	Novartis	Huningue
2	Basel	Basel
3	Ciba/Roche	Basel
4	Birs II	Basel
5	Ciba	Basel
6	Roche	Basel
7	Rhein	Basel

Biologische Abwasserreinigungsanlagen
der französischen chemischen Industrie im
Elsaß

Nr.	Standort	Nr.	Standort
1	Lauterbourg	8	Kaysersberg
2	Beinheim	9	Biesheim
3	Drusenheim	10	Mulhouse
4	Reichstätt	11	Cernay
5	Strasbourg	12	Thann
6	Obernai	13	Huningue
7	Sélestat	14	Chalampé-Ottmarsheim

Biologische Abwasserreinigungsanlagen
der belgischen chemischen Industrie entlang
der Schelde im Bereich von Antwerpen

Nr.	Betrieb
1	BASF AG
2	Bayer AG
3	Monsanto
4	Degussa AG
5	Finaneste
6	ESSO AG
7	BP Chemicals Belgium

Biologische Abwasserreinigungsanlagen
der niederländischen chemischen Industrie
im Stromgebiet des Rheins

Nr.	Betrieb	Standort
1	ACF	Maarssen
2	AKZO Chem	Deventer
3	AKZO Zout	Rotterdam
4	Aqualon	Zwijndrecht
5	ACRO Chemie	Rotterdam-Botlek
6	CCA	Gorinchem
7	CCA	Gorinchem
8	Cindu	Uithoorn
9	Cyanamid	Rotterdam-Botlek
10	DSM Chemicals	Rotterdam
11	Duphar	Weesp
12	DuPont	Dordrecht
13	AKZO N. V.	Arnheim
14	AKZO N. V.	Ede
15	Exxon/arom	Rotterdam-Botlek
16	Gelatine Delft	Delft
17	Gist Brocades	Delft
18	ICI	Rotterdam
19	Servo	Delden
20	Shell	Pernis
21	Unichema	Gouda

Reinigung von Abwässern
(E. treatment of waste water)

Nach den jeweils angewendeten Methoden zur Reinigung von Abwasser sind verschiedene Anlagentypen erforderlich [73].

In chemischen Betrieben und kommunalen Einrichtungen sind dies zum Beispiel:

- Absetzbecken zum Klären wässeriger Lösemittel und Abtrennen von Schlamm,
- Adsorptions- und Extraktionsanlagen.
- Destillationskolonnen.
- Neutralisations- und Flockungsanlagen mit Kalkmilch oder Natronlauge als Neutralisationsmittel und Eisensulfat oder anderen speziellen Fällungsmitteln zur Ausflockung,
- Oxidations-/Reduktionsanlagen.

Biologische Abwasserreinigung
(E. biological treatment of waste water)

Das Kernstück der Abwasserreinigung sowohl in den Kommunen als auch in der chemischen Industrie ist die biologische Reinigungsstufe. In ihr werden organische Substanzen auf die gleiche Weise durch aerobe Bakterien abgebaut wie in Seen oder Flüssen. Die Belastung des in einer biologischen Kläranlage zu reinigenden Abwassers mit organischen Substanzen ist jedoch viel größer als die Belastung der Oberflächengewässer. Um diese große Menge an organischen Substanzen abbauen zu können, muss daher die Konzentration der Bakterien in der Kläranlage weit über der in einem Oberflächengewässer liegen. Sie ist etwa 100 000mal so hoch. Die Bakterien liegen in Form von Schlamm vor und benötigen große Mengen an Sauerstoff, der mit speziellen Belüftungssystemen eingetragen werden muss. Ebenso sind Stickstoff- und Phosphatverbindungen, falls nicht schon im Abwasser vorhanden, als Nährstoffe zuzufügen.

Es hat sich herausgestellt, dass die in der Natur vorkommenden Bakterien durch Anpassung (Adaption[113]) in der Lage sind, auch synthetische organische Verbindungen abzubauen. Allerdings lässt sich nicht jedes Chemieabwasser gleich gut reinigen. Daher müssen dem Bau einer biologischen Kläranlage für einen Chemiebetrieb umfangreiche Versuche in Labor und Technikum vorausgehen, um das optimale Konzept für die Anlage zu finden. Mit Hilfe der Bakterien können je nach Zusammensetzung des Abwassers 60 % bis 90 % der organischen Bestandteile abgebaut werden.

Die kommunalen Abwässer, die aus den Haushalten, öffentlichen Einrichtungen und Gewerbebetrieben stammen, werden vor der biologischen Reinigung einer mechanischen Klärung im Sandfang, an Sieben oder Rechenanlagen unterzogen. Daran kann sich eine chemische Fällungsstufe anschließen, in der neutralisiert wird und/oder durch Zugabe von Fällungs- und Flockungsmitteln weitere absetz-

---

113) adaptare (lat.) – anpassen an.

bare Stoffe, wie z. B. Phosphate, Sulfide oder Schwermetalle abgetrennt werden. Die abgetrennten Feststoffe gelangen bei Eignung auf die Mülldeponie oder werden in Faultürmen oder -räumen einem Fäulnisprozess ausgesetzt. Bei Krankenhäusern kann es sich als notwendig erweisen, deren Abwässer gezielt durch Erhitzen oder Chloren zu desinfizieren.

Die Abwässer einer chemischen Fabrik werden, ehe man sie einer zentralen Kläranlage zuführt, in den Betrieben, je nach Abwasserart, vorbehandelt. Die Abwässer setzen sich aus einer Vielzahl von Teilabwässern zusammen. Sie fallen bei der Produktion von organischen Zwischenprodukten, Farbmitteln, Textilhilfsmitteln, Arzneimitteln, Pflanzenschutzmitteln und vielen anderen chemischen Endprodukten an. Je nach Produktionsmethode und Produktentyp schwankt auch der Grad der Verunreinigungen. Teilabwässer werden in einem gesonderten Kanalsystem zusammengefasst und als Mischabwasser der biologischen Kläranlage zugeführt.

Im beigefügten Ablaufschema ist die zentrale industrielle Kläranlage des Industrieparks InfraServ Höchst GmbH u. Co. KG, Frankfurt am Main, dargestellt (Abb. 50).

Kommunale Kläranlagen unterscheiden sich im biologischen Teil im Prinzip nicht von industriellen Anlagen.

Nach der Vorreinigung im Betrieb werden die Abwässer im Neutralisations- und Flockungsbecken mit Kalkmilch und Eisensulfat versetzt.

Die Kalkmilch neutralisiert die häufig sauren Abwässer. Das Eisensulfat setzt sich im neutralen oder alkalischen Medium zu Eisenhydroxid um und flockt aus. Dabei werden suspendierte Feststoffe und auch einige der gelösten Stoffe ausgefällt. Diese Mischung aus gefällten Stoffen und Wasser wird in ein Vorklärbecken gepumpt. Der abgesetzte Schlamm wird mit Schlammräumern entfernt. Das vorgeklärte Wasser gelangt nach dem Überlaufprinzip in das Belebungsbecken.

Im Belebungsbecken bauen die Bakterien die organische Substanz ab. Dort werden die Bakterien mit Stickstoffverbindungen, Phosphaten sowie mit ausreichendem Luftsauerstoff versorgt.

Beim Abbau der organisch-chemischen Verunreinigungen zu Kohlenstoffdioxid und Wasser vermehren sich die Bakterien und erzeugen dadurch neue Bakterienmasse. Die Verweildauer des durchfließenden Abwassers im Belebungsbecken beträgt ca. 20 Stunden. Es enthält 3 g bis 7 g Trockensubstanz pro Liter. Wieder nach dem Überlaufprinzip fließt das mikrobiologisch behandelte Wasser in einen Nachklärraum. Der Bakterienschlamm setzt sich hier ab. Über den Kontrollschacht gelangt das geklärte Wasser in einen Fluss, in diesem Falle in den Main. 90 % des Bakterienschlamms werden aus dem Nachklärraum wieder zum Belebungsbecken zurückgeführt, um die Konzentration an Bakterien konstant zu halten. Der Überschuss wird abgezogen und weiterbehandelt.

Der Klärschlamm wird im Schlammeindicker von weiterem Wasser befreit. Das Dekantat wird wieder in das Neutralisations- und Flockungsbecken zurückgeführt. Nach der Eindickung wird der Schlamm mit Kalkmilch und Eisensulfat gemischt, um im nächsten Schritt eine gute Entwässerung zu ermöglichen und die Bakterien abzutöten. Das Schlammgemisch wird über Pressen weiter entwässert. Der Feststoffgehalt der Filterkuchen beträgt ca. 43 %.

Je nach Zusammensetzung werden diese in einer speziellen Abfallverbrennungsanlage verbrannt oder mittels Container auf die Deponie gefahren.

Der Biohoch®-Reaktor
(E. the Biohoch reactor)

Eine der technologisch modernsten Entwicklungen in der mikrobiologischen Klärung von Abwässern ist der Bau von Biohoch-Reaktoren. Biohoch-Reaktoren sind biologische Abwasserreinigungsanlagen aus Stahl. Der Belebungsraum und die Nachklärung sind baulich zu einer Einheit zusammengefasst. Die Nachklärung ist als konische Ringkammer um den Belebungsraum angeordnet. Die Biohoch-Reaktoren haben Höhen bis zu 25 m. Ihr Durchmesser beträgt im oberen Teil bis zu 44 m. Das Herz der Biohoch-Reaktoren sind Radialstromdüsen, über die ein Gemisch aus Abwasser und Luft dem Belebungsraum zugeführt wird. Sie sorgen für feine Luftdispergierung und gute Blasenverteilung. Verstopfungen durch Fremdkörper sind nahezu ausgeschlossen (Abb. 51). Die hohe Wassersäule im Belebungsraum steigert die Sauerstofflöslichkeit. Leitrohre, auch Schlaufen genannt, über den Düsen verbessern die Rückvermischung. Die Reaktoren sind innen mit Kunststoff beschichtet.

Der Biohoch-Reaktor bietet folgende Vorteile vor biologischen Kläranlagen in konventioneller Flachbauweise.

- Geringer Platzbedarf. Deshalb können auch dort biologische Abwasserreinigungsanlagen errichtet werden, wo für die Beckenbauweise kein Platz ist.
- Energieeinsparung gegenüber konventionellen Anlagen um 50 % bis 80 % aufgrund des modernen Belüftungssystems mit hoher Sauerstoffausnutzung.
- Reduzierung der Geruchsprobleme, da der Luftbedarf und die Abgasmenge wegen der guten Sauerstoffausnutzung sinken. Außerdem ist die kleine Wasseroberfläche viel einfacher abzudecken.
- Absenkung des Geräuschpegels, da die im Behälter untergebrachten Radialstromdüsen nahezu geräuschlos arbeiten.

Die Biohoch-Reaktoren haben gefüllt ein Gesamtgewicht bis zu 22 000 Tonnen. Das Modell eines Biohoch-Reaktors ist in Abb. 52 gezeigt.

Zur Charakterisierung des Abwassers und für die Auslegung der Kläranlage müssen einige Abwasserkenngrößen bekannt sein. Hierzu zählen vor allem der biochemische Sauerstoffbedarf, BSB, und der chemische Sauerstoffbedarf, CSB.

Der *biochemische Sauerstoffbedarf* ist ein Maß für die Gesamtheit der biologisch leicht abbaubaren Substanzen. Er gibt diejenige Menge Sauerstoff an, die aerobe Mikroorganismen benötigen, wenn man sie eine bestimmte Zeit auf die im Wasser enthaltenen organischen Substanzen bei 20 °C einwirken lässt. Im Allgemeinen wird der Sauerstoffbedarf für eine Zeit von 5 Tagen angegeben, das entspricht dann dem BSB_5-Wert.

Der *chemische Sauerstoffbedarf* ist ein Maß für die Gesamtheit organischer Substanzen. Er gibt diejenige Menge Sauerstoff an, die bei einer chemischen Oxidation

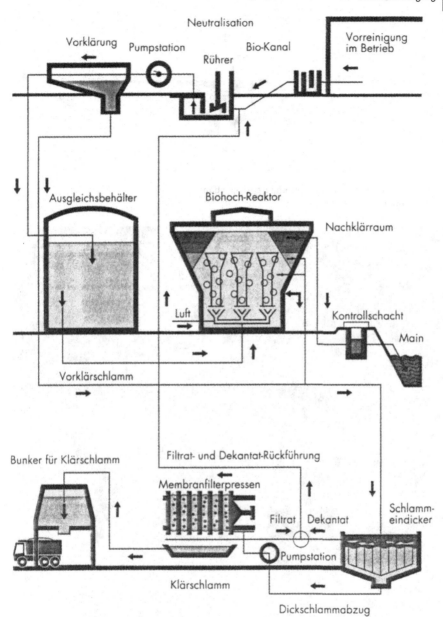

Abb. 50: Schema einer biologischen Abwasserreinigungsanlage in Hochbauweise (E. scheme of a biological waste water treatment plant in high rise structure)

Konzept: Industriepark Höchst, InfraServ Höchst GmbH u. Co. KG

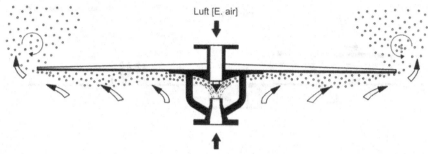

Luft [E. air]

Flüssigkeit [E. liquid phase]

Abb. 51: Funktion einer Radialstromdüse (E. function of a radial flow jet)

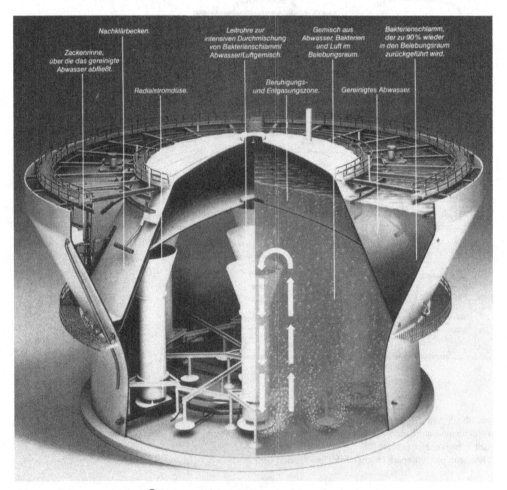

Nachklärbecken.

Zackenrinne, über die das gereinigte Abwasser abfließt.

Leitrohre zur intensiven Durchmischung von Bakterienschlamm/ Abwasser/Luftgemisch.

Gemisch aus Abwasser, Bakterien und Luft im Belebungsraum.

Bakterienschlamm, der zu 90 % wieder in den Belebungsraum zurückgeführt wird.

Radialstromdüse.

Beruhigungs- und Entgasungszone.

Gereinigtes Abwasser.

Abb. 52: Modell eines Biohoch®-Reaktors (E. model of a Biohoch reactor), Standort: Industriepark Höchst, InfraServ Höchst GmbH u. Co. KG

der im Wasser vorliegenden Substanzen benötigt wird. Neben den biologisch leicht abbaubaren organischen Substanzen werden mit dieser Methode auch die nicht oder nur schwer abbaubaren organischen Substanzen erfasst. Als Standardbestimmung hat sich die Oxidation mit Kaliumdichromat, $K_2Cr_2O_7$, durchgesetzt. Durch Dichromat oxidierbare anorganische Stoffe können stören, wenn sie in mit den organischen Substanzen vergleichbaren Konzentrationen vorliegen. Das gilt vor allem für das Chlorid, das in Chemieabwässern häufig vorkommt. Die Chloride werden bei der CSB-Bestimmung mit Quecksilbersulfat maskiert, d. h. unwirksam gemacht.

Anaerobes Verfahren
(E. anaerobic process)

Die *Infraserv Höchst GmbH* erweiterte ihre Abwasserreinigungsanlage im *Industriepark Höchst*, Frankfurt am Main, um eine anaerobe Anlage als Vorbehandlungsstufe. In ihr bauen anaerobe Bakterien unter Luftsauerstoffausschluss stufenweise die wasserbelastenden organischen Stoffe ab. In der letzten Stufe bildet sich durch *methanogene Bakterien*, Methan, CH_4, und geringe Anteile von *Ammoniak, NH_3*, *Schwefelwasserstoff, H_2S,* und *Wasserstoff, H_2*.

Nach der Entschwefelung eignet sich dieses Biogas, das zu 80 % aus Methan besteht, zum Betreiben von Gasmotoren für drei zur Anlage gehörende Blockheizkraftwerke mit einer Leistung von 1500 Kilo-Watt. Außerdem entsteht als Stoffwechselprodukt der Anaerobier eine geringe Menge neue Biomasse, die als Überschussschlamm abgeführt wird.

Die anaerob arbeitende Anlage dient zur Reinigung von Pharma-Abwasser, insbesondere die des Insulin herstellenden Betriebes. Sie bedürfen einer Sonderbehandlung und können nicht direkt in die zentrale aerobe Abwasserreinigung eingeleitet werden.

Aventis und *Pfizer* haben im Industriepark Höchst die weltweit größte Anlage für inhalierbares Insulin in Betrieb genommen.

Gülleentsorgung
(E. disposal of liquid manure)

In den Bereich der Abwasserreinigung gehört auch die Gülleentsorgung.

Gülle ist ein verdünntes Flüssig-Feststoff-Gemisch aus Kot und Harn mit geringen Einstreu(Stroh)-anteilen. Zum besseren Abfließen aus den Stallungen wird sie mit Wasser verdünnt. Sie besteht zu 90 % bis 95 % aus Wasser und wird häufig auch Flüssigmist genannt.

Bei der Massentierhaltung fallen riesige Mengen Gülle an, die nicht mehr ohne weiteres auf die Äcker gebracht werden können, da sie die Fruchtbarkeit der Äcker beeinträchtigen. Sie müssen entsorgt werden.

Überall dort, wo sich eine intensive Viehmasthaltung entwickelt hat, sind Gülle-belastungsregionen entstanden, z. B. Ägypten, England, Niederlande, Belgien, Dänemark, Polen, Schweden, Deutschland. Aber auch in den USA entstehen große Gülleansammlungen und gar Seen, die die Landschaft belasten.

Das Ziel einer Gülleentsorgung besteht in der Trennung des Wasseranteils von den suspendierten Feststoffteilchen und gelösten Harnstoffbestandteilen. Das abgetrennte Wasser sollte danach als Gebrauchswasser geeignet sein, z. B. zum Bewässern. Aus den Feststoffbestandteilen lassen sich marktfähige Recycle-Dünger gewinnen.

Wegen der Zunahme der Weltbevölkerung und des damit einhergehenden Bedarfs der Menschen an tierischem Eiweiß bzw. der essentiellen Aminosäuren wird die weidelose intensive Tierhaltung zunehmen und damit auch der Gülleanfall (Tab. 9 u. S. 84 ff).

Die Problematik der Süßwasserversorgung für eine weidelose intensive Rinder- und auch Schweinehaltung in Hallen wird deutlich, wenn man bedenkt, dass jedes Rind täglich im Mittel mit 100 L Wasser versorgt sein will und jedes Schwein mit ca. 15 L (Tab. 19). Entsprechend groß sind die anfallenden Jauche- und Güllemengen, die sachgerecht entsorgt werden müssen, um Landschaften und landwirtschaftliche Nutzflächen nicht zu schädigen.

Tab. 9: Einige Tierbestände in Deutschland und in der Welt in Mio. [59] (E. some animal stocks figures both in Germany and the world in mio). Quelle: Agrar-Media-Service des Landwirtschaftsverbandes, www.agrar-media-service.de

Land	Rinder	Schweine	Legehennen	Masthühner	Schafe u. Ziegen
Deutschland (2003)	13,6	26,56	32,33	50	2,64 Schafe
Welt (2002)	1318	1000	13 500		1800

Der Gülleanfall in Deutschland wurde für 1999 mit 125 Mio. Tonnen angegeben. Diese Angaben hängen allerdings von dem Verdünnungsgrad der Gülle ab, der sehr unterschiedlich sein kann. Als geeignetes einfach handhabbares Verfahren bietet sich das Flockungs-Dekantations-Verfahren mit Hilfe von Polyelektrolyten an [23; 24]

Wasser in einem Chemiewerk
(E. water in a chemical plant)

Für die chemische Industrie ist Wasser ein unentbehrlicher Stoff, der in großen Mengen als Wärmeüberträger beim Heizen und Kühlen, als Reaktionsmedium für chemische Prozesse sowie als Löse- und Reinigungsmittel verwendet wird [25].

Alkalichloridelektrolyse als Beispiel
(E. chloralkali electrolysis, an example)

Für die Herstellung von 1 t Chlor bzw. 1,14 t Natronlauge aus Steinsalz werden 0,514 m^3 als Reaktionswasser benötigt. Beides sind Parallelprodukte der Alkalichloridelektrolyse. Als weiteres Begleitprodukt entsteht Wasserstoff. Neben dem Reaktionswasser werden weitere 0,1 m^3 Wasser pro 1 t Chlor für das Lösen und Reinigen benötigt.

elektrische Energie		Steinsalz		Wasser	$\longrightarrow$	Chlor		Natronlauge		Wasserstoff
0,126 kWh	+	2 NaCl	+	2 H$_2$O	$\longrightarrow$	Cl$_2$	+	2 NaOH	+	H$_2$
bzw.										
454,4 kJ		2 x 58 g		2 x 18 g	$\longrightarrow$	70 g		2 x 40 g		2 g

Im technischen Prozess müssen je nach angewendetem Verfahren 2200 kWh – 3400 kWh pro 1 Tonne Chlor an elektrischer Energie eingesetzt werden. Weltweit werden zur Zeit 41,8 Mio. t Chlor produziert (Jahr 2003), davon in Deutschland 3,77 Mio. t. Die Menge des produzierten Chlors ist ein Kriterium für die Leistungsfähigkeit einer modernen chemischen Industrie mit ihren mannigfaltigen Endprodukten wie z.B. Farbmittel, Pflanzenschutz- und Schädlingsbekämpfungsmittel, Arzneimittel und zahlreiche Zwischenprodukte und Feinchemikalien.

Neben den technischen Prozessen, deren Ablauf auf eine ständige Wasserzufuhr angewiesen ist, gibt es Produktionsverfahren, die Wasser als Parallelprodukt freisetzen. Dazu zählt z. B. die

Zuckergewinnung aus Zuckerrüben
(E. sugar production from sugar beet)

Eine Zuckerrübe enthält ca. 75 % bis 78 % Wasser, ca. 18 % bis 17 % Zucker und 7 % bis 5 % Mineral- und andere nicht wasserlösliche Polymerstoffe. Das während des Wachstums von der Zuckerrübe aufgenommene Wasser wird beim Zuckerrübenaufschluss verdampft und wieder kondensiert. Es wird innerbetrieblich im gesamten Prozess von der Extraktion des Zuckers bis zu seiner Kristallisation verwendet. Der Wassereintrag mit den Rüben ist größer als die Verdunstung während des Verfahrensablaufs. Es entsteht ein Wasserüberschuss, der auch *Überschusskondensat* genannt wird. Es wird als Abwasser in speziellen Anlagen gereinigt und als Waschwasser für die angelieferten Rüben genutzt oder in den Naturwasserkreislauf zurückgeführt. Aus 1 Tonne gereinigter Zuckerrüben werden ca. 140 kg Zucker gewonnen. Dabei fallen ca. 500 kg Wasser im Überschuss an. Ca. 250 kg entweichen über die Verdampfer in die Atmosphäre.[114]

114) *Quelle:* Dr. Carlos Nähle, Südzucker AG, Kongress „Umwelt Innovation am 07.12.2000 in Augsburg".

Die Papierherstellung
(E. the production of paper)

ist beispielsweise sehr wasserintensiv. Der Frischwasserbedarf richtet sich nach den Papiersorten und beträgt zwischen 5 Liter pro Kilogramm und 250 Liter pro Kilogramm Papier. Für holzfreie Papiere, das sind Massenpapiere für Büro und Kopierer, müssen zwischen 5 L/kg und 80 L/kg Wasser eingesetzt werden, für Spezialpapiere wie z. B. für Kondensatoren oder Fettundurchlässigkeit sogar bis zu 250 L/kg. Entsprechend hoch ist der Aufwand für die Entsorgung bzw. Reinigung der Abwässer [42].

Herstellung von Gelatine
(E. production of gelatin)

Gelatine ist hydrolysiertes Kollagen. Als Rohmaterial werden vorwiegend Rinderspalt – das sind in der Gerberei bei der Egalisierung des Hautleders anfallende Hautspalte – Knochen bzw. das freigelegte Ossein und Schweineschwarten eingesetzt. Zwei Verfahren werden heute angewendet, um die kollagenhaltigen Rohstoffe in Gelatine umzuwandeln.

Rinderspalt und Knochen werden in der ersten Stufe einer kalkalkalischen Äscherung unterworfen, die sich über mehrere Wochen hinzieht. Danach wird das Material gewaschen, zur Beseitigung des restlichen Kalkes angesäuert und wieder säurefrei gewaschen.

In der zweiten Stufe wird durch Verkochen des geäscherten vorbereiteten Materials bei 60 °C in einer leicht angesäuerten wässrigen Lösung das Kollagen in Gelatine überführt. Bei diesem Verfahren müssen für *1 kg Gelatine 320 Liter Wasser* eingesetzt werden.

Der Aufschluss von Schweineschwarten gelingt leichter. Aus den Schwarten lässt sich das Kollagen allein aufgrund des geringen Tieralters schneller zu Gelatine hydrolisieren. Dazu reicht die einstufige Behandlung mit einer verdünnten Salz- oder Schwefelsäure bei Temperaturen zwischen 60 °C und 90 °C aus. Die erforderliche Menge Wasser für *1 kg Gelatine beträgt 60 Liter.*

Wasser als Rohstoff
(E. water as raw material)

Wasser dient u. a. als Ausgangsmaterial zahlreicher Synthesen, als Lösemittel und als Ausgangsstoff zur Gewinnung von Wasserstoff. Eine Methode zur Zerlegung des Wassers in seine Bestandteile ist die Elektrolyse, d. h. Spaltung durch Zufuhr elektrischer Energie:

Wasser		Wasserstoff	Sauerstoff
$2\ H_2O_{(fl)}$	$\xrightarrow{\text{elektrische Energie}}$	$2\ H_{2\,(g)}$	$+\quad O_{2\,(g)}$

$$\Delta H = 571,6\ kJ/mol\ \text{bzw.}\ 0,158\ kWh/mol$$

Die elektrolytische Zersetzung des Wassers ist also ein energiebindender, endothermer Vorgang.

Die Gewinnung von Wasserstoff auf diesem Wege ist relativ teuer gegenüber anderen Verfahren, wie z. B. dem Cracken von Kohlenwasserstoffen aus Rohöldestillaten (Kap. 10, S. 185 u. S. 200).

Auch die Sauerstoffgewinnung durch Luftzerlegung ist billiger als die Wasserelektrolyse. Die elektrolytische Wasserspaltung wendet man deshalb nur dort an, wo besonders billige elektrische Energie zur Verfügung steht. Das gilt im Allgemeinen für Länder, die ihre elektrische Energie über Wasserkraftwerke erzeugen, z. B. Norwegen, Schweiz, Assuan-Staudamm in Ägypten oder den großen Staudämmen in Brasilien, China u. a. Ländern. Die größten Mengen an Wasserstoff werden für die Ammoniaksynthese und als Hydrierungsmittel ungesättigter organischer Verbindungen und bei der Fettveredelung benötigt. Wasserstoff ist außerdem ein wichtiges Reduktionsmittel in der Metallurgie und Metallverarbeitung.

Wasserstoff als Reaktionspartner
(E. hydrogen as reactant)

In Deutschland sind im Jahr 2002 3,4 Mrd. m^3 Wasserstoff hergestellt worden. Sowohl bei technischen Reaktionen als auch bei biochemischen oder Stoffwechsel-Prozessen wird Wasserstoff als Reduktionsmittel bzw. Hydriermittel benötigt. Das gemeinsame Problem für alle Reaktionstypen ist die Aktivierung bzw. Freisetzung des Wasserstoffs aus seinen Verbindungen Wasser oder Methan. Im Wasser ist der Wasserstoff stärker gebunden als im Methan. Das belegen die Bildungs- bzw. freien Bildungsenthalpien.

$$CH_4: \quad \Delta_B H = -74{,}81 \text{ kJ/mol} ; \quad \Delta_B G = -50{,}75 \text{ kJ/mol}$$
$$H_2O: \quad \Delta_B H = -285{,}83 \text{ kJ/mol} \quad \Delta_B G = -237{,}20 \text{ kJ/mol}$$

Die Bildungsenthalpie des Methans beträgt nur 1/4 bzw. 1/5 von der des Wassers. Das ist der Grund, warum für viele chemisch-technische Prozesse Methan und andere Kohlenwasserstoffe als Wasserstofflieferanten herangezogen werden.

Wasserelektrolysen großen Ausmaßes gibt es in folgenden Ländern (Tab. 10) (Reaktionsgleichung S. 122).

Tab. 10: Wasserelektrolysen großen Ausmaßes in der Welt [77]
(E. the greatest capacities of water electrolysis in the world)

Ort	Zellentyp	Kapazität in [Nm^3 H$_2$/h]
Nangal, Indien	De Nora	30 000
Assuan, Ägypten	Brown Boveri	33 000
Ryukan, Norwegen	Norsk Hydro	27 900
Ghomfjord, Norwegen	Norsk Hydro	27 100
Kwe Kwe, Simbabwe	Lurgi	21 000
Trail, Kanada	Trail	15 200
Cuzco, Peru	Lurgi	4500

Die Wasserspaltung mittels Thermolyse über glühendem Koks wird ebenfalls genutzt. Letzteres Verfahren dient zur Herstellung von Aliphaten auf der Basis von Kohle und Wasser, z. B. in den Kohlehydrierungsanlagen der Sasol[115] in Südafrika nach einer abgewandelten Fischer-Tropsch-Synthese[116].

Aufgrund der zu überwindenden Bindungsenergien in Methan und Wasser sind Wasserstoffabspaltungsreaktionen katalytische bzw. biokatalytische Prozesse, sie verlaufen endotherm bzw. endergonisch. Wasser als Wasserstoffquelle zu nutzen, bieten die Photovoltaikverfahren. Sie nutzen die Solarenergie aus (S. 188 ff).

Wasser als Prozesswasser
(E. water as process-water)

Die Versorgung mit Wasser kann ebenso zu einem Problem werden wie die Reinigung von Abwasser.

Um Kosten für die Aufbereitung von natürlichem Wasser zu sparen und spezielle Probleme bei der Abwassereinigung zu umgehen, werden Prozesswässer möglichst im Kreislauf geführt.

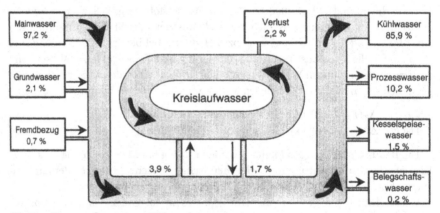

Abb. 53: Wasseraufkommen und Wassernutzung in einem Chemieunternehmen
(E. requirement and use of water in a chemical plant)
(Industriepark Höchst. InfraServ Höchst GmbH u. Co. KG)

Durch Kreislaufführung des Betriebswassers unter Zwischenschaltung einer Reinigungsstation kann der Wasserverbrauch um mehr als 50 % gesenkt werden. Vor allem bei Kühlwasser ist es naheliegend, dieses im Kreislauf zu führen, denn außer der Temperaturerhöhung erfährt das Kühlwasser keine Veränderung (Abb. 53). Das Wasser wird deshalb zur Rückkühlung verrieselt und gibt seine Wärme unter einem gewissen Verdunstungsverlust an die Atmosphäre ab [25].

115) Sasol = Suid Africaanse Steenkool-, Olieen-
Gaskorporasie

116) Franz Fischer (1877–1947), Hans Tropsch
(1889–1935), deutsche Chemiker, entwickelten die Benzinsynthese auf Kohlebasis.

Wasser im kritischen Zustand
(E. super critical water, SCW)

Im kritischen Zustand, d. h. ab einer Temperatur von 374 °C $\triangleq$ 647,15 K und einem Druck von 22,1 MPa (Megapascal) verliert Wasser allmählich seine typischen flüssigen und gasförmigen Eigenschaften. Die Phasengrenze zwischen Flüssigkeit und Gas bzw. Dampf hebt sich auf. Nachstehende Tabelle zeigt die Veränderungen einiger physikalischer Eigenschaften im kritischen Zustand im Vergleich zum normalen Wasser, unterkritischen Wasser und überhitzten Dampf (S. 42).

Tab. 11: Eigenschaften von Wasser unter verschiedenen Bedingungen (E. properties of water on different conditions)

	normales Wasser	unterkritisches Wasser	überkritisches Wasser		überhitzter Dampf
			250 bar	500 bar	
Temperatur T (°C)	25	250	400	400	400
Druck p [bar]	1	50	250	500	1
Dichte [g · cm^{-3}]	1	0,80	0,17	0,58	0,0003
Dielektrizitätskonstante n	78,5	27,1	5,9	10,5	≈ 1
pK$_W$-Wert	14,0	11,2	19,4	11,9	–
Wärmekapazität c_P $\left[\frac{J}{K \cdot g}\right]$	4,22	4,86	13,0	6,8	21,1
Dynamische Viskosität η [mPa · s]	0,89	0,11	0,03	0,07	0,02
Wärmeleitfähigkeit λ [mW · m^{-1} · K^{-1}]	608	620	160	438	65

Quelle: Tödheide, K. u. F. Frank: Water – A Comprehensive Treatise, N. Y. 1972.
Haar, L.; Gallagher, J. S.; Kell, G. S., NBS/NRC Steam Tables, Hemisphere, Washington D.C. 1984.

In der Natur verlaufen alle chemischen Vorgänge im wässrigen Medium. Wasser dient als Transportmittel für Stoffe und Wärmeenergie, als Lösemittel und als Reaktionskomponente [73].

Das gleiche gilt für Prozesse in der chemischen Technik. Wasser ist eines der billigsten und umweltfreundlichsten Lösemittel neben anderen organischen Flüssigkeiten. Doch es löst keine Kohlenwasserstoffe. Dieses ändert sich, wenn Wasser in einen überkritischen (supercritical) Zustand übergeht. Überkritisches Wasser vermischt sich sehr leicht mit Benzin. Diese Eigenschaften eröffnen noch manche neue und interessante technische Verfahren. Überkritisches Wasser ist sehr reaktiv. Insbesondere unter Zusatz von Sauerstoff werden organische Stoffe total oxidiert, die üblicherweise reaktionsträge sind, wie z. B. Furane und Dioxine, die zu unbedenklichen Stoffen abgebaut werden. Dieser Effekt wird bei der Abwasserreinigung zur Entgiftung ausgenutzt. Biologisch schwer abbaubare Substanzen können auf diesem Wege zu Stoffen umgewandelt werden, die die Umwelt nicht belasten, wie z. B. Stickstoff, N$_2$, Salze u. a.

Thermodynamische und kinetische Untersuchungen von chemischen Reaktionen im überkritischen Wasser weisen auf ein hohes Synthesepotenzial hin, z. B. bei Hydrolysen, Hydratisierungen, Dehydratisierungen und Oxidationen. Die Verseifung von Ölen und Fetten gelingt im überkritischen wässrigen Medium reibungslos. Unter normalen Bedingungen verseifen sie nur in Gegenwart von starken Säuren oder Basen.

Auch die Oxidation von Benzin zu Oxigenaten verläuft in überkritischem Wasser elegant. Im überkritischen Zustand wirkt Wasser auch dehydratisierend. Glycerin wird im SCW in Acrolein übergeführt.

$$\text{Glycerin} \xrightarrow{\text{SCW}} \text{Acrolein}$$

$$H_2C-CH-CH_2 \xrightarrow{-2H-OH} H_2C{=}CH-\overset{\displaystyle}{\underset{\displaystyle O}{C}}-H$$
$$\underset{OH\,OH\ \ OH}{|\ \ |\ \ \ |}$$

Auf diese Weise lassen sich nachwachsende Rohstoffe, wie z. B. Kohlenhydrate, dehydratisieren, aus denen dann wertvolle organische Zwischenprodukte erhalten werden können, z. B. führt von der Fructose im überkritischen Wasser ein Weg direkt zu den Heterocyclen:

$$\beta\text{-D-Fructofuranose (Fructose)} \xrightarrow[-\ 3\ HOH]{\text{SCW}} \text{Hydroxymethylfurfural, HMF}$$

Das Hydroxymethylfurfural kann an seinen funktionellen Gruppen zu weiteren Zwischenprodukten abgewandelt werden.

Nachteilig des überkritischen Wassers ist seine korrosive Eigenschaft. Es greift die Werkstoffe leichter an, aus denen die Reaktoren und Hochdruckbehälter gebaut sind. Besonders wenn Säuren, Sauerstoff, Halogen- und Schwefelverbindungen anwesend sind. Es müssen Titan- und Nickelbasislegierungen für den Geräte- und Apparatebau verwendet werden. Gut bewährt haben sich Iridiumauskleidungen von Reaktorinnenwänden.

Weiterführende Literatur: [73] sowie

Krammer, P.; Mittelstädt, S. u. Vogel, H. (1998), Untersuchungen zum Synthesepotential in überkritischem Wasser, Chemie Ingenieur Technik (70), 12.

Bröll, D.; Kaul, Cl.; Krämer, A.; Krammer, P.; Richter, Th.; Jung, M.; Vogel, H. u. Zehner, P. (1999), Chemie in überkritischem Wasser, Angew. Chem. 111, 3180 – 3191.

Krämer, A.; Mittelstädt, S. u. Vogel, H. (1999), Hydrolyse von Nitriten in überkritischem Wasser, Chemie Ingenieur Technik (71), 3.

Krammer, P.; Mittelstädt, S. u. Vogel, H. (1999), Investigating the synthesis potential in supercritical water, Chem. Ing. Technol. (22), 2.

Bröll, D.; Krämer, A; Vogel, H.; Lappas, I. u. Fueß, H. (2000), Heterogenkatalysierte Partialoxidationen in überkritischem Wasser, Chemie Ingenieur Technik (72), 4.

Krammer, P. u. Vogel, H. (2000), Hydrolysis of esters in subcritical and supercritical water, Journal of Supercritical Fluids (16), 189 – 206.

Jähnke, S.; Hirth, Th. u. Vogel, H. (2001), Hydrolyse von Brombenzol in überkritischem Wasser, Chemie Ingenieur Technik (73) 3.

Bröll, D.; Krämer, A. u. Vogel, H. (2002), Partialoxidation von Propen in unter- und überkritischem Wasser, Chemie Ingenieur Technik (74), 1/2.

6.
Wasser als Wärmespeicher und Energieumwandler
(E. water as heat-storage and energy converter)
[27]

Wasser besitzt eine hohe spezifische Wärmekapazität und eignet sich deshalb als Wärmeenergiespeicher sowie als Wärmetransport- und Wärmeübertragungsmittel.

Die spezifische Wärmekapazität ist diejenige Wärmemenge, die einem Gramm eines einheitlichen Stoffes bei einer bestimmten Temperatur zugeführt werden muss, um seine Temperatur um 1 Kelvin zu erhöhen.

Der entsprechende Wert für Wasser bei 14,5 °C beträgt

$$c_W = 4,187 \frac{\text{Joule}}{\text{Kelvin} \cdot \text{Gramm}} \left[\frac{J}{K \cdot g} \right]$$

Um 1 m^3 Wasser, das sind 10^6 Gramm, von 14,5 °C auf 15,5 °C zu erwärmen, sind 4187 kJ erforderlich; um es auf 94,5 °C zu erwärmen, müssen ca. 335 Megajoule aufgewendet werden[117], das sind ca. 11,4 SKE Steinkohleneinheiten bzw. 11,4 kg reinste Steinkohle (s. Fußnote 120). Die Wärmeleitfähigkeit des Wassers ist im Verhältnis zu anderen Stoffen, z. B. Metallen, gering. Der Grund für diese Eigenschaften liegt im Dipolcharakter des Wassermoleküls (Abb. 22). Durch ihn üben die Wassermoleküle große Bindungskräfte untereinander aus und es muss äußere Wärmeenergie aufgewendet werden, um Wasser von der festen über die flüssige in die dampfförmige Phase zu überführen (Abb.14 und 15).

Diese hohe spezifische Wärmekapazität des Wassers erlaubt es, Wärmeenergie als Heißwasser durch Rohrleitungen über weite Strecken zu transportieren oder als Übertragungsmedium für Zentralheizungen in Wohnsiedlungen und Privathaushalten zu verwenden.

Aber nicht nur als Heißwasser wird Wärme transportiert, sondern in vielen Industrieanlagen als Nieder-, Mittel- und Hochdruckdampf.[118]

Die wesentliche Energiequelle für alles Leben und Geschehen auf unserer Planetenoberfläche ist neben der Erdwärme die Sonne. Diese Sonnen- bzw. Strahlungsenergie für die biologischen und technischen Systeme in nutzbare Energie umzu-

117) Die Temperaturabhängigkeit der spezifischen Wärmekapazität wurde bei dieser Beispielrechnung nicht berücksichtigt, deshalb circa-Angaben.
118) In der chemischen Technik spielt der Wasserdampf als Wärmetransportmedium eine besonders große Rolle. Niederdruckwasserdampf umfasst den Druckbereich von 1 bar bis 20 bar, Mitteldruckwasserdampf von 20 bar bis 100 bar, Hochdruckwasserdampf von 100 bar bis 5000 bar, Drücke darüber werden den Höchstbereichen zugeordnet.

Wasser. Vollrath Hopp
Copyright © 2004 WILEY-VCH Verlag GmbH & Co. KGaA, Weinheim
ISBN: 3-527-31193-9

wandeln, dazu ist immer Wasser notwendig. – Eine Ausnahme allerdings ist die Umwandlung der Sonnenenergie in elektrische Energie entweder in Aufwindkraftwerken oder über Solarzellen. Doch diese Methode spielt zur Zeit technisch noch eine sehr geringe Rolle. In den nächsten Jahrzehnten wird sich das mit der Verknappung der fossilen Rohstoffe sehr ändern (S. 143 und S. 195 ff).

Wasser ist der Wasserstofflieferant für die Fotosynthese. Durch die Fotolyse wird Wasser in Wasserstoff und Sauerstoff gespalten.

Der Wasserstoff hydriert das reaktionsträge Kohlenstoffdioxid zur Glucose, die sich dann zu den wasserunlöslichen speicherfähigen Biopolymeren Stärke, Zellulose, Chitin und anderen kohlenhydratähnlichen Makromolekülen polymerisiert (Abb. 33 und Abb. 34).

Wasser ist auch das Umwandlungsmedium von Bewegungsenergie in weitere mechanische Energie und elektrische Energie, z. B. bei den Wasserkraftwerken (S. 163 ff).

Die Wärmeenergie des Wasserdampfes wird bei den Heizkraftwerken auf der Basis von Kohle, Erdöl oder kernenergetisch spaltbarem Material in elektrischen Strom transformiert (Abb. 54). *Im technischen Sinne gibt es keine elektrische Energie ohne Wasser!* Die industrielle Nutzung der Photovoltaik in großem Maßstab steckt erst in ihren Anfängen [22].

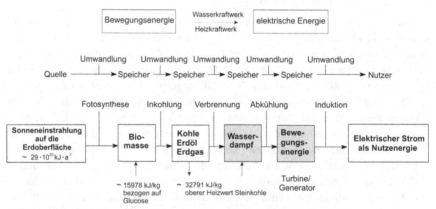

Elektrischer Strom ist sehr gut transportabel, aber nicht speicherfähig. Die letztere Eigenschaft ist sein Nachteil.

Abb. 54: Energieumwandlungsstufen von der Sonnenenergie in elektrische Energie mit Hilfe des Wassers als Überträgermedium (E. steps of energy-conversions from the solar energy into electrical energy by means of water)

Generatoren sind Vorrichtungen, die mechanische Energie in elektrische Energie umwandeln; generatio (lat.) – Zeugung.

Moderne Wasserturbinen, wie sie in Wasserkraftwerken eingesetzt werden, sind Strömungsmaschinen. Wegen der höheren Dichte des Wassers gegenüber Wasserdampf erbringen sie eine größere Leistungsdichte als die Dampfturbinen.

Konzept eines Kohlekraftwerkes
(E. construction of a coal power station)

Energieumwandlungsstufen eines Kraftwerks zur Erzeugung von elektrischem Strom
(E. steps of energy conversions of a power station for production of electrical energy)

Die in den fossilen Rohstoffen wie Kohle, Erdöl oder Erdgas gespeicherte chemische Energie wird während der Oxidation mit Luftsauerstoff, d. h. der Verbrennung, in Wärmeenergie umgewandelt.

Aus diesen Reaktionsenthalpien errechnen sich die oberen Heizwerte, H_0[kJ/kg], der jeweils eingesetzten Brennstoffe. Für Kohle wurden die Werte für reinen Kohlenstoff zugrunde gelegt.

Der Heizwert ist diejenige Wärmeenergie, die bei der Verbrennung eines Brennstoffes freigesetzt wird. Sie errechnet sich aus der Verbrennungsenthalpie, die auf ein Mol eines Stoffes bezogen ist. Der Heizwert ist in der Regel auf 1 Kilogramm eines Brennstoffs bezogen. Es wird zwischen einem unteren Heizwert, H_u, und einem oberen Heizwert, H_0, unterschieden. Der untere Heizwert gibt die freiwerdende Wärmemenge pro Kilogramm Brennstoff an, die vom erhitzten Wasserdampf während seiner Abkühlung oberhalb des Kondensationspunktes abgegeben wird. Der obere Heizwert ist auf flüssiges Wasser bezogen, d. h. auf eine Temperatur von 298 K. Er unterscheidet sich im Wesentlichen von dem unteren Heizwert um den Betrag der Kondensations- bzw. Verdampfungswärme und der während der Abkühlung auf 298 K freiwerdenden Wärme.

Für Kohlenstoff [C_6], $H_0 = $ 32 792 kJ/kg; für Erdöl $\left[\begin{smallmatrix} H \\ | \\ C \\ | \\ H \end{smallmatrix} \right]_x$, $H_0 = 46\,607$ kJ/kg;

für Erdgas [CH_4], $H_0 = 55\,650$ kJ/kg.

		Sauerstoff	Kohlenstoff-dioxid	Wasser	Verbrennungsenthalpie
Kohle	C_6	$+\ 6\,O_2 \longrightarrow$	$6\,CO_2$		$\Delta_R H_{298} = 6\,(-393{,}5$ kJ/mol$)$
Erdöl	$(CH_2)_x$	$+\ \frac{3}{2}\,x\,O_2 \longrightarrow$	$x\,CO_2$	$+\quad x\,H_2O$	$\Delta_R H_{298} = x\,(-648{,}2$ kJ/mol$)$
Erdgas	CH_4	$+\ 2\,O_2 \longrightarrow$	CO_2	$+\quad 2\,H_2O$	$\Delta_R H_{298} = -890{,}4$ kJ/mol

Chemische Energie Kohle, Erdöl, Erdgas	$\longrightarrow$	Wärmeenergie Dampfkessel	$\longrightarrow$	Bewegungsenergie Turbine	$\longrightarrow$	Elektrische Energie Generator

Mit der Wärmemenge wird Wasser in Wasserdampf mit einer bestimmten Temperatur und bei einem bestimmten Druck überführt. Dieser Wasserdampf wird über Turbinen geleitet. Dabei entspannt er sich und kühlt auch ab. Die gespeicherte Wärmeenergie wird in Bewegungsenergie der Turbine umgewandelt. Letztere ist an einen Generator gekoppelt, der die Bewegungsenergie in elektrische Energie umsetzt. Nur ein Teil der in den Brennstoffen gespeicherten chemischen Energie kann auf diesem Wege in elektrische Energie überführt werden. Ein Rest bleibt als ungenutzte Energie in Form von Wärmeenergie im entspannten Dampf und abgekühlten Wasser hängen.

In den Kernkraftwerken wird anstelle von fossilen Brennstoffen radioaktives Material wie z. B. Uranmineralien eingesetzt. Auch hier dient Wasser bzw. Wasserdampf als Energieüberträger.

Bei den Wasserkraftwerken entfallen die Stufen der Verbrennung bzw. der Umwandlung von chemischer in Wärmeenergie (S. 163 ff).

Aufgrund der Höhenunterschiede der Wasserspeicher wird hier die Bewegungsenergie der Wassermassen ausgenutzt. Die strömenden Wassermassen versetzen die Turbinen in Drehbewegungen, die dann die Generatoren zur Stromumwandlung antreiben (Abb. 76).

Beispiel eines Steinkohlenkraftwerkes:
Kraftwerks- und Netzgesellschaft mbH, 18147 Rostock
(E. example of a hard-coal power station: Power Station Rostock/Germany)

Vom Lagerplatz des Kraftwerks gelangt die Kohle über Transportbänder in die Kohlenmühlen, wo sie zu feinstem Kohlenstaub zermahlen wird. Heißluft fördert den Staub über eine Vielzahl von Brennern in die Brennkammer des Dampferzeugers, ein Zwangsdurchlaufkessel. Hier verbrennt er bei Temperaturen von teilweise über 1500 °C. Dabei wird die Wärmeenergie auf Wasser übertragen. Das Wasser wird in Dampf mit einer Temperatur bis zu 545 °C und mit einem Druck von 262 bar verwandelt (Abb. 55).

Der Dampf strömt in die Turbinenanlage und setzt die Turbinenwellen in Rotation. Die Turbinenanlage besteht aus einer Hochdruckturbine, HD, einer Mitteldruckturbine, MD, und 2 Niederdruckturbinen, ND.

Die HD-Turbine wird von einem Dampf mit 262 bar und 545 °C angetrieben. Ihr Wirkungsgrad[119] beträgt 90,5 (Abb. 55). Auf die MD-Turbine trifft der Dampf mit 53 bar und 562 °C bei einem Wirkungsgrad von 93,5. Die ND-Turbinen 1 und 2 erhalten den Dampf mit 2 bar und 147 °C, ihre Wirkungsgrade betragen 88,8 und 85,3.

Der mit der Turbinenanlage gekoppelte Generator arbeitet abzüglich der Erregerleistung mit einem Wirkungsgrad von 98,64.

Über Transformatoren wird der elektrische Strom in das Verteilernetz mit einem Wirkungsgrad von 99,74 eingespeist.

---

119) Der Wirkungsgrad [E. efficiency] ist das Verhältnis der Nutzleistung einer Maschine bzw. Apparatur zur aufgewendeten, d. h. zugeführten Leistung:

$$\eta = \frac{\text{Nutzleistung}}{\text{zugeführte Leistung}}.$$

Bei Energieumwandlungen ist der Wirkungsgrad ein Maß für den Umwandlungseffekt von freigesetzter Sekundärenergie (elektrische Energie) zur eingesetzten Primärenergie:

$$\eta = \frac{\text{freigesetzte Sekundarenergie}}{\text{eingesetzte Primärenergie}}.$$

Der Wert des Wirkungsgrades ist immer kleiner als 1 bzw. kleiner als 100 %. (Aussagen der thermodynamischen Hauptsätze!)

Die direkt mit der Turbinenwelle verbundene Rotorwelle des Generators dreht sich mit und wandelt Bewegungsenergie in elektrische Energie um. Der Dampf, der die Turbinenwelle antreibt, gelangt, nachdem er seine Energie abgegeben, d. h. nachdem er sich entspannt hat, mit einer Temperatur von ca. 35 °C in den Kondensator, der unter der Turbine angeordnet ist. Hier geht der Dampf in die flüssige Phase bei konstanter Temperatur über. Das kondensierte Wasser wird anschließend wieder über Vorwärmer und Speisepumpen erneut dem Kessel zugeführt.

Für die Kühlung im Kondensator sind große Wassermassen erforderlich. Wenn möglich, entnimmt man dieses Kühlwasser einem Fluss. Reicht das Flusswasser nicht aus oder sind unerwünschte Einwirkungen auf den Fluss zu erwarten, werden Kühltürme errichtet, die im Kühlwasserkreislauf für eine erforderliche Kühlung sorgen.

Das Temperaturgefälle des Dampfes zwischen seinem Eintritt in die Turbine und dem Austritt aus der Turbine entscheidet über die Leistung der Turbine. Je größer die Differenz zwischen dem *„warmen"* und dem *„kalten"* Ende, desto mehr Energie kann dem Dampf entzogen und in Strom umgewandelt werden. Das ist ein Naturgesetz, das Turbinenkonstrukteure ausnutzen und das gleichermaßen aber auch physikalische Grenzen setzt.

Doch zurück zum Dampferzeuger: Die ca. 450 °C heißen Abgase aus dem Dampferzeuger geben in Luftvorwärmern den größten Teil ihrer Restwärme an die Frischluft ab, die der Kessel zur Verbrennung der Kohle braucht (Abb. 55).

Zwangsläufig fallen eine Reihe von Nebenprodukten an: die Asche, die Verbrennungsgase mit dem Flugstaub und der Rauchgasgips.

Der Gesamtwirkungsgrad des Steinkohlenkraftwerks beträgt brutto 46,9.

Je 1 Steinkohleneinheit, SKE[120], werden 3,816 kWh elektrischer Strom erhalten.

Jährlich werden 2500 GWh (Gigawattstunden) erzeugt, das entspricht 2500 Mio. kWh.

Für 1 MWh (Megawattstunde) $\triangleq$ 1000 kWh müssen 2,77 m³ Wasser aufgewendet werden.

Auf 2500 GWh bezogen sind jährlich 6,92 Mio. m³ Wasser erforderlich.

Davon sind mit	6,51 Mio. m³	94,0 %	Rohwasser als Flusswasser,
mit	0,22 Mio. m³	3,2 %	Trinkwasser und
mit	0,19 Mio. m³	2,8 %	Brunnenwasser
Gesamt:	6,92 Mio. m³	100,0 %	

Entsprechend verlassen das Kraftwerk

	3,82 Mio. m³	$\triangleq$ 55,25 %	durch Abfluten
	2,85 Mio. m³	$\triangleq$ 41,20 %	durch Ausdampfen über Kühltürme
	0,14 Mio. m³	$\triangleq$ 2,03 %	Rauchgasentschwefelungsanlage
	0,08 Mio. m³	$\triangleq$ 1,17 %	aus den Ionenaustauschern
	0,002 Mio. m³	$\triangleq$ 0,35 %	als Neutralisationswasser
Gesamt:	6,892 Mio. m³	$\triangleq$ 100,00 %	

---

120) 1 Steinkohleneinheit, SKE, das entspricht dem mittleren Energieinhalt von 1 kg Steinkohle. Dieser wurde mit 1 SKE $\triangleq$ 7000 kcal $\triangleq$ 29 308 kJ $\triangleq$ 8,141 kWh definiert.

Weiterhin gilt: 1000 Wh = 1 kWh; 1000 kWh = 1 MWh; 1000 MWh = 1 GWh; 1 GWh = 10^6 kWh.

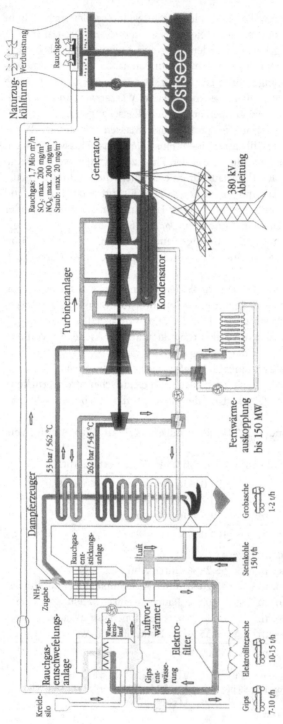

Abb. 55: Schematische Darstellung eines Steinkohlenkraftwerkes, Kraftwerk Rostock
(E. sketch of a steam-coal power station, Power station Rostock/Germany)

Konzept einer Fernwärme-Auskopplung aus einem Kondensationskraftwerk mit z. B. 400 MW bis 700 MW (Megawatt)

(E. construction of an uncoupled remote heating plant from a condensation power station e.g. 400 MW – 700 MW (Megawatt))

Fernwärmeversorgung ist eine Möglichkeit, einen beträchtlichen Teil des Energiebedarfs an Raumwärme und Brauchwarmwasser in Wohnungen, Verwaltungsgebäuden, Gewerbe- und Industriebetrieben energiesparend zu decken.

Für die Raumwärmeversorgung und die Warmwasserbereitung wird hauptsächlich Heizwasser mit einer Vorlauftemperatur von 70 bis 130 Grad Celsius benötigt. Die Heizkraftwerke sind die Hauptlieferanten für Fernwärme. Der Begriff „Heizkraftwerk" kann die Anwendung sehr verschiedener Techniken bedeuten, im dargestellten Modellbeispiel werden gleichzeitig Strom und Fernwärme geliefert, es wird also mit einer so genannten „Kraft-Wärme-Kopplung" gearbeitet, korrekter ausgedrückt „Energie-Wärme-Kopplung".

Die meisten Heizkraftwerke erzeugen Wasserdampf, der mit Temperaturen bis zu 540 Grad Celsius zunächst durch eine Turbine strömt. Sie treibt dann den stromerzeugenden Generator an. Bei einem nur Strom liefernden Kondensationskraftwerk verlässt der Dampf die Turbine bei einem absoluten Druck von etwa 30 mbar mit noch ca. 30 Grad Celsius und wird von einem Kondensator (Wärmetauscher) mittels Kühlwasser wieder in Wasser verwandelt. Das Kühlwasser führt die geringwertige Wärme an die Umgebung ab.

In der Abb. 56 wird an der zweiten Turbine die Energie des Dampfes nur teilweise zur Stromerzeugung verwendet, es wird auf einen Teil der möglichen Stromerzeugung verzichtet. Im Heizkondensator des Fernwärmenetzes gibt der Dampf seine Wärme an das Fernheizwasser ab und wird wieder zu Kesselspeisewasser.

Ein weiterer Teil Dampfenergie kann auf einem niedrigeren Temperaturniveau angezapft und ebenfalls für die Fernwärme eingesetzt werden. Mit der Auskopplung aus der Turbine bei verschiedenen Temperaturniveaus kann die Fernwärme-Ausnutzung insgesamt optimiert werden. Die übrige Dampfenergie wird zur Stromerzeugung genutzt. Bei „Anzapfkondensationsanlagen" kann Strom erzeugt werden, auch wenn keine Fernwärme benötigt wird.

Der Bedarf an Primärenergie betrug weltweit im Jahre 2002 ca. 14 Mrd. t SKE (Fußnote 120), diese entsprechen 114 000 Mrd. kWh. 15 % davon, nämlich 17 000 Mrd. kWh trug die elektrische Stromerzeugung bei. Von diesen wurden 3078 Mrd. kWh, das sind 18 %, durch Wasserkraftwerke bereitgestellt. Zur globalen Stromproduktion tragen Wasserkraftwerke insgesamt rund 18 Prozent bei, an der weltweiten Gesamtenergieversorgung sind das 2,7 %. Ein Drittel aller Länder der Erde erzeugt mehr als die Hälfte des Energiebedarfs hydroelektrisch. An den erneuerbaren Energieträgern hat die Wasserkraft weltweit einen Anteil von mehr als 90 Prozent.

In Europa hat die Wasserkraft einen Anteil an der Stromerzeugung von ca. 17 Prozent. Pro Jahr werden 373 Mrd. kWh aus Wasserkraft erzeugt (Tab. 13).

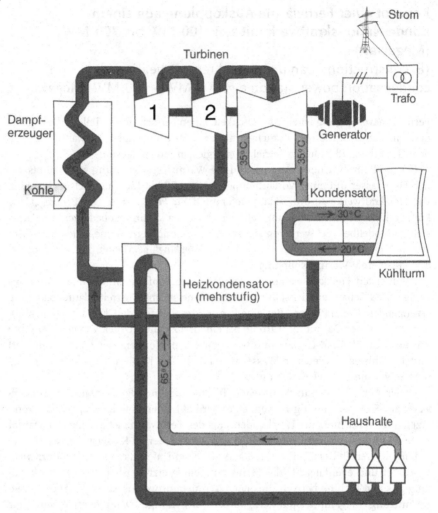

Abb. 56: Fernwärme-Auskopplung aus einem Kondensationskraftwerk (400 MW – 700 MW) (E. uncoupled remote heating plant from a condensation power station (400 MW – 700 MW)

Quelle: Informationszentrale der Elektrizitätswirtschaft e. V., IZE, Stresemannallee 23, 60596 Frankfurt am Main; Foliendienst, Abb. 3.5-1/88.

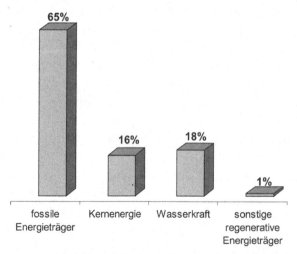

Abb. 57: Anteile der verschiedenen Energieträger an der elektrischen Stromerzeugung in der Welt (E. parts of different energy sources of electricity generation of the world)

(Quelle: Tenckhoff, E. (1998), Mensch, Technik, Verantwortung, Hrsg. u. Copyright, Siemens AG, Bereich Energieerzeugung, Erlangen [66] und Weber, R. (1995), Webers Taschenlexikon, Olynthus Verlagsanstalt, Vaduz/Liechtenstein [79]).

Länder mit sehr hohem Wasserkraftanteil sind Norwegen, Schweden und die Alpenländer Österreich und Schweiz. Der Anteil ist steigend, 2025 schätzt man ihn auf 20 % (Abb. 57).

Der Weltdurchschnitt der Primärenergienutzung beträgt zur Zeit etwas über 2 t SKE pro Kopf und Jahr. In USA sind es 10 t SKE und in Deutschland 8 t SKE. 4 Mrd. Menschen in 122 Ländern, das sind ca. 78 % der Weltbevölkerung, liegen mit ihrer Energienutzung unterhalb von 2 t SKE [66].

7.
Staudämme und Kraftwerke
(E. dams and power plants)

Anzahl der Staudämme in der Welt
(E. number of dams in the world) [83]

In der Welt gibt es mehr als 45 000 Wasserstauseen mit Staudammhöhen von 15 m und höher (Abb. 58). Nach der Definition der Staudamm-Erbauer muss ein Groß-staudamm höher als 15 m sein oder eine Speicherkapazität von über 3 Mio. m^3 Wasser haben. Staudämme sollen

- elektrische Energie erzeugen (Abb. 59),
- landwirtschaftlich genutzte Ackerflächen bewässern,
- die Trinkwasserversorgung für große Einzugsgebiete sichern,
- die Flussläufe für die Schifffahrt regulieren und
- die umliegenden Regionen gegen Überschwemmungen schützen.

Darüber hinaus gibt es noch 300 Megastaudämme mit Höhen von 150 m. Das Wasserspeichervolumen dieser Megastaudämme übertrifft das der übrigen um ein Vielfaches [70].

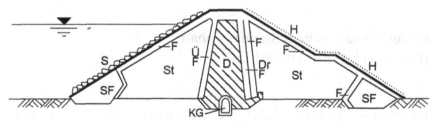

D Dichtung   **St** Stützkörper   **Ü** Übergangsschicht   **F** Filterschichten   **Dr** Dränschicht
S Steinwurf / -satz   **H** Humusschicht   **SF** Steinfuß   **KG** Kontrollgang

Abb. 58: Aufbau eines Zonendammes als Querschnitt
(E. construction of a zone dam as cross-section)
   Nach Univ. Prof. Dr.-Ing. Theodorf Strobl, Lehrstuhl für
Wasserbau und Wasserwirtschaft der TU München,
Wasserbau 1. Übung.

Wasser. Vollrath Hopp
Copyright © 2004 WILEY-VCH Verlag GmbH & Co. KGaA, Weinheim
ISBN: 3-527-31193-9

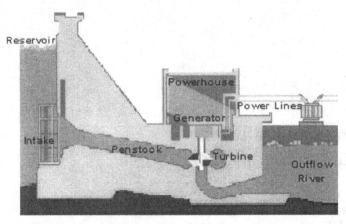

Begriffserklärung (E. explanation of terms):

Reservoir	=	Reservebehälter
Penstock	=	Fallrohr
Powerhouse	=	Kraftwerk, Elektrizitätswerk
Power Lines	=	Hochspannungsleitung
Intake	=	Zufluss
Outflow river	=	Abfluss in den Fluss

Abb. 59:   Ein Blick in das Herz eines Wasserkraftwerkes
(E. a glimpse at the core of a hydro-electric power station)
    Quelle: Lohmann, D. (2002), „Staudämme – Billige Energie
oder Vernichtung von Natur und Existenzen?",
g-o.de-geoscience online (http://www.g-o.de) [34; 35]

In Brasilien werden 90 % der erzeugten Energie aus Wasserkraft gewonnen. Allein in Amazonien sind 79 weitere Staudämme geplant. Der brasilianische Großstaudamm Tucuri wurde errichtet, um eine exportorientierte Aluminiumproduktion zur Devisenbeschaffung aufzubauen [88].

Historisches aus dem Staudammbau
(E. a short history of dams) [34]

8000 vor Christus
Die Bewohner der Gebirgsausläufer der Zagros-Kette im heutigen Iran zählten vermutlich zu den ersten Staudammerbauer in der Geschichte der Menschheit. 8000 Jahre alte Bewässerungskanäle haben Wissenschaftler in dieser Region Mesopotamiens aufgespürt. Schmale Wehre aus Reisig und Erde dienten damals vermutlich dazu, das Wasser der Flüsse und Bäche in die zahlreichen Kanäle abzuleiten.

6000 vor Christus
Die Sumerer haben bereits vor mehr als 6000 Jahren die Ebenen Mesopotamiens mit einem Netzwerk aus Bewässerungskanälen überzogen.

3000 vor Christus

Erste echte Überbleibsel von Dämmen der Antike haben Historiker etwa in die Zeit um 3000 vor Christus datiert. Gefunden wurden sie im Nahen Osten, im Staatsgebiet des heutigen Jordanien. Sie waren Teil eines ausgeklügelten Wassertransportsystems für die Stadt Java.

2600 vor Christus

Etwa zur Zeit der ersten Pyramiden schufen ägyptische Baumeister einen Damm an einem nur zeitweilig wasserführenden Fluss in der Nähe von Kairo. Dieses Großbauwerk der Antike bestand hauptsächlich aus Sand, Kies und Steinen und war über zehn Meter hoch und mehr als 100 Meter lang. Vollendet wurde es aber nicht. Während einer größeren Naturkatastrophe in vorchristlicher Zeit spülten gewaltige Wassermassen einen Teil des Damms der *„Alten Ägypter"* weg.

Seit 2000 vor Christus

Kurz vor Christi Geburt entstanden in vielen Teilen der Erde zahllose größere und kleinere Dämme. Reste dieser Bauten hat man unter anderem im Mittelmeerraum und in China gefunden. In Europa waren besonders die Römer berühmt für ihre Staudämme und Aquädukte.

Aber auch in Südasien hat die Dammbaukunst eine lange Tradition. Um 400 vor Christi besaß einer dieser Dämme auf Sri Lanka sogar bereits eine Höhe von mehr als 30 Metern. Für lange Zeit sollte er unübertroffen bleiben. Erst wesentlich später – im 12. Jahrhundert – setzte dann der singhalesische König Parakrama Babu hinsichtlich der Länge von Staudämmen neue Maßstäbe. Einer seiner zahllosen Bauten erreichte sogar eine Ausdehnung von 14 Kilometern.

Die älteste Nachricht über die Verwendung von Wasserrädern stammt aus einer Gesetzessammlung des babylonischen Königs Hammurapie (1792 – 1750 v. Chr.). Darin heißt es: *„Wer einen Schöpfeimer...., ein Wasserrad vom Feld stiehlt, wird bestraft ...."*

Die ältesten Wasserräder wurden in den Gebirgsgegenden des Vorderen Orients nachgewiesen. Sie stammen aus dem 2. Jhr. v. Chr. und waren schon eine Fortentwicklung des Flussschöpfrades im 7. u. 6. Jhr. v. Chr. des Alten Orients (Abb. 60).

Das Sagebien-Rad hat bei großem Durchmesser nur eine geringe Umfangsgeschwindigkeit, eine große Kranzbreite und hohe Schaufelzahl. Das Oberwasser fließt in einem dicken Strom sehr langsam zu, so dass ein Stoßverlust beim Eintritt in das Rad fast ganz vermieden wird und das Gefälle beinahe als Druckgefälle zur Geltung kommt. Der Wirkungsgrad ist entsprechend hoch, ca. 0,75.

Neben der Wärmeenergie speichert Wasser über unterschiedliche Höhenlagen auch mechanische Energie. Sie wird als Bewegungsenergie freigesetzt, wenn Höhenunterschiede in den Flussbetten oder als Sturzbäche auftreten. Schon früh haben die Menschen gelernt, diese Bewegungsenergie mit Hilfe von Wasserrädern zu nutzen. An horizontalen oder vertikalen Wellen sind Schaufeln unterschiedlicher Bauformen angebracht, auf die der Wasserstrom fällt und das Rad in Drehbewegung versetzt. Mit einem solchen Wasserrad wurden schon frühzeitig Mühlensteine gekoppelt, um Getreide zu Schrot oder Mehl zu vermahlen.

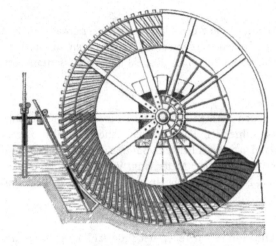

Abb. 60: Sagebien-Wasserrad (E. Sagebien-water-wheel)
Quelle: Meyers Konversations-Lexikon (1897), 5. Aufl., 17. Bd.,
Bibliographisches Institut, Leipzig und Wien.

10. Jahrhundert nach Christus
Die Einwohner Iraks lassen bei Basra ihre Mühlen durch die Gezeitenströme des
Meeres antreiben.

11. Jahrhundert
An den Ärmelkanalküsten Frankreichs und Englands wird der Wasserstandswech-
sel bei Ebbe und Flut zum Betreiben von Mühlen ausgenutzt.

14. und 15. Jahrhundert
Der italienische Ingenieur Jacopo Meriano (geb. 1381 in Siena, gest. vor 1458) ent-
wirft als Skizzen Gezeitenmühlen.

18. Jahrhundert
Der englische Ingenieur James Watt (1736 – 1819) führte 1765 die erste praktikable
und einsetzbare Dampfmaschine vor. Mit ihr wurde das Zusammenwirken von chemischer Energie (Kohle) mit Wärmeenergie (Wasserdampf) und Bewegungsenergie
technisch ermöglicht, um sie schließlich als mechanische Arbeit zu nutzen.

1832 und 1866
Die Erfindung der ersten Wasserturbine der Welt des Franzosen Benoit Fourneyron
im Jahre 1832 war es, die dann auch den Dammbau zum Zwecke der Energiegewin-
nung revolutionierte. Die Konstruktion dieser Überdruckturbine ermöglichte es, die
bis dahin verwendeten Wassermühlen schnell um ein Vielfaches an Leistung zu
übertreffen. Sie leistete bei einer Wasserfallhöhe von 108 m, einer Drehzahl von
2300 U/min und einem Wirkungsgrad von 80 % rd. 40 PS (S. 228). Schon bald darauf entwicklte der englische Ingenieur, *James Bicheno Francis* (1815 – 1892) in den
USA eine Strömungskraftturbine, die *Francisturbine*. Die wirkliche Bedeutung dieser Erfindung zeigte sich aber erst gegen Ende des 19. Jahrhunderts, als die Fort-

schritte in der Elektrotechnik zum Bau von zahlreichen Kraftwerken und Übertragungsleitungen führten.

Die Grundlagen dafür lieferte Werner von Siemens (1816 – 1892) mit seiner Erfindung der Dynamomaschine[121] nach dem dynamoelektrischen Prinzip im Jahre 1866. Er stellte fest, dass der im Eisenkreis eines Generators vorhandene Restmagnetismus ausreicht, um eine geringe Restspannung zu induzieren[122], die einen kleinen Stromfluss durch Anker und parallel geschaltete Erregerwicklung antreibt.

1882

Das erste Wasserkraftwerk, ein Laufwasserkraftwerk in Wisconsin, USA, ging schließlich 1882 in Betrieb. In den nächsten Jahrzehnten entwickelten sich an vielen schnellfließenden Flüssen und Strömen Europas vor allem in den Alpen und Norwegen Wasserkraftwerke. Aber erst nach der Jahrhundertwende stieg die Größe der Dämme und Energiestationen schnell an, Verbesserungen im Turbinen- und Staudammbau förderten das.

1898

Das erste große Flusskraftwerk wurde in Rheinfelden am Hochrhein 1898 errichtet. 20 Francisturbinen erzeugten pro Jahr 70 Mio. kWh. Der größte Teil dieser elektrischen Energie wurde für die Gewinnung von Aluminium aus Bauxit nach dem elektrothermischen Verfahren benötigt.

Die Wasserräder vergangener Jahrtausende waren die Vorläufer der heutigen hochtechnisierten Wasserkraftwerke bzw. der Kraftwerke schlechthin. Ihre Kernstücke sind die Turbinen und Generatoren, die die Energieumwandlungen mit Hilfe des Medium Wasser bzw. Wasserdampf besorgen.

Flüsse, Kanäle und Seen
(E. rivers, canals and lakes)

Tab. 12: Einige lange Flüsse Europas und in der Welt
(E. some long rivers in Europe and of the world)

Name	Länge [km]	Einzugs- gebiet [km^2]	Mündungsgebiet	Quellgebiet
Wolga, Russland	3530	1,36 Mio.	Kaspisches Meer	Nordwestlich der Waldai-Höhen
Donau, Deutschland + 8 Anrainer	2850	773 000	Schwarzes Meer	Ostseite des Schwarzwaldes, Donaueschingen
Rhône, Frankreich	1820	99 000	Mittelmeer	Rhône-Gletscher in der Schweiz

121) dynamis (grch.) – Kraft   **122)** inducere (lat.) – hineinführen.

Tab. 12: Fortsetzung (E. continuation)

Name	Länge [km]	Einzugs-gebiet [km²]	Mündungsgebiet	Quellgebiet
Rhein, Deutschland + 3 Anrainer	1320	252 000	Nordsee	Graubünder Schweiz
Elbe, Deutschland und Tschechien	1144	145 800	Nordsee	Böhmischer Riesen-gebirgskamm
Weichsel, Polen	1068	194 000	Ostsee	Jablunka Gebirge in West-Beskiden
Ebro, Spanien	927	83 500	Mittelmeer	Kantabrisches Gebirge
Oder, Polen, Tschechien, Deutschland	860	119 052	Ostsee	Olmütz in Tschechien
Seine, Frankreich	776	79 000	Atlantik	Plateau von Langres
Po, Italien	676	75 000	Mündungsdelta Adriatisches Meer	Nordfuss des Monte Viso in den Cottischen Alpen
Themse, England	346	5 830	Nordsee	Cotswold Hills
Jordan, Naher Osten + 5 Anrainer	250	18 000	Totes Meer	Hermon Massif
Nil, Ägypten + 10 Anrainer	6650	2,87 Mio.	Mittelmeer	Querfluss Kagera, Victoriasee
Amazonas, Brasilien, Peru, Kolumbien	6518	7 Mio.	südl. Atlant. Ozean	Peruanische Kordille-ren
Yangtze, China	5800	1,81 Mio.	Ostchinesisches Meer	Tangla-Gebirge, Tibet
Huangho, Gelber Fluß, China	4875	750 000	Gelbes Meer Bo-Hai-See	4500 m ü. M. im tibeti-schen Hochland, Qinghai
Mississippi und *Missouri*	6420	3,24 Mio.	Golf v. Mexiko	Itascasee, Minnesota
Mekong, Vietnam + 5 Anrainer	4500	557 000	Südchinesisches Meer Mekong-Delta 70 000 km²	Chinesisches Tangla-Gebirge, Tibet
Kongo	4300	3,69 Mio.	Atlant. Ozean bei Matadi	Mitumba-Gebirge, Zaire
Indus, Kaschmir, Indien, Pakistan	3180	960 000	Arabisches Meer i. d. Nähe Karachi	5000 m ü. M. im Trans-himalaya
Euphrat, Türkei, Syrien, Irak	2700	673 000	Persischer Golf	Hochland Anatoliens, Türkei
Tigris, Türkei, Syrien, Irak	1950	375 000	Persischer Golf	Ost-Taurus, Türkei
Ganges, Indien	2700	1,13 Mio.	Golf von Bengalen, Kalkutta, Mündungs-delta 56 000 km²	Himalaya
Irrawaddy, Birma	2150	430 000	Mündungsdelta in den Golf von Martaban 40 000 km², frucht-barstes Reisgebiet der Erde	Himalaya aus den Flüssen Mali und Nmai

Australien
(E. Australia)

Australien ist ein wasserarmer Kontinent. Zahlreiche kurze Wasserläufe fließen dem Stillen Ozean zu. Die Gewässer im Inneren dieses Landes fließen nur periodisch oder auch nur unregelmäßig in größeren Abständen. Sie sammeln sich zum Teil in Salzpfannen, wie z. B. dem *Lake Carnegie*, dem *Lake Mackay*. Diese Wasserarmut wird gemildert durch eine Reihe von artesischen Becken, die tief im Untergrund große Reserven an Wasser bergen. Zwei bekannte Becken befinden sich im Nordwesten des Kontinents und ein weiteres ist das Murray-Becken.

Aufwindkraftwerk – Strom aus der Sonne
(E. the solar chimney-electricity from the sun)

Das Dargebot an fließendem Wasser reicht nicht aus, um Australiens Bedarf an elektrischem Strom langfristig zu decken. Dieser Kontinent verfügt aber über riesige Wüstenflächen mit hoher Sonneneinstrahlung. Sie kann energetisch genutzt werden, in dem die Bewegungsenergie von heißer aufströmender Luft über Turbinen geleitet und in elektrische Energie umgewandelt wird (Abb. 61 u. 62).

Nördlich von Melbourne entsteht das erste *Aufwindkraftwerk* der Welt. Ende 2005 soll es mit einer Leistung von 200 Megawatt an das öffentliche Stromnetz genommen werden. Es vermag dann 200 000 Menschen mit elektrischem Strom zu versorgen.

Dieses Konzept stammt von dem deutschen Prof. Dr.-Ing. Jörg Schlaich aus Stuttgart. Vor 20 Jahren wurde es von ihm entwickelt und eine entsprechende Pilotanlage in Manzanaras, Spanien, gebaut. In den nächsten 10 Jahren sind für Australien weitere 5 Aufwindkraftwerke vorgesehen [60 u. 61].

Überall, wo die Erde genügend Platz und hohe Sonneneinstrahlung bietet, sind diese Kraftwerke geeignet, die Strömungsenergie der Aufwinde in elektrische Energie umzuwandeln (S. 189 ff.). Es sind klimatisch bedingt zugleich wasserarme Regionen. Das gilt z. B. für Nordafrika mit der Sahara, die arabischen Länder im Nahen Osten und Indien. Diese Gegenden sind dünn besiedelt und haben ausreichend Platz, große Flächen mit Flachglas zu bedecken, um auf diese Weise Luft aufzuheizen und ihre Strömung zu lenken. Da elektrischer Strom leicht transportabel ist, kann er in weit entfernte Städte und Industriezentren geleitet werden (Abb. 54). 4 % der Sahara mit Glas zu bedecken, würde genügen, ganz Europa mit ausreichendem elektrischen Strom aus Aufwindkraftwerken zu bedienen. Die Sahara ist von Europa ca. 3500 km entfernt, der errechnete Energieverlust würde nur 15 % betragen.

Sonnenstrahlen erhitzen unter einem Glasdach nach dem Treibhausprinzip die Luft (S. 64). Sie strömt mit Geschwindigkeiten von mehr als 50 km/h in einen Betonkamin und treibt dort 36 Turbinen an, die mit Generatoren gekoppelt sind. Den Kamin verlässt die Luft durch einen 1000 m hohen *Sonnenturm*, dessen Sog die nötige Strömungsgeschwindigkeit hervorruft (Abb. 62). Der kreisförmig gestaltete Kamin hat einen Durchmesser von 130 m. Um ihn herum ist eine Kreisfläche mit ca. 4 000 m Durchmesser, die 50 km² entspricht, angeordnet. Das Flachglasdach ist 2 m – 6 m oberhalb der Erdoberfläche angeordnet. Da heiße Luft leichter als kalte ist, strömt sie aus den Kollektorräumen in den Aufwindturm. Ein Aufwindkraftwerk vermag rund um die Uhr elektrischen Strom zu liefern. Am Tage wird die Heißluft durch Sonneneinstrahlung erhalten, während der Nacht wird die Luft von dem noch heißen Erdboden erwärmt.

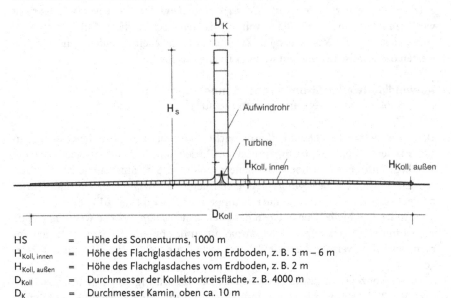

HS = Höhe des Sonnenturms, 1000 m
$H_{Koll, innen}$ = Höhe des Flachglasdaches vom Erdboden, z. B. 5 m – 6 m
$H_{Koll, außen}$ = Höhe des Flachglasdaches vom Erdboden, z. B. 2 m
D_{Koll} = Durchmesser der Kollektorkreisfläche, z. B. 4000 m
D_K = Durchmesser Kamin, oben ca. 10 m

Abb. 61: Die wesentlichen Komponenten eines Aufwindkraftwerkes: Flachglasdach als Kollektor; das Aufwindrohr (Kaminrohr) gestützt durch Querverbindungen; Windturbinen an der Basis des Aufwindrohres (E. essential components of a solar chimney: the collector, a flat glass roof; the chimney, a vertical tube supported on radial piers; and the wind turbines at the chimney base) [60 u. 61]

Schon im Altertum haben die Menschen die Sonnenenergie bzw. Bewegungsenergie des Windes für technische Zwecke genutzt.
Beispiele sind:

- die Förderung des Pflanzenwuchses in Treibhäusern zur Steigerung der Ernten für Nahrungsmittel,
- das Mahlen von Getreide zu Schrot und Mehl durch Windmühlen,
- das Kühlen der Räume von Gebäuden durch Ventilatoren[123] und
- das Pumpen von Wasser aus Brunnen oder Flüssen in geeignete Verteilersysteme.

123) Ventilator ist ein Luft-(Gas)Verdichter zur Erzeugung einer Luft-(Gas)Strömung.
ventus (lat.) – Wind

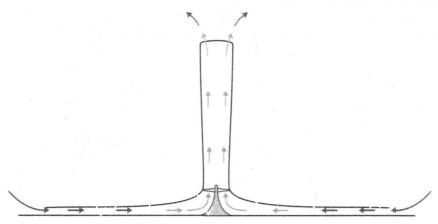

Abb. 62: Luftstrom im Aufwindrohr (E. current of air in a solar chimney) [60 u. 61]

Europa
(E. Europe)

Im Verhältnis zur Landfläche hat Europa die längste Küstenlinie von allen Kontinenten der Erde. Mit seinen vielen Flüssen bzw. Flusseinzugsgebieten (Abb. 63 u. 64) [54] und Binnenseen ist Europa nach Kanada eine der wasserreichsten Regionen der Erde. Die feuchten Westwinde vom Atlantik sorgen für einen fortwährenden Wasserkreislauf zwischen Atlantik und Festland. Allerdings sind die Mittelmeerländer von diesem regelmäßigen Zyklus zeitweise ausgeschlossen, so dass es hier zu längeren Trockenperioden mit knappem Süßwasserangebot kommt.

Das europäische Festland ist von zahlreichen Flüssen durchströmt, die dem Schifftransport dienen, aber auch von Schleusen und riesigen Staudämmen unterbrochen werden (Tab. 12).

Abb. 63 zeigt einen Ausschnitt der bedeutenden Wasserstraßen Europas.

Das Wasserstraßennetz für die Binnenschifffahrt der 15 Länder der Europäischen Union erstreckt sich über 29 500 km (Stand 1998). Davon entfallen auf

Deutschland	7300 km,	Finnland	6245 km,	Frankreich	5732 km,
Niederlande	5046 km,	Belgien	1569 km,	Italien	1444 km
und auf		England	1153 km.		

Die Wasserwege der übrigen Mitgliedstaaten wie Schweden, Portugal, Spanien, Österreich und Luxemburg sind kürzer als 400 km. Der inländische Schiffsverkehr Griechenlands, Spaniens, Portugals und Schwedens ist mehr ein Küstenverkehr zwischen den einzelnen Seehäfen und weniger eine Flussschifffahrt.[124]

124) *Quelle:* Eurostat, United Nations, national statistics.

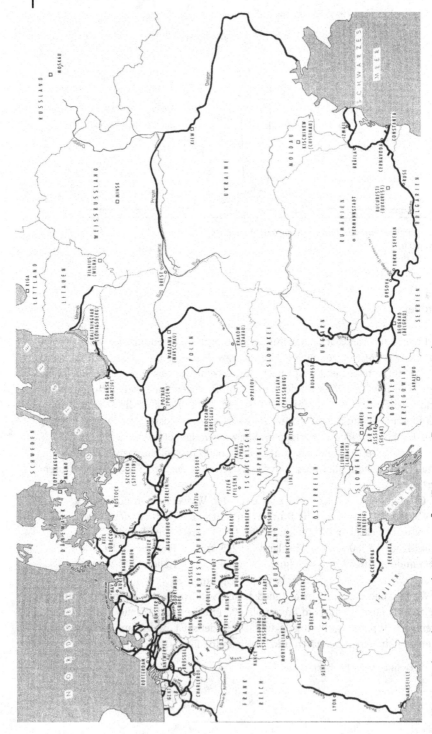

Abb. 63: Bedeutende europäische Wasserstraßen (E. important European waterways)
Quelle: Vertrieb: Drucksachenstelle der Wasser- und Schifffahrtsverwaltung des Bundes
bei der Wasser- und Schifffahrtsdirektion Mitte, Postfach 63 07, 30063 Hannover, Ausgabe Jan. 1996

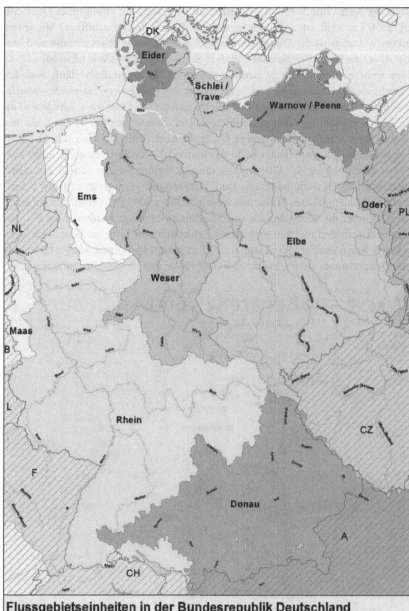

**Flussgebietseinheiten in der Bundesrepublik Deutschland
(Richtlinie 2000/60/EG - Wasserrahmenrichtlinie)**

Die Markierung und Kennzeichnung der außerhalb der Grenzen der Bundesrepublik Deutschland liegenden Teile
internationaler Flussgebietseinheiten dienen lediglich der Veranschaulichung und lassen Festlegungen anderer
Staaten sowie internationale Abstimmungen unberührt.

Abb. 64: Flusseinzugsgebiete in Deutschland (E. catchment
areas of rivers in Germany) [54] → Farbtafel Seite XXII

Nach der Wolga mit 3530 km ist die Donau in Europa der zweitgrößte Fluss. Sie misst 2850 km und ist auf ihrer gesamten Wasserstrecke schiffbar. Mit ihren 8 Anrainer-Staaten ist die Donau eine typische europäische Wasserstraße und verbindet über den Rhein die Nordsee mit dem Schwarzen Meer (Abb. 63 u. 64).

Eine weitere europäische zusammenhängende Wasserstraße verläuft von der Nordseeküste der Niederlande und Belgien über das *Ruhrgebiet – Hannover – Magdeburg – Berlin* direkt nach *Warschau*. Es bietet sich an, den *Bug* zwischen *Warschau* und *Brest* schifffahrtsgerecht auszubauen. Der Wasserweg über *Kiew* bis ins Schwarze Meer wäre auf dem Dnjepr für große Lastschiffe frei (Tab. 12, Abb. 63). Dieser Wasserweg konnte bisher nicht das ganze Jahr hindurch zügig genutzt werden. Zur Überquerung der Elbe musste diese auf einer Strecke von 13 km selbst benutzt werden. Je nach Jahreszeit und Wasserstand verzögerte sich die Schifffahrtszeit erheblich. Dieses Hindernis ist seit Oktober 2003 mit der Eröffnung einer Trogbrücke über die Elbe nördlich von Magdeburg beseitigt worden (Abb. 65). Sie verbindet zusammen mit neu errichteten Schleusen den Mittellandkanal mit dem Elbe-Havel-Kanal und ist 980 m lang und 32 m breit. 140 Tonnen Wasser lasten auf jedem Quadratmeter dieser Stahltrog-Kanalbrücke. Bei sommerlichen Temperatu-

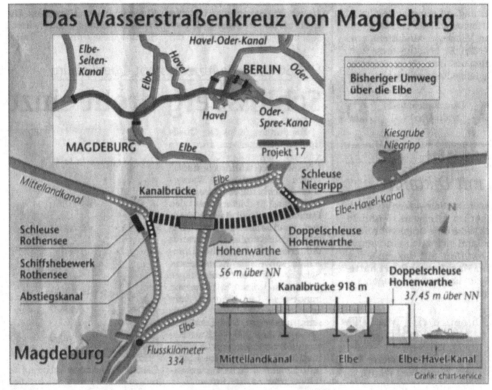

Abb. 65: Trog-Kanalbrücke im Wasserkreuz Magdeburg (E. The Magdeburg Waterway Crossing)

Quelle: Magdeburger Volksstimme Nr. 204 vom 03.09.2003.

ren ist der Stahltrog 1,5 m länger als im Winter wegen der Materialausdehnung. Es wurden 68 000 m^3 Beton und 24 000 t Stahl verbaut. Sie ist das längste Bauwerk ihrer Art in Europa und vervollständigt das Wasserstraßenkreuz bei Magdeburg. Voll beladene Frachter, zweilagige Containerschiffe und 185 m lange Schubverbände können ganzjährig fahren [75].

Der *Mittellandkanal* ist die Schifffahrtsverbindung zwischen Rhein, Ems, Weser und Elbe. Er besteht aus dem Rhein-Herne-Kanal (fertiggestellt 1914) oder als zweite Mündung in den Rhein, dem Wesel-Datteln-Kanal (1929), weiter aus dem Dortmund-Ems-Kanal (1899), dem Ems-Weser-Kanal (1915) und dem Weser-Elbe-Kanal bis Magdeburg-Rothensee (1938). Der Elbe-Havel-Kanal ist die ostelbische Fortsetzung des Mittellandkanals nach Überquerung der Elbe, seit Oktober 2003 durch die Trogbrücke. Sie verbindet den Mittellandkanal mit der Havel bei Brandenburg.

Der Main-Donau-Kanal
(E. the Main-Danube-Canal)

Er ist das Kernstück eines ca. 3500 km langen Schifffahrtsweges quer durch Europa. Diese Wasserstraße verbindet die Nordsee über den Rhein, Main, Main-Donaukanal und Donau mit dem Schwarzen Meer (Abb. 66). Ihre Anfangs- und Endpunkte sind Rotterdam (Niederlande) und Ismail (Ukraine). Ismail ist am linken Ufer des Donauarms *Kilia*, 80 km vor der Mündung im Schwarzen Meer gelegen [52].

Die große Bedeutung dieser Wasserstraße liegt bei den unzähligen attraktiven Häfen und Verladestationen, die an diesem Wasserweg eingerichtet worden sind, sowie in den Verknüpfungen zu einem weit verzweigten europäischen Wasserstraßennetz. Zu den Interessantesten zählen die Verbindungen von Duisburg in die Mittellandkanalstrecke und die von Mannheim oder Basel nach Regensburg, Wien, Linz oder Budapest.

Der Rhein-Main-Donau-Kanal ist zusätzlich noch ein Energielieferant. 57 Laufwasserkraftwerke und das Pumpspeicherwerk Langenprozelten tragen maßgeblich zur elektrischen Stromversorgung Deutschlands bei [70].

Schon *Karl der Große* beschäftigte sich mit der Idee, Rhein und Donau mit einem Wasserkanal zu verbinden. Im Jahr 793 wurde unter seiner Leitung versucht, zwischen *Rezat* und *Altmühl* einen Kanal zu bauen.

Die *Fossa Carolina* bei der Ortschaft *Graben* in der Nähe von *Treuchtlingen* zeugt von den ersten Arbeiten zur Überwindung der *europäischen Wasserscheide*.

1825 wurde dieser Plan von Ludwig I., König von Bayern, wieder aufgegriffen. In nur 10 Jahren Bauzeit, 1836 – 1845, entstand der *Ludwig-Donau-Main-Kanal*, der erstmals die Verbindung zwischen den beiden großen europäischen Flusssystemen herstellte.

Mit dem Bau des jetzigen Main-Donau-Kanals wurde 1960 begonnen, der im September 1992 für den Verkehr freigegeben wurde. Der Main-Donau-Kanal zweigt vom Main nordwestlich Bamberg ab und folgt der Regnitz etwa 32 km in südliche Richtung bis zur Schleuse Hausen. Bei Hausen verlässt er die Regnitz und wird zu einem Stillwasserkanal. Mit einer Kanalbrücke führt er über das Zenntal, erreicht den Fürther Parallelhafen und schließlich den Hafen Nürnberg (Abb. 67).

Von Nürnberg aus führt der Kanal zunächst über Roth und überwindet östlich von Hilpoltstein die europäische Wasserscheide mit einer Höhe von 406 m über dem Meeresspiegel. Sie ist der höchste Punkt im europäischen Wassernetz. Über Berching, Beilngries, Dietfurt und Riedenburg wird Kelheim erreicht. Dabei durchquert der Kanal das Altmühltal, welches vor Jahrhunderten das Urstromtal der Donau war. Diesen Naturpark durchläuft er auf einer 53 km langen Strecke (Abb. 67). Die Länge des Main-Donau-Kanals von Bamberg bis Kelheim beträgt 171 km. 16 Schleusen sind notwendig, um die einzelnen Höhenstufen in diesem Abschnitt zu überwinden (Abb. 68).

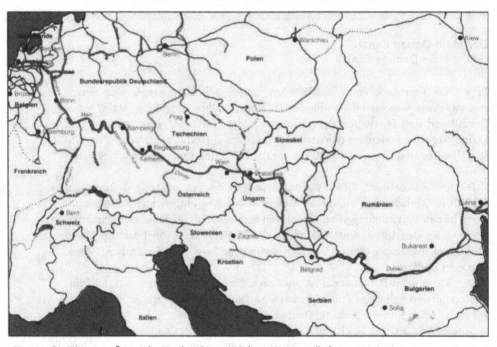

Abb. 66: Die Wasserstraße von der Nordsee bis zum Schwarzen Meer (E. the waterway from the North Sea to the Black Sea)

Abb. 67: Der Rhein-Main-Donau-Kanal
(E. the Rhine-Main-Danube-Canal)

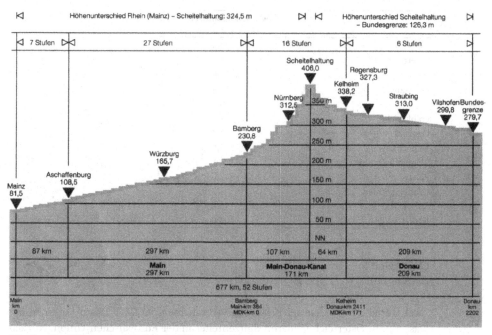

Abb. 68: Der Höhenunterschied an der Wasserscheide des
Rhein-Main-Donau-Kanals (E. the watershed height difference of
the Rhine-Main-Danube-Canal)
   Quelle für Abb. 66 – 68: Faltblatt der Rhein-Main-Donau AG,
Leopoldstraße 28, 80802 München, 1994 [52].

Der Verlauf der Flüsse zeigt, dass sie vor Ländergrenzen nicht halt machen. Sie verbinden die einzelnen Staaten. Sie entspringen in der Region eines Landes und münden nach langem Verlauf in einem anderen Land, dabei durchfließen sie häufig mehrere Anrainer-Staaten (Tab. 12).

Circa 260 Flüsse fließen in der Welt durch mehrere Länder. Sie versorgen 40 % der Weltbevölkerung mit Wasser. Trotz zwischenstaatlicher Abkommen über die Wasserversorgung sind sie Anlass für staatliche Nutzungskonflikte und kriegerische Auseinandersetzungen (S. 81).

Der größte Süßwassersee Europas ist der Bodensee mit einer Fläche von 538,5 km^2 und einer Tiefe von bis zu 252 m. Anrainerländer sind Deutschland, Österreich und die Schweiz.

Der zweitgrößte Binnensee in Deutschland ist die *mecklenburgische Müritz*, die eine Fläche von 117 km^2 bedeckt und bis zu 62 m tief ist. Danach folgt der Chiemsee in Bayern mit 79,9 km^2 Ausdehnung und der größten Tiefe von 73 m. In Deutschland gibt es 38 Seen, deren einzelne Wasseroberflächen mehr als 6 km^2 umfassen. Insgesamt bedecken sie 1106,9 km^2.

Tab. 13: Anteil der Wasserkraft an der Stromerzeugung einzelner europäischer Staaten (E. quota of hydro-electric power of some European countries) [66]

	Wasserkraftanteil in %
Norwegen	99,9
Österreich	67,7
Schweiz	57,6
Schweden	47,4
Italien	19,4
Frankreich	14,1
Deutschland	4,3
Tschechien	3,9
Belgien & Luxemburg	3,1
Polen	2,6
Großbritannien	1,7
Dänemark	0,0
Niederlande	0,0

Österreich
(E. Austria)

Zwei Drittel der in Österreich jährlich verbrauchten 56 TWh Strom kommen aus Wasserkraft. Österreich ist damit Spitzenreiter in der Europäischen Union. Nur das Nicht-EU-Land Norwegen hat in Europa einen höheren Wasserkraftanteil [79].

Zusammen leisten alle österreichischen Wasserkraftwerke 11 400 MW. 70 Prozent des erzeugten Wasserkraftstroms kommen aus Laufkraftwerken, der Rest aus alpinen Speicherkraftwerken.

Süd-Italien[125)]
(E. southern Italy)

Süditalien, Sizilien und Sardinien sind zwar vom Mittelmeerwasser reichlich umgeben, doch Süßwasser ist in diesen Regionen sehr knapp. Im Sommer 2002 ist es wegen Regenmangel, langanhaltender hochsommerlicher Temperaturen und einer damit einhergehenden Dürre zu einem katastrophalen Wassernotstand gekommen. Verschärft wird diese Situation durch ein unzureichendes Wasserversorgungspipeline-Netz. Neben Sizilien und Sardinien sind die Südregionen Apulien, Basilikata betroffen. Die landwirtschaftlich genutzten Felder können nicht mehr bewässert werden. Die Ernten verdörren. Die Wasserreservoirs sind völlig ausgetrocknet. Das Vieh kann nicht mehr getränkt werden. Hygiene und Gesundheit der Bevölkerung sind gefährdet. In Mittelitalien wird das Wasser bereits rationiert. Zehntausende Bauern demonstrieren gegen die Regierung und Behörden, wegen der mangelhaften technischen Wasserinfrastruktur (Abb. 69).

Abb. 69:   Ausgetrockneter Wasserspeicher von Piana degli Albanesi, 30 km von Palermo entfernt gelegen. (E. dried up water storage of Piana degli Albanesi located 30 km from Palermo)
   Quelle: Fischer, H. J. (2002), Süditalien geht das Wasser aus, Frankfurter Allgemeine Zeitung, Nr. 160 vom 13.07.2002

125)   *Quelle:* Süditalien geht das Wasser aus (2002), Frankfurter Allgemeine Zeitung Nr. 158, S. 7,   vom 11.07.2002 und Nr. 160, S. 7, vom 13.07.2002.

Deutschland
(E. Germany)

Die öffentlichen Elektrizitätserzeuger in Deutschland betreiben 660 Wasserkraftwerke mit einer installierten Leistung von insgesamt 4050 Megawatt (MW). Dazu kommen 100 Industrieanlagen mit 225 MW sowie neun Kraftwerke der Bahn mit 190 MW. Des Weiteren gibt es etwa 4500 private Kleinanlagen mit insgesamt 440 MW.

Im Durchschnitt liefert die Wasserkraft 22 Milliarden Kilowattstunden (Mrd. kWh) pro Jahr und steuert damit vier Prozent zur Gesamterzeugung von 550 Mrd. kWh bei.

Das Potenzial der Wasserkraft hängt vom Gefälle und vom Wasserangebot ab. Deshalb entfallen etwa 85 Prozent der Kapazität auf Bayern und Baden-Württemberg. Größter Betreiber ist die aus der Bayernwerk Wasserkraft AG hervorgegangene E.ON Wasserkraft GmbH. Mit 120 Anlagen von insgesamt 2760 MW erzeugt sie durchschnittlich 10 Mrd. kWh pro Jahr [79].

Zu den leistungsfähigsten Wasserkraftwerken zählen die Flusskraftwerke am Hochrhein zwischen Schaffhausen und Basel. Hier arbeitet seit 1898 das älteste Flusskraftwerk Europas. Betreiber ist die *Natur Energie AG, Grenzach-Wyhlen*. Die Gesamtleistung soll durch einen Neubau von 26 Megawatt auf 116 MW gesteigert werden. Das bedeutet eine Verdreifachung der elektrischen Stromversorgung von 200 kWh auf 600 kWh.

Die größten Seen in der Welt
(E. the largest lakes of the world)

Das *Kaspische Meer in Asien* ist der größte abflusslose See der Erde. Es erstreckt sich über eine Länge von 1200 km und ist bis zu 320 km breit. Seine Fläche beträgt 371 000 km^2 und ist etwas größer als die Fläche Deutschlands mit 356 980 km^2.

Das Kaspische Meer liegt im Südosten Russlands. Der südlichste Teil gehört zum Iran. Den Hauptzufluss erhält es von der Wolga. Sein Salzgehalt nimmt mit 1,2 % eine Mittelstellung zwischen Süßwasser und Ozeanwasser ein.

Der *Baikalsee* in Ostsibirien ist mit 25 000 km^3 Inhalt der süßwasserreichste See der Erde. Seine Oberfläche erstreckt sich über 31 500 km^2. Seine größte Tiefe beträgt 1620 m. Er ist 636 km lang und seine Bereite variiert zwischen 19 km und 80 km.

Der *Aralsee*[126] liegt im Süden Kasachstans an der Grenze zu Usbekistan und 700 km östlich vom *Kaspischen Meer* entfernt. Noch 1960 zählte er mit einer Größe von 66 900 km^2 zu dem viertgrößten Binnengewässer der Welt, dies entspricht einer Fläche Irlands oder Bayerns. Der Aralsee erhält seinen Wasserzufluss von dem *Amu-Darja* und *Syr-Darja*, er hat keinen Abfluss. Betrug sein Salzgehalt in den 60iger Jahren noch 1 % bis 1,1 %, so hat er in den letzten 5 Jahrzehnten auf das

126) *Quelle:* www.fortunecity.de/kunterbunt/saar-
land/23/aralsee.html
www.sandundseide.de/Aralsee.html

2,6fache zugenommen. In dieser Zeitspanne ist der Wasserpegel um 26 m gesunken und die Oberfläche des Sees auf ein Viertel seiner ursprünglichen Ausdehnung geschrumpft. Einer der Gründe ist, dass von den wasserreichen Zuflüssen *Amu-Darja* und *Syr-Darja* große Wassermengen für die wasserintensiven Baumwollplantagen abgezweigt werden. Dem *Syr-Darja* wird mittlerweile so viel Wasser entnommen, dass er seit 1976 nicht mehr in den Aralsee mündet. Usbekistan ist das Land mit dem größten Baumwollexport in der Welt und der viertgrößte Produzent von Baumwollsamen. Auch für Kasachstan ist Baumwolle ein wichtiges Agrarprodukt. Aufgrund des *Kara-Kum-Kanals*, der den Aralseezufluss *Amu-Darja* mit dem Kaspischen Meer verbindet, gelangt nur noch ein Drittel des natürlich zufließenden Wassers in den See. Die erheblich verringerten Wasserzuflüsse reichen nicht mehr aus, um die durch eine natürliche Verdunstung entstehenden Verluste auszugleichen. Versalzung und Eintrocknung sind die Folge [70].

In den Wüsten und Wüstensteppen im Großraum des Aralsees ist die Bevölkerungsdichte gering. In einem Gebiet, das fast doppelt so groß ist wie Deutschland, leben nur ca. 3,8 Mio. Menschen. Das entspricht der Einwohnerzahl von Berlin.

Pflanzen wehren sich gegen eine Wasserverknappung. In Regionen mit wenig Wasser haben viele Pflanzen doppelte Wurzelsysteme. Das eine System dient zum Auffangen der schwachen Frühlingsregen und das andere reicht bis zu 70 m in die Erde zum Grundwasser. Die Pflanzen selbst neigen zu Zwergwuchs und sind knorrig.

Die Entwicklung des Aralsees in den letzten 50 Jahren ist eine ökologische Umweltkatastrophe, die durch Menschenhand verursacht worden ist.

Der *Titicaca-See* ist mit 3812 m über dem Meeresspiegel gelegen der größte Hochlandsee der Erde. Im Kordilleren-Hochland Südamerikas bedeckt er eine Fläche von 8300 km². Davon gehören 4916 km² zu Peru und der Rest zu Bolivien. Der See ist 190 km lang, 50 km breit und bis zu 272 m tief.

Der *Viktoria See* ist der größte See in Afrika mit einer Oberfläche von 69 480 km² und einer Tiefe bis zu 85 m. Sein wichtigster Zufluss ist der *Kagera* im Westen und sein Abfluss der Viktoria Nil im Norden.

An der Grenze zwischen den USA und Kanada liegt der größte der fünf *Großen Seen* Nordamerikas. Es ist der *Oberer See* (E. Lake Superior). Die Flächenausdehnung ist 82 414 km². er ist bis zu 393 m tief.

Suez-Kanal, Panama-Kanal, Nicaragua-Kanal
(E. Suez-Canal, Panama-Canal, Nicaragua-Canal)

Suezkanal
(E. Suez-Canal)[127]

Der Suez-Kanal ist ein schleusenloser Schifffahrtskanal, der durch *Ägypten* fließt und den Wasserweg zwischen dem *Mittelmeer*, ausgehend von Port Said, und dem *Roten Meer* bei Suez herstellt. Er ist 171 km lang, an der Wasseroberfläche 100 m bis 135 m und an der Kanalsohle 45 m bis 100 m breit und 13 m bis 15 m tief.

---

127) Der Spiegel (2003), Konkurrenz für den
Panama-Kanal, Nr. 47 vom 17.11.2003.

Nach zehnjähriger Bauzeit wurde der Suez-Kanal im November 1869 seiner Bestimmung übergeben. Durch ihn verkürzte sich der Seeweg von *Hamburg* nach *Bombay* um ca. 4500 Seemeilen[128], diese entsprechen 8334 km. Vorher mussten die Schiffe von Europa nach Asien immer um das *Kap der guten Hoffnung*, die Südspitze Afrikas, fahren.

Panama-Kanal
(E. Panama-Canal)
Ein anderer künstlicher, weltweit bekannter Seeweg ist der Panama-Kanal. Er verbindet den Atlantischen mit dem Pazifischen Ozean. Er ist 90 m bis 300 m breit. Seine Mindesttiefe misst bis zur Kanalsohle 14,3 m.

Die Entfernung von den Häfen *Cristobal* und *Colón* auf der atlantischen Seite bis zur Hafenstadt Balboa auf der pazifischen Seite beträgt 81,6 km. Der zwischen den beiden Ozeanen bestehende Höhenunterschied von 82 m wird durch ein ausgeklügeltes Schleusensystem überwunden.

Eine dreistufige Doppelschleusenanlage von Gatun hebt die Schiffe auf die 26 m über dem Meeresspiegel gelegene Scheitelstrecke, die durch den künstlich aufgestauten *Gatunsee* mit Wasser versorgt wird. In einem 13 km langen und 91,5 m breiten Einschnitt, dem *Gaillard Cut*, überwindet der Panama-Kanal die 82 m hohe Wasserscheide.

Eine einstufige Doppelschleuse von *Pedro Miguel* überwindet den Höhenunterschied von 16,8 m zum Stausee von *Miraflores*. Schließlich hebt eine zweistufige Doppelschleuse die Schiffe in den auf Meeresniveau liegenden pazifischen Auslaufkanal.

1906 wurde mit dem Kanalbau begonnen und 1914 der Seeweg für die Schifffahrt freigegeben. Seine Entfernung von *New York* bis zum japanischen Überseehafen *Yokohama*, südlich von Tokio gelegen, hat sich durch den Panama-Kanal um 7000 Seemeilen, das sind 12 964 km, verkürzt (Abb. 70).

Nicaragua-Kanal
(E. Nicaragua-Canal)
Die Größe der Ozeancontainer und deren Anzahl hat im Laufe eines Jahrhunderts so stark zugenommen, dass die Kapazität des Panama-Kanals für einen zügigen Wechsel der Schiffe vom Atlantik in den Pazifik oder umgekehrt nicht mehr ausreicht.

Deshalb ist als Ergänzung der Nicaragua-Kanal geplant. Er soll breit und tief genug werden, um die modernen Containerschiffe der Post-Panama-Klasse aufzunehmen, für die der Panamakanal zu eng ist. Der Nicaragua-Kanal wird 400 km lang sein und auch den Nicaragua-See durchqueren. Die Bauzeit wird auf 10 Jahre eingeschätzt und die Kosten auf 25 Milliarden Dollar.

128) 1 Seemeile, nautische Meile [sm] = 1,852 km

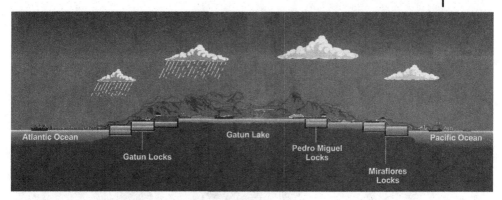

Abb. 70: Panama-Kanal (E. Panama-Canal) → Farbtafel Seite
XXXIV

Staudämme in der Welt
(E. dams in the world)

Große Staudämme sind in der 2. Hälfte des 20.Jahrhunderts errichtet worden, um
einerseits Wasserreserven zu speichern und zu geeigneter Zeit landwirtschaftlich
genutzte Ackerflächen zu bewässern und andererseits das Staudammgefälle zur
Erzeugung von elektrischer Energie auszunutzen.

Der längste Fluss der Welt ist mit 6650 km der Nil. Er entspringt als weißer Nil
in Burundi und mündet als Nildelta nördlich Kairo im Mittelmeer. Die nächst längeren Flüsse sind der Amazonas in Brasilien mit 6518 km und der Yangtze in
China mit 5800 km (Tab. 12).

Durch den im Jahre 1971 fertig gestellten Assuandamm in Ägypten wurde mit
einer 111 m hohen Staumauer einer der größten künstlichen Seen der Welt aufgestaut. Es entstand der 500 km lange Nasser-See. Das eingebaute Wasserkraftwerk
liefert etwa 25 % des ägyptischen Energiebedarfs in Form von elektrischem Strom.
Außerdem wurden der Landwirtschaft nutzbarer Boden von 300 000 Hektar, diese
entsprechen 3000 qkm, erschlossen.

Das bisher größte bereits arbeitende Wasserkraftwerk, das *Itaipu Binacional*, liegt
in Brasilien. Mit einer Leistung von mehr als 12 600 Megawatt liefert es seit Jahren
25 % des gesamten elektrischen Strombedarfs Brasiliens (Abb. 71), [12].

Mit 18 Turbinen, von denen jede 700 Megawatt leistet, führt das Kraftwerk Itaipu
zur Zeit die internationale Rangliste der Wasserkraftwerke an. Die Staumauer in
der rechten Bildhälfte ist 196 m hoch. Das davor befindliche Maschinenhaus ist fast
einen Kilometer lang.

Jede Sekunde verdunsten auf der Erde etwa 14 Millionen Kubikmeter Wasser,
hauptsächlich aus den Ozeanen. Sie gelangen als Niederschläge wieder zur Erde

Abb. 71:   Das brasilianische Wasserkraftwerk Itaipu am
Rio Parana (E. the Brazilian hydro-electric power station Itaipu
on Rio Parana)[129]

zurück und bilden so den Wasserkreislauf der Natur (Abb. 11). Wenn die Niederschläge nicht auf Meereshöhe fallen, entsteht zugleich ein mehr oder weniger großes Potenzial an Wasserkraft. So liegt Europa durchschnittlich 300 Meter über dem
Meeresspiegel. In Nordamerika sind es 700 m und in Asien sogar 940 Meter.
Gepaart mit ergiebigen Niederschlägen und entsprechenden Wassermassen ergeben sich aus diesen Höhenunterschieden zum Meer gewaltige Energiemengen –
sofern sie sich nutzen lassen und man sie zu nutzen versteht.

Im Entstehen sind weitere Mega-Staudämme am Tigris, der *Ilusu Damm*, und
der Atatürk-Staudamm am Euphrat. Der Atatürk-Staudamm soll im Rahmen des
Südostanatolienprojektes nicht nur die elektrische Energie für eine Industrialisie-
rung liefern, sondern auch 850 000 Hektar landwirtschaftliche Nutzfläche in der
Türkei bewässern. Das Wasser für den Staudamm wird aus dem Euphrat bezogen
(S. 82) [68 und 70].

Ein weiteres Großprojekt wird der Staudamm im Namada-Tal in Indien sein.

Zahlreiche Staudamm- bzw. Talsperrenprojekte werden gegenwärtig in China,
Japan, Südkorea und in der Türkei gebaut bzw. geplant. Von denen ist der Drei-
Schluchten-Staudamm des Yangtze in China das bisher größte Vorhaben.

Die meisten Staudämme, mit 20 000 an der Zahl, gibt es in China, gefolgt von
den USA mit 5500, der GUS[130], Japan und Indien.

129) Die Wasserkraft der Erde – http://strombasis-
    wissen.beit-online.de/SB107-01.htm
130) GUS = Gemeinschaft unabhängiger Staaten.
    1991 hervorgegangen aus einem Zusammen-
    schluss ehemaliger Sowjetrepubliken und
    umfasst heute 10 unabhängige Republiken
    und 1 assoziiertes Mitglied.

China, der Yangtze-Staudamm
(E. China, the Yangtze-dam)

Der Yangtze (auch Yangtse, Yangzi oder früher Yangtze-kiang genannt) ist mit einer Gesamtlänge von 5800 km der längste Fluss Chinas und der drittgrößte der Welt. Er ist die wichtigste Wasserstraße, die das an Bodenschätzen reiche Westchina mit dem industrialisierten Ostchina verbindet (Abb. 72). Mit seinem Gesamtabfluss von 1000 Mrd. m^3 Wasser pro Jahr zählt er zu den wasserreichsten Flüssen der Erde. Der Yangtze hat sich im Laufe von einigen tausend Jahren durch den Fels „Drei-Schluchten" gefressen. Sie geben dem Megastaudamm den Namen [19].

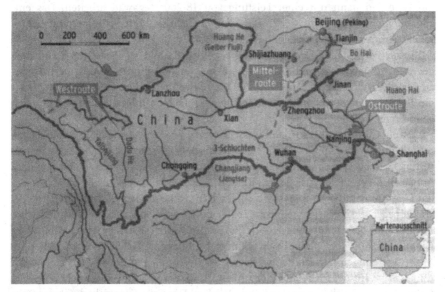

Abb. 72: Verlauf des Yangtze und Gelben Flusses
(E. course of Yangtze and Huangho) → Farbtafel Seite XXXV

Er entspringt an der Südwestseite des Schneeberges Geladandong (Tibet), dem Hauptgipfel des Tangla-Gebirges, fließt durch mehrere Provinzen, erreicht die Stadt Shanghai und mündet dann in das Ostchinesische Meer. Er fließt vom Ursprung bis zur Mündung durch das Land mit einem Höhenunterschied von 1 000 m. Über 300 Millionen Menschen leben im Einzugsgebiet des Yangtze mit einer Anbaufläche von 27 Millionen Hektar [67].

Der Yangtze ist neben dem Gelben Fluss eine Wiege der chinesischen Kultur. An ihren Ufern finden sich zahlreiche Kulturdenkmäler, Baureste und Wahrzeichen aus vergangenen Zeiten.

Chinas hochindustrialisierte Region liegt am Unterlauf des Yangtze. In den Regionen Shanghai, Nanking und Wuhan leben ca. 75 Mio. Menschen [70; 37].

Auf einer Gesamtlänge von 202 km erstrecken sich die weltbekannten „drei Schluchten" von Baidicheng in der Provinz Sichuan ostwärts bis zur Provinz Hubei:

Die 33 km lange Qutang-Schlucht ist grandios und schroff, die 42 km lange Wu-Schlucht schön und tief, und die 126 km lange Xiling-Schlucht ist für reißende Strömung sowie versteckte Felsklippen bekannt.

Das Drei-Schluchten-Bauprojekt am Ende der Xiling-Schlucht umfasst Staudamm, Hochwasserkanal, Wasserkraftwerk und Schiffshebewerk. Das fünfstufige Schiffshebewerk sorgt für eine Verlängerung des schiffbaren Wasserweges auf dem Yangtze um 600 km für Schiffe mit einer Belastung bis zu 10 000 t (Abb. 73). Wenn der Drei-Schluchten-Staudamm im Jahre 2009 fertig gestellt ist, wird ein 600 km langer Stausee entstehen mit einer Speicherkapazität von 39,3 Mrd. m^3 Wasser (Abb. 74). Die Staumauer selbst wird 185 m hoch sein und 1983 m lang. 26 Generatoren werden dann mit einer Leistung von 18 200 Megawatt arbeiten. Das entspricht einer Leistung, mit der 28 Mio. deutsche Haushalte ein Jahr lang mit elektrischem Strom versorgt werden können.

Bis zur Fertigstellung des Staudamms werden 88 Mio. m^3 Erde und Steine ausgehoben, transportiert und 27 Mio. m^3 Beton verbaut worden sein. Innerhalb des zu überflutenden Gebiets müssen 700 000 Bewohner umgesiedelt werden. Doch die Belastungen der Natur und möglichen Klimaänderungen müssen sehr ernst genommen werden [35; 90].

Obwohl China mit 2215 m^3 Süßwasserreserven pro Person und Jahr statistisch ausreichend versorgt ist, gibt es Regionen, in denen akuter Wassermangel herrscht. Beijing verfügt nur über 300 m^3 (Tab. 6). Dem wassermächtigen Yangtze werden noch weitere Aufgaben zugemutet. Er soll den im Norden Chinas verlaufenden 4875 km langen *Gelben Fluss* mit zusätzlichem Wasser aushelfen. Im Laufe der letzten Jahrzehnte ist sein Wasserpegel so sehr gesunken, dass er nur noch selten von Schiffen befahren wird. Einst strömte dieser Fluss wasserreich und kraftvoll durch sieben Provinzen Chinas. In Qinghai beginnt sein Verlauf und mündet bei Shandong in die Bohal-See (Gelbes Meer). Vor einigen Jahrzehnten war der Fluss noch unberechenbar. Man nannte ihn *Chinas Sorge*. Immer wieder überflutete dieser *Huangho* genannte Fluss dicht besiedelte Gebiete und wechselte seinen Lauf nach Belieben. Der *Gelbe Fluss* zieht durch das arme staubige China, durch die nördliche Hälfte des Landes. Dort regnet es selten. Ohne diesen Strom könnte hier kein Mensch überleben.

Aber zahlreiche Staudämme nehmen dem Fluss die Strömungskraft. Das Land braucht elektrischen Strom. Überall leiten ihm die Bauern das Wasser mit riesigen Pumpen und Bewässerungssystemen ab. In den letzten Jahren schaffte der Gelbe Fluss es nicht einmal mehr bis zu seiner Mündung bei Shandong ins Gelbe Meer. 200 km vorher endet oft der Lauf des Wassers. 1997 floß sogar 7 Monate lang kein Wasser. Das ausgetrocknete Flussbett erstreckte sich 600 km landeinwärts.

Die chinesiche Zentralregierung in Beijing plant ein gigantisches Bauprojekt, größer noch als das des Drei-Schluchten-Staudamms. Mit diesem soll dem Gelben Fluss in riesigen Röhren aus dem Yangtze Wasser zugeführt werden. Mit dem Projekt *Süßwasser nach Norden* sollen jährlich aus dem Yangtze 50 Mrd. m^3 Wasser nach dem Norden Chinas umgeleitet werden. Für den Wassertransport sind zwei Trassen vorgesehen. Die eine ist die *Ostroute*, die weitgehend dem alten Kaiserkanal folgen wird. Sie wird baulich weniger aufwändig sein. Um den 65 m hohen Landrücken zwischen Yangtze und dem Gelben Fluss zu überwieden, sind 30 Pumpstationen mit einer Gesamtleistung von

900 MW nötig, die jährlich 4 Mrd. KWh bis 5 Mrd. kWh an Energie verschlingen werden. Der Kaiserkanal ist von vielen Ortschaften und unzähligen Fabriken umsäumt. Probleme bereiten seine starke Wasserverschmutzung. Es müssen noch zusätzliche Wasserreinigungsanlagen errichtet werden [Abb. 72].

Die *Mittelroute* soll sauberes Wasser aus dem Dangjiang-Stausee am Oberlauf des Han-Flusses bis nach Beijing und Tianjin leiten. Der 1200 km lange Kanal muss über weite Strecken und gebirgiges Gelände geführt werden [57].

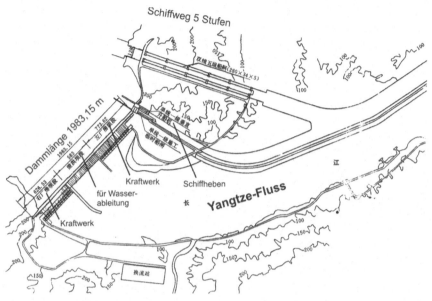

Abb. 73: Skizze der Staudammanlage im Yangtze mit Schiffshebewerk (E. sketch of Yangtze dam with ship hoist)

Abb. 74: Der Yangtze-Staudamm (E. the Yangtze dam) → Farbtafel Seite XXXVI

8.
Wasserkraftwerke
(E. hydro-electric power stations) [22]

In einem Wasserkraftwerk wird die potenzielle Energie (Energie der Lage) des aufgestauten Wassers mittels eines Höhenunterschiedes über die Bewegungsenergie
in elektrische Energie umgewandelt. Dabei fließt *Treibwasser* vom hochgelegenen
Wasserreservoir über eine Turbine in ein tiefer liegendes Auffangbecken, wie z. B.
Fluss, See oder in künstliche Becken.

Laufwasserkraftwerke
(E. water wheels power plants)
nutzen die Strömung einer regelmäßigen Wasserführung z. B. von Flüssen und Sei-
tenkanälen aus. Es sind Niederdruckanlagen. Sie werden kontinuierlich rund um
die Uhr betrieben und liefern die erzeugte elektrische Energie als Strom zur Dek-
kung der Grundlast in das Versorgungsnetz. Die jahreszeitlich bedingten Schwankungen sind beträchtlich. Sie werden durch doppelt regulierte Turbinen ausgeglichen.

Speicherwasserkraftwerke
(E. water power storage plants)
nutzen die Höhenunterschiede zwischen hochgelegenen Stauseen und den tiefer
liegenden Kraftwerken aus. Über Druckrohrleitungen oder -stollen wird das Wasser
auf die Turbinen geleitet.

Pumpspeicherwerke
(E. water pumped storage plants)
nutzen, wie die Speicherwasserkraftwerke, die Höhenunterschiede aus (S. 130). Nur
wird das Speicherbecken nicht durch natürliche Zuflüsse gefüllt. Das Speicherwas-
ser wird aus tiefer gelegenen Becken oder Gewässern zunächst auf das höhere
Niveau des Speicherbeckens gepumpt und dort gespeichert. Es wird die elektrische
Überschussenergie zum Pumpen ausgenutzt.

Bei Spitzenlasten des Strombedarfs wird dieses Wasser wieder über die Turbinen
zur elektrischen Stromerzeugung geleitet. In der Regel erfolgt das Hochpumpen
mit billigem Nachtstrom. Die Stromerzeugung erfolgt während des Tages oder zu
Spitzenzeiten des Strombedarfs. Pumpspeicherwerke zeichnen sich durch Schnell-
bereitschaft aus, dabei treten keine Energieverluste auf.

Wasser. Vollrath Hopp
Copyright © 2004 WILEY-VCH Verlag GmbH & Co. KGaA, Weinheim
ISBN: 3-527-31193-9

An die Wasserturbine ist direkt oder über ein Getriebe ein Generator gekoppelt, der die Bewegungsenergie des Treibwassers in elektrische Energie umformt.

Die zu erzielende elektrische Leistung P_E hängt ab von:

- dem nutzbaren Höhenunterschied zwischen dem oberen Staubecken und dem unteren Auffangbecken $\quad \Delta H\,[m]$
- dem Wasserstrom Q, d. h. Wasservolumen V durch die Zeit t. $\quad Q = \frac{V}{t}\left[\frac{m^3}{s}\right]$
- der Dichte des Wassers $\quad \rho = 1000 \left[\frac{kg}{m^3}\right]$
- der Fallbeschleunigung $\quad g = 9{,}81 \left[\frac{m}{s^2}\right]$
- dem Turbinenwirkungsgrad $\quad \eta_T = 0{,}87$
- dem Generatorwirkungsgrad $\quad \eta_G = 0{,}98$

Die erzeugte elektrische Leistung errechnet sich somit als

$$
\begin{aligned}
P_E &= 1000 \left[\frac{kg}{m^3}\right] \cdot \Delta H[m] \cdot \frac{V}{t}\left[\frac{m^3}{s}\right] \cdot 9{,}81 \left[\frac{m}{s^2}\right] \cdot \eta_T \cdot \eta_G \\[2mm]
&= 1000 \left[\frac{kg}{m^3}\right] \cdot \Delta H[m] \cdot \frac{V}{t}\left[\frac{m^3}{s}\right] \cdot 9{,}81 \left[\frac{m}{s^2}\right] \cdot 0{,}87 \cdot 0{,}98 \\[2mm]
&= 1000 \cdot 8{,}36 \left[kg \cdot \frac{m}{s^2} \cdot \frac{m}{s}\right] \cdot \Delta H \frac{V}{t} \\[2mm]
&= 8360 \cdot \left[\underbrace{Kraft \cdot \frac{Weg}{Zeit}}_{Watt}\right] \cdot \Delta H \frac{V}{t} = 8{,}36 \cdot \Delta H \frac{V}{t}\,[Kilowatt]
\end{aligned}
$$

Nach der *Betriebsweise* muss zwischen den *Laufkraftwerken* und *Speicherkraftwerken* unterschieden werden.

Bei *Laufkraftwerken* wird das zufließende Wasser durch eine Wehr aufgestaut. Es fließt kontinuierlich ab. Es besteht keine wesentliche Speichermöglichkeit. Überschüssiges Wasser fließt über die Wehr und bleibt für die Erzeugung von elektrischer Energie ungenutzt.

Bei *Speicherkraftwerken* wird das zufließende Wasser in einem Stausee gespeichert und diesem bei Bedarf entzogen.

Laufkraftwerke dienen in der Regel zur Deckung der elektrischen Grundlast. Die Speicherkraftwerke sorgen für eine Spitzenlastdeckung.

Nach den *Bauformen* wird zwischen *Niederdruck-*, *Mitteldruck-* und *Hochdruckkraftwerken* unterschieden. Das Unterscheidungskriterium ist die Höhendifferenz zwischen dem oberen und unteren Wasserreservoir.

Die *Niederdruckkraftwerke* haben eine Nutzfallhöhe von 4 m bis 20 m. Sie sind Laufkraftwerke ohne ein nennenswertes Speichervermögen, z. B. das Wasserkraftwerk bei Nußdorf am Inn (Abb. 75 und Abb. 76).

Mitteldruckkraftwerke haben eine Nutzfallhöhe zwischen 20 m und 50 m. Sie werden sowohl als Speicherkraftwerke als auch als Laufkraftwerke gebaut, z. B. das Kraftwerk Roßhaupten am Lech mit einer Fallhöhe von 36 m.

Die Nutzfallhöhen von *Hochdruckkraftwerken* liegen zwischen 50 m bis zu 200 m. Sie werden als Speicherkraftwerke betrieben. Der Stausee liegt oft hoch oben im Gebirge und das Krafthaus unten im Tal, z. B. das Reißeck-Kreuzeck-Kraftwerk in Österreich mit einer Höhendifferenz von 1 772 m.

Konzeption des Innkraftwerks Nußdorf
(E. construction of the hydro-electric power plant Nußdorf/river Inn)

Das Innkraftwerk Nußdorf liegt zwischen Samerbery und Wendelstein im ehemaligen Gletschersee des Rosenheimer Beckens in einer Höhe von 460 m über NN (Normal Null, bezogen auf Meeresspiegel der Ozeane) (Abb. 76).

Zwei 25 m breite Turbinenpfeiler und drei 18 m breite Wehrfelder sind abwechselnd in einer Achse quer zum Fluss angeordnet und mit einer zweigeteilten Sohle gegründet.

Die Wehröffnungen werden durch 12 m hohe ölhydraulisch angetriebene Drucksegmentschützen mit aufgesetzter Klappe verschlossen.

Dichte und Temperatur des durchströmenden Wassers ändern sich praktisch nicht.

Wegen der relativ niedrigen Umlaufgeschwindigkeit und Temperaturen sind die Zentrifugalbeanspruchungen leichter zu beherrschen als bei thermischen Strömungsmaschinen. Allerdings besteht auch hier die Gefahr möglicher Kavitation[131]. Sie bedeuten eine Strömungsstörung und entstehen an Stellen und Drücken nahe dem Dampfdruck. Der Dampf implodiert[132] unter Volumenabnahme.

Kaplanturbinen sind für relativ niedrige und schwankende Fallhöhen geeignet. Die radiale Leitradschaufel wird von außen nach innen durchströmt und verteilt das Wasser durch eine 90° Umlenkung gleichmäßig auf axial angeordnete Laufradschaufeln (Abb. 75). Auf diese Weise werden auch Strömungsschwankungen ausgeglichen. Die rotierenden 5-flügeligen Turbinen treiben die Schirmgeneratoren an [79].

Das Saugrohr dient zur Ableitung des Wassers nach dem Passieren der Turbinen. Es ist ein Rohr, das sich kontinuierlich erweitert, um die Strömungsgeschwindigkeit zu reduzieren und so die kinetische Energie am Austritt so gering wie möglich zu halten. Denn die kinetische Energie wäre in diesem Falle ohne Nutzen. Es würde ein Unterdruck bzw. eine Erhöhung des Druckgefälles entstehen. Bei einer maximalen statischen Fallhöhe $H_{stat} = 11,64$ m handelt es sich bei dem Kraftwerk Nußdorf um ein Niederdruckkraftwerk. Die zu aktivierende Leistung errechnet sich aus der Strömungsgeschwindigkeit $Q \left[\dfrac{m^3}{s} \right]$, des Wassers, der Fallhöhe H [m] und dem Wirkungsgrad η, der bei Wasserkraftwerken bei 90 % und mehr liegt.

Das Innkraftwerk liefert jährlich 130 GWh an elektrischem Strom.

---

131) cavus (lat.) – hohl; Kavitation ist die Hohlraumbildung in schnellströmenden Flüssigkeiten.

132) plaudere (lat.) klatschend schlagen; in (lat.) – innerhalb; Implosion ist das knallartige in sich Zusammenfallen eines Vakuums.

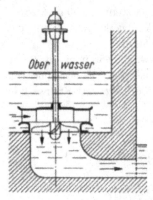

Abb. 75: Kaplan-Turbine (E. Kaplan-turbine)
Kaplan, Viktor (1876–1934), österreich. Maschinenbauingenieur,
Prof. an der TH Brünn; er entwickelte die Kaplanturbine.

Wasser-Pumpspeicherwerk in Goldisthal
(E. water pumped storage power plant in Goldisthal)

In Pumpspeicherwerken werden mit elektrischer Überschussenergie Pumpen betrieben, die in hochgelegene Becken Wasser befördern und so potenzielle Energie speichern. Bei elektrischem Strombedarf strömt das Wasser wieder durch Wasserdruckleitungen abwärts und treibt Wasserturbinen mit gekuppelten Generatoren an. Ihr besonderer Nutzen liegt in der Sofortbereitschaft, die potenzielle Energie des gespeicherten Wassers über Bewegungsenergie in elektrische Energie umzuwandeln. Im Prinzip bestehen sie aus einem Wasserkraftelektrizitätswerk, das seine im Überschuss vorhandene elektrische Energie in Pumpenergie umsetzt, um so Wasser von niederem auf ein höheres Niveau zu transportieren. Pumpspeicherwerke sind Schnellstarter [31].

An der *Schwarza im Thüringer Wald*, ein 50 km langer westlicher Nebenfluss der *Saale*, liegt *Goldisthal*. Dort wurde im September 2003 eines der größten Pumpspeicherwerke der Welt mit einer Leistung von 1060 Megawatt in Betrieb gesetzt. Eigentümer ist der schwedische Energiekonzern *Vattenfall Europe* mit seinem Verwaltungssitz in Berlin.

Die besonderen Vorzüge bestehen darin, dass vier Turbinen nach sehr kurzer Zeit ihre volle Leistung erreichen.

Ein momentan auftretender Spitzenbedarf an elektrischem Strom kann ohne Verzug gedeckt werden. Wird weniger elektrische Energie von Kunden abgerufen, dann wird mit überschüssigem Strom Wasser in das Oberbecken gepumpt und als potenzielle Energie gespeichert (Abb. 77).

Funktionsprinzip
Aus dem Oberbecken in 874 m Höhe fließt Wasser durch zwei ca. 1000 m lange in Stollen gehauene Druckwasserleitungen, auch *Oberwasserstollen* genannt, mit je

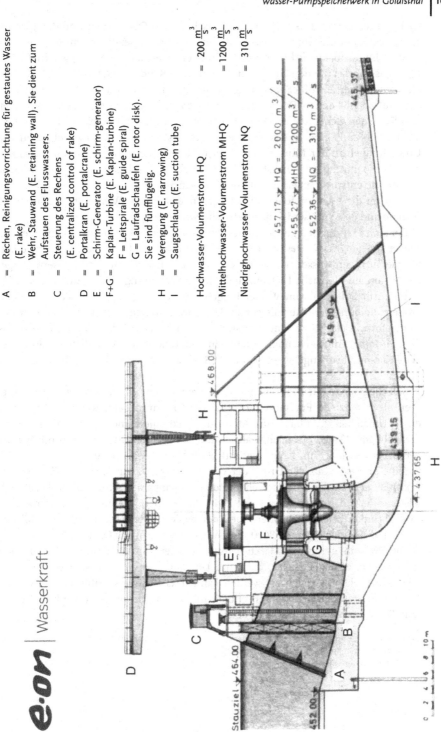

e·on | Wasserkraft

A = Rechen, Reinigungsvorrichtung für gestautes Wasser
(E. rake)

B = Wehr, Stauwand (E. retaining wall). Sie dient zum
Aufstauen des Flusswassers.

C = Steuerung des Rechens
(E. centralized control of rake)

D = Portalkran (E. portalcrane)

E = Schirm-Generator (E. schirm-generator)

F+G = Kaplan-Turbine (E. Kaplan-turbine)
F = Leitspirale (E. guide spiral)
G = Laufradschaufeln (E. rotor disk).
Sie sind fünfflügelig.

H = Verengung (E. narrowing)

I = Saugschlauch (E. suction tube)

Hochwasser-Volumenstrom HQ = 200 $\frac{m^3}{s}$

Mittelhochwasser-Volumenstrom MHQ = 1200 $\frac{m^3}{s}$

Niedrighochwasser-Volumenstrom NQ = 310 $\frac{m^3}{s}$

HQ = 2000 m³/s
MHQ = 1200 m³/s
NQ = 310 m³/s

457.17
455.27
452.36
445.37
468.00
444.80
439.15
437.65
Stauziel 464.00
452.00

0 2 4 6 8 10 m

Abb. 76: Innkraftwerk Nußdorf, Schnitt durch den Turbinenpfeiler
(E. hydro-electric power plant Nußdorf/river Inn, cross section of the turbine pier)

6,2 m Durchmesser. Das *Höhengefälle* zwischen dem Oberbecken und der Turbine beträgt ca. 300 m. Bevor das Wasser durch die Oberwasserstollen strömt, wird am unteren Ende ein *Kugelschieber,* das ist ein überdimensionaler Hahn, geöffnet. Nun kann das Wasser in den die Turbinen umschließenden Leitapparat, d. h. in die Maschinenkaverne einfließen. Anfangs langsam und dann immer schneller beginnt das Laufrad mit einem Durchmesser von 4,65 m sich zu drehen und treibt über eine Welle den Generator an. Die rotierenden Leitschaufeln und die Turbine werden nicht gleich zu Beginn an das Netz geschaltet. Erst wenn die Anlage mit genau 333 Umdrehungen in der Minute sich dreht und die Phasengleichheit von Generator und Netzspannung erreicht ist, wird die Turbine zugeschaltet. 333 Umdrehungen pro Minute entsprechen einer Netzfrequenz von 50 Hertz.

Je weiter die Leitschaufeln geöffnet werden, desto mehr Wasser strömt durch die Turbine und desto größer ist die elektrische Strommenge.

Ein einmal in Betrieb genommenes Pumpspeicherwerk steht im Prinzip niemals wieder still, auch in *Wartestellung* bzw. im *Wartebetrieb* nicht. In diesem Zustand laufen die Turbinen wasserfrei. Sie werden als so genannte rotierende Reserve vorgehalten, um auf plötzliche Lastspitzen der Stromversorgung schnell zu reagieren. Sie werden mit Druckluft von Wasser freigeblasen. Das Laufrad kann sich nun ohne größere Reibungsverluste mit genau 333 U/min drehen. Auf diese Weise ist der Generator mit dem Netz synchronisiert[133], er arbeitet als Motor und holt sich aus dem Stromnetz die notwendige Energie für den rotierenden Wartebetrieb. Wird wieder Leistung abverlangt, werden nur 50 Sekunden benötigt bis die Turbine unter Volllast läuft.

Soll die Anlage auf Pumpbetrieb eingestellt werden, damit Wasser im Oberbecken als potenzielle Energie eingelagert werden kann, dann wird der Generator durch Umstellen der Phase zum Motor umfunktioniert und wieder auf die Nenndrehzahl von 333 U/min hochgefahren. Danach wird der Laufradraum mit Wasser gefüllt, das so lange im Kreise geführt wird, bis der Wasserdruck im Inneren der Turbine größer ist als der Druck der von der Bergseite anstehenden Wassersäule. Anschließend werden Kugelschieber und der Leitapparat geöffnet. Bei voller Pumpleistung fließt dann das Wasser mit 20 km/h den Berg hinauf in das Oberbecken. Zwei Pumpen bedienen immer einen der beiden Oberwasserstollen. Pro Minute drücken die beiden Pumpen 9600 Kubikmeter Wasser in das Oberbecken.

Die Drehzahl geregelten Maschinensätze wurden von *Voith-Siemens Hydro Power* geliefert. Sie ermöglichen es, dass ihre Leistung stets der im Netz vorhandenen Überschussleistung angepasst werden kann. Das übliche schrittweise Hoch- und Herunterfahren der Generatoren entfällt in diesem Pumpspeicherwerk in Goldisthal. Der Gesamtwirkungsgrad ist 80 %.

---

133) syn (grch.) – mit – zusammen; chronos (grch.) – Zeit; synchron – gleichzeitig, zeitlich gleichgerichtet. Synchronisieren ist z. B. das aufeinander Abstimmen der Drehzahlen eines Getriebes.

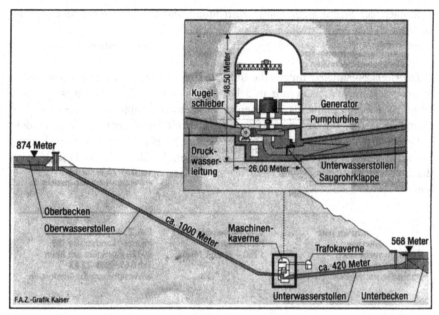

Abb. 77: Übersichtsskizze des Wasser-Pumpspeicherwerkes in Goldisthal (E. scheme of water pumped storage power plant in Goldisthal)

Quelle: Küffner, G. (2003), Volle Leistung nach drei Minuten, Frankfurter Allgemeine Zeitung Nr. 228 vom 01.10.2003.

Gezeitenkraftwerk[134]
(E. tidal hydro-electric power station)

Gezeiten
(E. tides)
sind periodische Höhenschwankungen des Meeresspiegels, der Lufthülle und der Erdkruste unter Einwirkung der Massenanziehungskräfte zwischen Erde und Mond sowie Erde und Sonne. Die Massenanziehungskräfte zwischen Erde und Mond sind 2,18 mal stärker als die zwischen Erde und Sonne. Die Anziehungskräfte werden auch Gezeitenkräfte genannt. Die Gezeiten der Luftdruckschwankungen haben bisher keinen erkennbaren Einfluss auf das Klima gezeigt. Die Erdkruste wird von den Gezeitenkräften bis zu 40 cm angehoben.

Der Zeitabstand zwischen dem *Höchststand des Meeresspiegels (Flut)* und dem *Niedrigstand (Ebbe)* ist eine *Periode* und beträgt 12 Stunden und 25 Minuten. Das *Steigen* und *Fallen* des Wassers von einem Niedrigwasser zum anderen wird *Tide* genannt. Die *Umlaufzeit* des Mondes um die Erde dauert 24 Stunden und 50 Minuten.

134) Michael Bockhorst, (2002),
www.energieinfo.de

Je nach der Stellung der Sonne zum Mond und der Erde verstärken sich die Gezeitenkräfte oder schwächen sich ab.

Bei einer optimalen Verstärkung tritt *Springflut* auf und bei einer Abschwächung *Nippflut*, d. h. flache Flut.

Die *Gezeitenkraftwerke* nutzen die Bewegungsenergie des bei Flut einströmenden Meerwassers in den Stauraum und bei Ebbe des ausströmenden Wasser. Diese Bewegungsenergie treibt die Turbinen und die daran gekoppelten Generatoren an. Durch sie wird Bewegungsenergie unmittelbar in elektrische Energie umgewandelt.

Gezeitenkraftwerke können dort errichtet werden, wo eine Meeresbucht durch einen Damm vom offenen Meer abgetrennt werden kann. Im Damm selbst befinden sich die zur Stromerzeugung genutzten Turbinen und Generatoren. Bei Flut werden sie von der Meeresseite beschickt und bei Ebbe von der Buchtseite (Abb. 78).

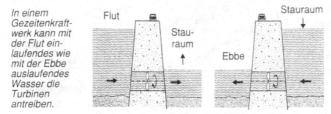

In einem Gezeitenkraftwerk kann mit der Flut einlaufendes wie mit der Ebbe auslaufendes Wasser die Turbinen antreiben.

Abb. 78: Flut und Ebbe im Gezeitenkraftwerk (E. high and low tide in a tidal power station) [79]

Eine Voraussetzung für den Bau eines Gezeitenkraftwerks ist ein möglichst großer Tidenhub, d. h. ein Höhenunterschied des Meeresspiegels zwischen Ebbe und Flut von mindestens 5 m. Die zweite Voraussetzung ist eine tiefe Küstenbucht oder Flussmündung [79].

Gezeitenkraftwerk in St. Malo
(E. tidal power station St. Malo)

Diese Bedingungen werden durch die Mündung der Rance in den Ärmelkanal gut erfüllt (Abb. 79).

Ein 750 m langer Staudamm quer durch die Flussmündung der Rance hält das Hochwasser bei Flut. Es entsteht eine Wasserstaufläche von 22 km². Während der Ebbe wird dieses Wasserreservoir zur Elektrizitätserzeugung durch das Abfließen ausgenutzt.

Umgekehrt treiben bei Flut die steigenden und eindringenden Wassermassen ebenfalls die Turbinen an.

Auf diese Weise werden Gezeitenkraftwerke in beiden Richtungen betrieben, entsprechend müssen die Maschinensätze für zweiseitig arbeitende Turbinen und Generatoren ausgerüstet sein.

Das Gezeitenkraftwerk der Rance befindet sich in der Nähe des französischen Ferienortes St. Malo in der Bretagne und wurde 1967 als größtes Gezeitenkraftwerk der Welt in Betrieb genommen. Neben dem Felsendamm besitzt das Kraftwerk

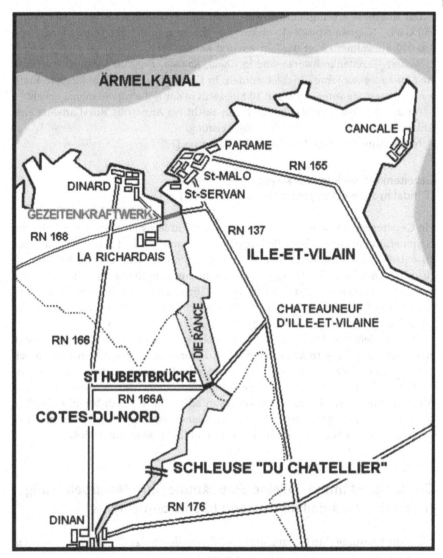

Abb. 79: Geographische Lage des Gezeitenkraftwerkes St. Malo
(E. geographical location of the tidal power station St. Malo)

6 *Ein- und Auslassschleusen* zum schnellen Leeren und Füllen der Flussmündung. Zweimal täglich leeren und füllen die Gezeiten der Rance mit einem Durchfluss von maximal 15 000 m³ pro Sekunde und einem Tidenhub bis zu 13,5 m den Stauraum hinter dem Damm. Zwischen zwei Gezeiten, d. h. in 12 Stunden und 25 Minuten (das entspricht 44 700 Sekunden), werden bei diesem großen Tidenhub 670,5 Mio. m³ Wasser bewegt. 24 Rohrturbinensätze, bestehend aus je einer Turbine und einem Generator, sorgen für die Erzeugung des elektrischen Stroms.

Das Kraftwerk erbringt jährlich eine Leistung von 600 Mio. kW und liefert damit 550 GWh (Gigawattstunden) elektrische Energie, mit der eine Stadt von 330 000 Einwohnern über das Jahr versorgt werden kann.

Weitere Gezeitenkraftwerke sind in *China, Kanada, England, Südkorea* und *Russland* im Laufe der Jahre errichtet worden. In China gibt es mehrere kleinere Kraftwerke, das größte wurde 1980 mit 10 Megawatt in der Nähe von Shanghai erstellt.

An der Ostküste Kanadas in der Fundy-Bucht bei Annapolis Royal arbeitet eine Anlage seit 1984 mit einer 20 Megawatt-Leistung.

In Russland läuft eine Pilotanlage im Barentsee [79].

Gezeitenkraftwerk in Norwegen
(E. tidal hydro-electric power station in Norway)

Ein Gezeitenkraftwerk besonderer Konstruktion wurde als Prototyp in der Nähe von Hammerfest im September 2003 ans Netz genommen. Es handelt sich um das erste Unterwasser-Kraftwerk der Welt. Dieser Prototyp erzeugt 300 Kilowatt an elektrischem Strom. Die Energiemenge reicht aus, um 30 norwegische Haushalte mit Strom zu versorgen. In den nächsten 5 Jahren wird das Kraftwerk so weit ausgebaut, dass für hunderttausende von norwegischen Haushalten ausreichend elektrische Energie bereit gestellt werden kann.

Als Energiequelle dienen die zwischen Ebbe und Flut sich über dem Meeresboden wälzenden Wassermassen. Sie treiben Rotoren an, die mit Generatoren verknüpft sind und Bewegungsenergie in elektrische Energie umsetzen. Ein Rotor ist in diesem Falle im Prinzip eine gewaltige Mühle unter dem Meeresspiegel. Die Anlage ist mit einer Stahlsäule im Meeresgrund verankert. Auch bei dieser Anlage besteht der große Vorteil darin, dass die Gezeitenenergie in beiden Bewegungsrichtungen, in die das Wasser je nach Ebbe oder Flut fließt, ausgenutzt wird.

Große Staudämme – kleine Staudämme, ihre Naturbelastung
(E. big dams – small dams, harm to environment)

Die Naturbelastung durch Staudämme wird u. a. durch das Oberflächen-Volumen-Verhältnis des Stausees maßgeblich beeinflusst.

Je mehr Wasservolumen bei geringer Oberfläche ein Stausee aufweist, d. h. zugleich je weniger Landfläche überflutet ist, desto geringer ist auch die Naturbelastung. Für eine erzeugte Kilowattstunde elektrischen Stroms sind bei großen Staudämmen weniger überflutetes Land erforderlich.

Mit zunehmender Größe des Stausees wird das Oberflächen-Volumen-Verhältnis immer günstiger, ein Beispiel s. Abb. 80 [56].

In Bayern stauen der Sylvensteinspeicher und Brombachsee 250 Mio. m^3 Wasser, die eine Oberfläche von 15 km^2 aufweisen. Hinter den übrigen 21 bayerischen Talsperren werden insgesamt nur 220 Mio. m^3 Wasser aufgestaut, aber sie überfluten mit 37,5 km^2 zweieinhalb mal soviel Land.

Wie schon auf Seite 154 erwähnt, erzeugen in Deutschland die großen Kraft-werke 22 Terawattstunden (TWh), das sind 22 Mrd. kWh bzw. 4 % des Gesamt-stromaufkommens. Tausende von Kleinanlagen mit einer Leistung unter 1 Mega-watt (MW) leisten nur einen Beitrag von 0,33 % (Tab. 13).

18 % des globalen Stromaufkommens werden von Wasserkraftwerken geliefert, deren Leistungen oberhalb von 1000 Megawatt liegen. Von ihnen gibt es weltweit 300, die so genannten *Mammutkraftwerke* (E. major dam projects) (Abb. 57).

Abb. 80:   Lake Powell-Stausee im US-Staat Utah (E. Lake
Powell-dam in US-State Utah)
   Quelle: VDI Nachrichten, Nr. 28, v. 12.07.2002 [56]

Der größte Wasserspeicher Südafrikas, der Gariep-Stausee fasst 5,2 Mrd. m^3 Wasser. Die 433 übrigen Reservoirs überfluten mit der gleichen Menge Wasser die doppelte Landfläche.

9.
Entsalzung von Meer- und Brackwasser
(E. desalting of sea-water and brackish water)

Bevölkerungswachstum und Wasserverschwendung
(E. population growth and waste of water)

Wasser ist nicht knapp auf unserer Erde. 1,384 Mrd. Kubikkilometer Wasser sind rund um den Erdball verteilt (Abb. 2). Doch für die Menschen, zahlreiche Tierarten und Pflanzensorten ist zum Leben nur Süßwasser geeignet, d. h. Wasser, dessen Mineralsalzgehalt 0,02 % nicht übersteigen soll. Meer- und Ozeanwasser kann von bestimmten biologischen Spezies, zu denen auch der Mensch zählt, nicht genutzt werden. Der Süßwasseranteil am gesamten Wasservorrat der Erde beträgt nur 2,65 %, das sind 37,1 Mio. Kubikkilometer. Doch auch das wäre kein Grund zu einer Süßwasser- oder gar Trinkwasserverknappung. Denn Wasser wird nicht verbraucht, sondern nur benutzt bzw. genutzt. Ein ständiger Kreislauf zwischen Verdunstung und Niederschlägen einerseits und eine Selbstreinigung als Grundwasser andererseits sorgen für eine ständige Erneuerung von gebrauchtem Wasser (Abb. 10 und 11).

Die Weltbevölkerungszunahme hat in den letzten 200 Jahren von ca. 800 Mio. auf gegenwärtig 6,3 Mrd. Menschen zugenommen (Abb. 38) Ihre Verdichtung in Mega-Großstädten (Abb. 39) und der einhergehenden Industrialisierung haben zu einer vordergründigen Verknappung von Süßwasser geführt, die schon manche politische Krisen heraufbeschwört hat (Abb. 37). Hinzu kommt ein verschwenderischer Umgang mit dem wertvollen Süßwasser. Undichte Überland-Wasserleitungen, unvollkommene Bewässerungstechniken, hohe Schadstoffeinträge in das Grundwasser, in Flüsse und Seen sowie eine mangelhafte staatliche Gesetzgebung sind einige der von Menschen verursachten Verknappung. In vielen Ländern liegen die Sickerverluste durch defekte Leitungen bei über 50 % der zu fördernden Wassermenge. Nur etwa 10 % aller Abwässer werden weltweit geklärt. Für ca. 5 Mio. Menschen jährlich ist die Todesursache hygienisch nicht einwandfreies Wasser. Gegenwärtig haben 1,3 Mrd. Menschen keinen Zugang zu sauberem Trinkwasser [76]. In vielen Staaten ist der akute Wassermangel die Ursache für eine unzureichende Ernährung und damit der Anlass, diese Regionen zu verlassen und sich in den Randbezirken von Großstädten anzusiedeln. Doch diese Landflucht verschlimmert die Situation für die Menschen im Einzelnen und für die Mega-Städte im Allgemei-

Wasser. Vollrath Hopp
Copyright © 2004 WILEY-VCH Verlag GmbH & Co. KGaA, Weinheim
ISBN: 3-527-31193-9

nen. In vielen dieser Weltstädte ist die regelmäßige Versorgung mit Trinkwasser nicht mehr gesichert. Immer öfter setzt für mehrere Tage in diesen Städten die Trinkwasserbelieferung aus, insbesondere in den halbtrockenen und trockenen Zonen der Erde [89].

Nach Schätzungen des World Water Council zirkulieren im so genannten „blue water"-Kreislauf – dem Süßwasserkreislauf, der von den Niederschlägen gespeist wird – jährlich 40 000 Kubikkilometer Wasser (Abb. 11) [82].

Aus diesem Kreislauf werden pro Jahr 3600 km^3 Wassermengen vorübergehend von Menschenhand abgezweigt [84 Chapter 4, Our Vision of Water and Life 2025].

Davon dienen   70 %, das sind ca. 2520 km^3, für die künstliche Bewässerung von landwirtschaftlich genutzten Ackerflächen.

22 %, das sind ca. 792 km^3, werden von der Industrie für ihre Prozesse benötigt,

8 %, diese entsprechen ca. 288 km^3, werden von den Gemeinden und Kommunen entnommen für die Trinkwasserversorgung von Privathaushalten.

Ein weiterer parallel verlaufender Süßwasserkreislauf ist der des „Grünwassers" (green water). Er spielt sich zwischen Grund- bzw. Oberflächenwasser im Boden, sowie den auf ihm wachsenden Pflanzen einerseits und der Verdampfung und dem Abfluss in das Meerwasser andererseits ab.

Die an diesem so genannten Grünwasserkreislauf beteiligten Wassermassen werden auf 60 000 km^3 geschätzt. 60 % davon befinden sich im ständigen Austausch mit der Pflanzenvegetation. Dieser Kreislauf reguliert über die Fotosynthese das Ökosystem der Erdoberfläche (S. 60 ff).

Sowohl der Blauwasser- als auch der Grünwasserkreislauf werden von den Niederschlägen über dem Festland der Erde gespeist, die in der Summe auf 100 000 km^3 bis 111 000 km^3 geschätzt werden (Abb. 2 u. Abb. 11).

Beschreibung einiger Entsalzungsmethoden
(E. description of some desalting processes)

Meerwasser enthält ca. 3,5 % und mehr gelöste Salze, von denen durchschnittlich 3,0 % Steinsalz (NaCl) sind. Die restlichen 0,5 % bestehen aus Verbindungen von etwa 50 verschiedenen Ionen [70].

Brackwasser entsteht beispielsweise beim Zusammentreffen von Süß- und Meerwasser an Flussmündungen. Es entstehen salzige Wasser, die stark bakterien- und algenhaltig sind (S. 25).

Aus der Sicht der menschlichen Bedürfnisse, der Festland bewohnenden Tiere und Vegetation ist der größte Teil des natürlichen Wasservorkommens, nämlich 97,35 %, mit Salzen vergiftet. Festlandbewohnende Lebewesen sind süßwasserabhängig. Auch für die industriellen Prozesse ist Salzwasser ungeeignet, es ist korrosionsaggressiv. Unter Entsalzungen werden technische Verfahren zusammengefasst, die der Entfernung von gelösten Ionen (Salzen) und Gasen aus dem Meer- und Brackwasser dienen. Auf diese Weise wird Süßwasser für den industriellen, landwirtschaftlichen Gebrauch bzw. Trinkwasser für den unmittelbaren menschlichen Bedarf gewonnen. Prinzipiell lassen sich zwei Methoden der Entsalzung voneinander unterscheiden. Zu der einen Methode zählen Verfahren, in denen das Wasser aus dem salzhaltigen Rohwasser abgetrennt wird, wie z. B. Verdunstung, Entspannungsdestillation, Umkehrosmose.

Die zweite Methode verfolgt den umgekehrten Weg. Sie trennt die Salze aus der Salzlösung mittels Elektrodialyse, Ionenaustausch oder Fällung ab.

Die großtechnisch bedeutsamsten Verfahren sind das Entspannungsverdampfungsverfahren (Multi-Stage-Flash Evaporation) 44 %. die Umkehrosmose 42 %, gefolgt von der Elektrodialyse mit 6 % Anteilen (Abb. 81).

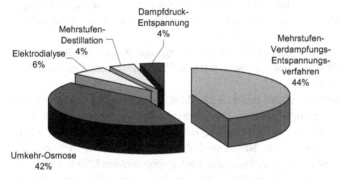

Abb. 81: Kapazitäten der bedeutendsten Meerwasser-Entsalzungsverfahren in der Welt (E. capacities in the world of the most important desalting plants of sea-water)
(*Quelle:* IDA Inventory 1998)[4][135]

Destillation bzw. Verdampfung ist das älteste und einfachste, aber auch energieaufwändigste Verfahren zur Meerwasserentsalzung. 1869 wurde im Hafen von Aleppo am Roten Meer die erste Entsalzungsanlage überhaupt nach diesem thermischen Prinzip gebaut. Sie hatte die Schiffe der damaligen britischen Kolonialmacht mit Süßwasser zu versorgen.

Um den Energieaufwand zu senken, werden die Destillationsanlagen bzw. Mehrstufenverdampfer mit anderen Wasserdampf erzeugenden Anlagen gekoppelt, z. B. mit Heizkraftwerken zur Stromerzeugung oder mit petrochemischen Verfahren. Der Wasserdampf, der die Turbinen zur Stromerzeugung antreibt, kann danach noch für die Entsalzung mittels Destillation genutzt werden. Entsprechendes gilt für den Abdampf, der bei der Aufarbeitung von Erdölfraktionen in den Raffinerien entsteht und noch genügend Wärmeenergie zur Wasserdestillation beinhaltet.

Destillationsanlagen unterschiedlicher technischer Ausführungen weisen Kapazitäten von 2000 m^3/Tag bis zu 20 000 m^3/Tag auf. Der Energiebedarf liegt je nach

135) Buros, O. K. The ABCs of Desalting, published by International Desalination Association, Topsfield, Massachusetts, USA.

Konstruktion der Anlage und der Salzkonzentration des Meer- oder Brackwassers zwischen 7 kWh/m^3 und 12 kWh/m^3.

Seit den 40iger Jahren des 20. Jahrhunderts sind Entsalzungsverfahren entwickelt worden, die die Salze aus dem Meer- oder Brackwasser bis auf weniger als 0,1 % entfernen.

Sie haben sich in Ländern durchgesetzt, die von Meerwasser umgeben sind oder wo Flussmündungswasser sich mit Meerwasser zu Brackwasser vermischt. Außerdem müssen diese Regionen über reichhaltige Energiereserven verfügen. Es sind die Länder Nordafrikas, des Mittleren Ostens, insbesondere Kuwait, die Vereinigten Arabischen Emirate, Bahrain, Saudi-Arabien, aber auch Hongkong.

In Hongkong arbeitet eine Entsalzungsanlage auf Destillationsbasis mit einer Tageskapazität von 180 000 m^3.

In Al Dschubail an der Küste des Persischen Golfs liegend, entsalzt eine gewaltige Destillationsanlage 5 Mio. Kubikmeter Wasser täglich und liefert Süßwasser nach Saudi-Arabien.

Die größte Umkehrosmose-Anlage zur Entsalzung von Wasser arbeitet zur Zeit in Yuma/USA. Täglich werden mit ihr 270 000 m^3 Salzwasser des Colorado River zu Süßwasser aufbereitet [4].

Zur Zeit werden weltweit täglich mehr als 22,7 Mio. m^3 Seewasser entsalzt. Entsprechende Anlagen werden inzwischen in 100 Ländern betrieben, wobei sich 75 % der Gesamtkapazität auf 10 Länder verteilen. Die Hälfte der Kapazitäten zur Entsalzung von Meerwasser befinden sich im Nahen und Mittleren Osten sowie in Nordafrika. Saudi Arabien steht mit 24 % an der Spitze der Welt, gefolgt von den USA mit 16 % [4].

Containerschiffe, Öltanker, Passagierschiffe, die die Ozeane überqueren, benötigen Süßwasser für die Menschen und Maschinen. Entsprechendes gilt für die Besatzungen und technischen Einrichtungen auf den Erdölbohrinseln, die in den Meeren errichtet sind. Sie alle sind mit Entsalzungsanlagen ausgerüstet, die das Meerwasser nach dem Prinzip der *Umkehrosmose* zu Trinkwasser bzw. entsalztem Brauchwasser aufbereiten. Inzwischen sind die Verfahren und die verwendeten Membranen so gut ausgereift, dass für 1 m^3 entsalztes Wasser nur noch 1 Liter Heizöl als Energiequelle benötigt wird.

Umkehrosmose
(E. reverse osmosis) [136]

Bei der *Umkehrosmose* tritt Wasser durch eine semipermeable (halbdurchlässige) Membrane von der höheren Salzkonzentration in Richtung zur verdünnten, d. h. fast salzfreien Lösung über. Dieser Effekt wird erreicht, indem auf der Seite mit der höheren Konzentration ein Druck ausgeübt wird, der den osmotischen Druck dieser konzentrierten Lösung übersteigt [4].

---

136) reverse osmosis (engl.) – umgekehrte
Osmose.

Osmose[137] ist der einseitig gerichtete Durchtritt von Flüssigkeiten durch halbdurchlässige (semipermeable) Scheidewände (Membranen, Diaphragmen). Befinden sich beiderseits einer volldurchlässigen Scheidewand Lösungen unterschiedlicher Konzentrationen, so gleichen sich die Konzentrationen aus, indem die gelösten Teilchen in die Lösung mit niederer Konzentration wandern und umgekehrt die Lösemittelmoleküle in die Lösung höherer Konzentration übertreten. Dieser Konzentrationsausgleich von Lösemittelmolekülen und gelösten Bestandteilen, auch Diffusion genannt, ist beendet, wenn beiderseitig der permeablen Scheidewand die gleiche Austauschgeschwindigkeit herrscht.

Tritt an Stelle einer permeablen eine semipermeable Scheidewand, eine Membran, die nur für eine Sorte von Molekülen durchlässig ist, entweder für die der gelösten Teilchen, dann gleichen sich die Konzentrationen nur in einer Richtung aus. Ist die semipermeable Membran z. B. nur für die Lösemittelmoleküle durchlässig, dann wandern diese aus der Lösung mit niederer Konzentration durch die halbdurchlässige Scheidewand auf die Seite der höheren Konzentration. Als Paralleleffekt bildet sich in dem System höherer Konzentration ein hydrostatischer Überdruck, der *osmotischer Druck* genannt wird und messbar ist. Der osmotische Druck und die Konzentrationsunterschiede hängen unmittelbar zusammen (Tab. 5).

Die Umkehrosmose ist eine Umkehrung der Osmose in der Weise, dass die Lösemittelmoleküle von einer Lösung höherer Konzentration durch eine semipermeable Scheidewand in die Lösung mit niederer Konzentration bzw. in das reine Lösemittel wandern. Dabei wird die Lösung mit hoher Konzentration noch höher konzentriert, da sich aus ihr die Lösemittelmoleküle entfernen und die gelösten Teilchen zurückgehalten werden. Dieser Effekt wird dadurch erreicht, dass ein äußerer Druck auf die Lösung mit höherer Konzentration ausgeübt wird, der größer sein muss als der osmotische Druck des verwendeten Lösemittels. Das Ergebnis einer Umkehrosmose ist die aufkonzentrierte Lösung, das *Retentat*[138] und das reine Lösemittel, *Permeat*[139].

Bei der Umkehrosmose werden Elektrolyte und niedermolekulare organische Verbindungen mit Teilchengrößen zwischen $5 \cdot 10^{-7}$ mm bis $1 \cdot 10^{-6}$ mm bei Drücken zwischen 30 bar und 50 bar von Membranen zurückgehalten.

Die Umkehrosmose wird eingesetzt in der Wasser- und Abwasseraufbereitung, in der Gewinnung von Süßwasser aus Abwasser und Salzwasser, d. h. Wasserentsalzung.

Sie wird weiterhin angewendet in der Lebensmittelindustrie, in der chemischen und pharmazeutischen Industrie zur Aufbereitung von Prozesswässern.

Eine Kenngröße für den Verfahrensaufwand der Umkehrosmose ist der *osmotische Druck p* der zu behandelnden Lösung.

Das Weltmarktvolumen wird auf ca. 3,5 Mrd. Euro geschätzt (VDI-Nachrichten, Nr. 39, S. 10 v. 27.09.2002).

137) osmos (grch.) – Stoß; semi (lat.) – halb; membrum (lat.) – Teile, Körperglied, biologisch: dünnes Häutchen; diaphragma (grch.) – Scheidewand, z. B. zwischen Körperhöhlen; diffundere (lat.) – ausgießen, ausbreiten.

138) retinere (lat.) – zurückhalten.

139) permeare (lat.) – hindurchgehen.

Seit ca. 1965 ist die Umkehrosmose zu einem technischen Verfahren der Meerwasserentsalzung entwickelt worden. Durch Ausübung eines Druckes auf die konzentrierte Salzlösung wird mittels einer semipermeablen Membran fast reines Wasser von der konzentrierteren Lösung getrennt, das als Süßwasser verwendet werden kann (Abb. 82).

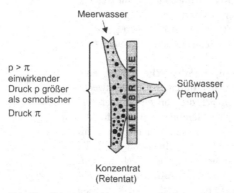

Abb. 82: Prinzip der Meerwasserentsalzung nach der Umkehrosmose (E. principle of a reverse osmosis for desalting of sea-water)

Die aufzuwendenden Drücke hängen vom Salzgehalt des Meer- oder Brackwassers ab. Für das Meerwasser sind Drücke zwischen 54 bar und 80 bar notwendig und für Brackwasser zwischen 15 bar und 25 bar. Die Druckerzeugung und Druckaufrechterhaltung erfordern den höchsten Energieanteil dieser Entsalzungsmethode. Er beträgt ca. 3 kWh pro Kubikmeter zu entsalzendem Meerwasser. Von entscheidender Bedeutung ist auch die Qualität der Membranen, die in der Regel aus Zelluloseacetat- oder Polyamidfasern bestehen.

Besonderes Augenmerk muss den Membranoberflächen gewidmet sein. Sie müssen immer sauber und frei von Feststoffteilchen sein, wie sie durch Ablagerungen oder Niederschläge aus dem Meer- oder Brackwasser entstehen können.

Eine Umkehr-Osmose-Anlage setzt sich aus vier wesentlichen Stufen zusammen (Abb. 83):

- Vorbehandlung
- Hochdruckpumpe
- Membrananordnung
- Nachbehandlung

Die *Vorbehandlung* des zu entsalzenden Meer- bzw. Brackwassers ist sehr wichtig für die Erhaltung der Membran-Trennwirkung.

Durch sie werden die suspendierten Feststoffteilchen aus dem zu entsalzenden Wasser entfernt, ebenfalls werden mögliche Niederschläge auf den Membranen dadurch verhindert, dass sie vorher ausgefällt werden. Auch sind Mikroorganismen zu entfernen, die sich möglicherweise auf den Membranoberflächen absetzen und vermehren.

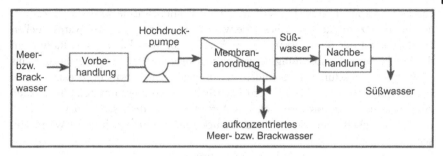

Abb. 83: Fließschema einer Anlage zur Meer- und Brackwasser-
entsalzung nach der Umkehrosmose (E. basic components of a
reverse osmosis)

Die *Nachbehandlung* des erhaltenen Süßwassers besteht in der Entfernung von
Gasen, z. B. Schwefelwasserstoff, H_2S, u. a. sowie einer pH-Wert-Einstellung, damit
es als Trink- oder Gebrauchswasser verwendet werden kann.

Nanofiltration
(E. nanofiltration)

Eine Ergänzung zur Umkehrosmose ist die Nanofiltration. Sie beruht auf der Verwendung von Membranen, die sich durch mehr aber kleinere Poren auszeichnen.
Sie halten unter anderem zweiwertige Ionen, wie z. B. die des Calciums, Ca^{2+}, und
Magnesiums, Mg^{2+}, und auch einwertige wie die der Chloridionen, Cl^-, und organische Verunreinigungen zurück. Mit der Nanofiltration werden bevorzugt Wässer
enthärtet oder durch Teilentsalzung zu Trinkwasser aufbereitet. Ihr Vorteil besteht
in dem relativ geringen Energieaufwand bei hohem Flux[140], d. h. hoher Durchfluss-
rate.

Entspannungsverdampfungsverfahren
(E. multi-stage flash evaporation)

Das Prinzip dieses Verfahrens besteht darin, dass Meerwasser über seinen Siedepunkt hinaus mit Heißdampf erhitzt wird. Dabei entsteht ein Überdruck. Dieses
erhitzte Meerwasser wird durch eine Serie von Verdampfungskammern mit leich-
tem Unterdruck geleitet, wobei der Unterdruck von Kammer zu Kammer zunimmt,
es gilt: $p > p_1 > p_2 \rightarrow p_n$. Da bei vermindertem Druck der Siedepunkt von Flüssigkeiten sinkt, kommt es in den Kammern jeweils zu einer schlagartigen (E. flash)
Verdampfung unter Abkühlung der Sole (des Meerwassers), die der nächsten Kammer, die unter noch geringerem Druck steht, zugeführt wird. Der bei schlagartiger
Verdampfung entstandene Wasserdampf ist salzfrei und wird mittels Wärmetauscher kondensiert und als Süßwasser aus Verdampfungskesseln abgeführt (Abb. 84).

140) fluctuare (lat.) – fließen, wogen; Fluxus –
gesteigerte Absonderung

Die bei der Kondensation freiwerdende Kondensationswärme wird wieder zurückgeführt und zum Aufheizen des Meerwassers mit verwendet. Als Wärmequellen zur Erhitzung des Meerwassers dienen häufig z. B. der Abdampf aus Raffinerien des Erdöls. Diese Entspannungsverdampfungsanlagen enthalten in der Regel 15 bis 25 Entspannungsstufen. Es befinden sich Anlagen mit Entsalzungskapazitäten in Betrieb mit 4000 m^3 bis 5700 m^3 pro Tag. Die Zugabe von bestimmten Chemikalien zum salzhaltigen Kühlwasser soll das Auftreten von Niederschlägen verhindern. Die Salzhaltigkeit erniedrigt den Dampfdruck der Kühlflüssigkeit in der Wärmetauscherleitung [4].

Der Wirkungsgrad einer Anlage wird bestimmt

1. durch den Temperaturunterschied zwischen der Eingangstemperatur des erhitzten Meerwassers und der Endtemperatur am Ausgang der letzten Stufe und
2. durch die Druckdifferenz zwischen den einzelnen Entspannungsstufen.

Die Eingangstemperaturen des erhitzten Meerwassers betragen in der Regel 90 °C bis 100 °C. Höhere Temperaturen würden zwar den Wirkungsgrad des Verfahrens erhöhen, aber mit ihr nimmt auch die Korrosionsanfälligkeit der Metalloberflächen der Kessel und Rohrleitungen durch Meerwasser zu.

Besonders zahlreich sind entsprechende Anlagen in Saudi-Arabien, Kuwait, Oman und den Vereinigten Arabischen Emiraten installiert worden. Diese Länder betreiben eine intensive Forschung und Entwicklung in der Meerwasserentsalzung.

Elektrodialyse
(E. electrodialysis process)

Die *Elektrodialyse* beruht auf dem Ionenaustauschprinzip, das durch Anlegen einer elektrischen Gleichspannung unterstützt und damit der Ionenaustausch beschleunigt wird.

Auch die Elektrodialyse eignet sich zur Entsalzung von Meer- und Brackwasser (S. 25). Die Anlage besteht aus Hunderten von hintereinandergeschalteten Ionenaustauscher Membranen (1, 2, 3, 4, 5, 6), die entweder nur für Anionen, wie z. B. Cl^-, CO_3^{2-} oder für Kationen, wie z. B. Na^+, Ca^{2+} durchlässig sind (Abb. 85).

Wird eine elektrische Spannung angelegt, so wandern nur die Anionen durch die anionenselektiven Membranen und gelangen als angereichertes Salzkonzentrat in den Abfluss. Die Kationen wandern durch die kationenselektiven Membranen. Das entsalzte Wasser in den Zwischenräumen B, D und F fließt nach unten als Süßwasser ab. Die Anionen und Kationen wandern in die Kammern A, C, E, G, von denen die Kammer A besonders NaOH-haltig und die Kammer G chloridhaltig ist. Ihre angereicherten Salzkonzentrate fließen als Sole ab (Abb. 85).

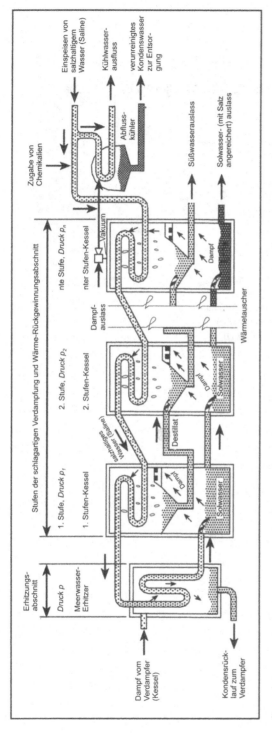

Abb. 84: Schema einer Mehrstufen-Verdampfungsanlage (E. diagram of a multi-stage flash plant) [4]

*) Eine Zugabe von Chemikalien soll Kalkablagerungen, anderweitige Ausfällungen und eine Verkeimung an inneren Rohrwänden verhindern. Um eine Korrosionsanfälligkeit zu verringern, wird das eingespeiste Salzwasser schwach alkalisch eingestellt.

Verwendete Chemikalien sind z. B. kondensierte Phosphate der Zusammensetzung $\left(NaPO_3\right)_{6-20}$ mit der Struktur $HO-\left[\begin{array}{c} O \\ \| \\ P \\ | \\ ONa \end{array} O\right]_n H$; und

Polyacrylsäureester (Polyacrylate) $\left(\begin{array}{c} CH_2-CH \\ | \\ COOR \end{array}\right)_n$, wobei R ein Kohlenwasserstoffrest ist, sowie andere organische Polymere.

Biozidzusätze wie Chlor, Cl_2, Chlordioxid, ClO_2, Ozon, O_3, organische Wirkstoffe sollen ein biologisches Wachstum, d. h. eine Verkeimung verhindern.

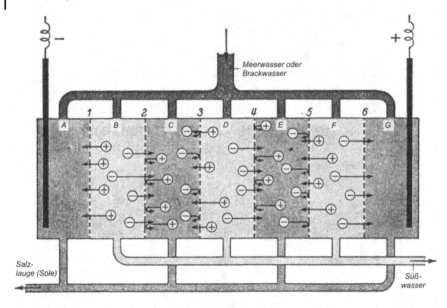

Abb. 85: Wanderungen von Ionen in einer Elektrodialyse
(E. movement of ions in an electrodialysis process)
    Quelle: Buros, O. K., The ABC's of Desalting [4]

10.
Wasser als mittelbare Energiequelle der Zukunft
(E. water – a mediate energy source in future)

Fossile Brennstoffe, ihre Reserven und Energiedichten
(E. fossil fuels, their resources and densities of energy)

Der immer noch zunehmende Energiebedarf in der Welt wird seit fast 200 Jahren, ausgelöst von der technischen Entwicklung der Dampfmaschine durch James Watt (1736 – 1819), mit fossilen kohlenstoffhaltigen Rohstoffen wie Kohle, Erdöl und Erdgas sichergestellt.

Obwohl die Erschöpfung der Erdöl- und Erdgasquellen schon des öfteren für die nahe Zukunft vorausgesagt worden ist und immer wieder hinausgeschoben wurde, ist ein Ende dieser Reserven vorauszusehen.

Die größte Reichweite unter allen fossilen Energieträgern hat mit Abstand die Kohle. Nach Schätzungen des Weltenergierates betragen die Kohlenreserven 800 Mrd. t Steinkohleneinheiten. Ihre theoretische Reichweite wird mit ca. 200 Jahren angegeben. Die umfangreichsten Vorkommen befinden sich in USA, GUS (s. Fußnote 130, S. 158), China und Australien.

Die sicher gewinnbaren Erdölreserven belaufen sich auf etwa 140 Mrd. t. Bei dem derzeitigen Förderniveau von über 3,6 Mrd. t jährlich reichen sie rechnerisch bis in die Mitte des 21. Jahrhunderts, ca. 45 Jahre. Mit fast 65 % sind die Weltvorräte im Nahen Osten konzentriert [50].

Große Ölkonzerne[141] kommen allerdings zu anderen Schätzungen der Erdölreserven. Nach ihren Berechnungen sind im Jahr 2002 die *sicher bestätigten Reserven* um 25 Mrd. Tonnen auf 165 Mrd. Tonnen gestiegen. Der Grund liegt in der positiven Bewertung der Fördermöglichkeit von Ölsanden in Kanada. Diese Reserven wurden in die Liste der Bestände von *sicher bestätigten Ölreserven* aufgenommen. Hierbei handelt es sich nicht um neue Ölfunde, sondern um schon lange bekannte Vorkommen, die mit heutiger Technik wirtschaftlich förderbar sind. Es ist anzunehmen, dass immer noch nur ein relativ kleiner Teil der förderbaren Ölreserven statistisch erfasst ist.

---

141) *Quelle:* Vorstellung der Studie Öldorado 2003 durch K.-H. Schult-Bornemann, Leiter der Presse und Information Exxon Mobil Central   Europe Holding GmbH, Hamburg, am 17.06.2003 in Zürich.

Wasser. Vollrath Hopp
Copyright © 2004 WILEY-VCH Verlag GmbH & Co. KGaA, Weinheim
ISBN: 3-527-31193-9

Kanada ist mit seinen auf 24,235 Mrd. t geschätzten Ölvorräten fast an die Spitze der ölreichsten Länder gerückt. Nur Saudi Arabien mit 35,409 Mrd. t verfügt noch über größere Reserven. Der Irak mit 15,095 Mrd. t Ölvorkommen nimmt den 3. Platz ein.

Auch die weltweiten Erdgasreserven haben sich um 1425 Mrd. m^3 auf 155 673 Mrd. m^3 erhöht. Das sind fast 1 % mehr. Mit 900 Mrd. m^3 entfiel die größte Steigerung auf Norwegen.

Von diesen lagern mehr als zwei Drittel in der GUS und im Nahen Osten. Ihr Energiewert beträgt ca. 5110 · 10^9 Gigajoule/m^3 $\triangleq$ 1744 · 10^{14} t SKE [24]. *Als mittlerer unterer Heizwert des Erdgases wurden 35 Megajoule/m^3 zugrunde gelegt.*

Forschungsergebnisse der *Universität Stanford in Kalifornien* sehen das Ölzeitalter noch lange nicht zur Neige gehen. Mit dem Projekt *Global Climate and Energy Projcet* (G-CEP) wird dort mit Unterstützung internationaler Energiekonzerne an einer Verbesserung der Energieeffizienz gearbeitet.

Im Jahre 2002 wurden auf der Welt 6,3 Mrd. Menschen gezählt. Da die Weltbevölkerung noch weiter steigt – 2020 werden es 8 Mrd. Menschen ein – nimmt auch ihr Energiebedarf zu, insbesondere in den sich industrialisierenden Schwellen- und Entwicklungsländern.

Der Weltenergierat erwartet in seiner Prognose von 1998 eine Zunahme der weltweiten Energienachfrage innerhalb der nächsten 20 Jahre um 46 %, d. h. von knapp 13 Mrd. t SKE auf 19 Mrd. t SKE. Dieses setzt voraus, dass der Energiebedarf pro Kopf nicht zunimmt, der sich zur Zeit auf ca. 2,1 t SKE jährlich beläuft. Für 2020 soll er auf 2,375 t SKE steigen.

Die Qualität, d. h. der innere Energiegehalt der fossilen Energieträger, ist sehr unterschiedlich. Er wird im Wesentlichen von dem Wasserstoffanteil des jeweiligen Brennstoffes bestimmt. Insofern ist der Energiegehalt der Kohle am niedrigsten und der des Erdgases am höchsten. Während die Kohle kaum Wasserstoffanteile aufweist, beträgt das Verhältnis Kohlenstoff zu Wasserstoff im Erdöl 1 : 2 und im Erdgas 1 : 4.

Den höchsten Heizwert hat reiner Wasserstoff mit 142 950 kJ/kg (Tab. 14).

Unter Energiedichte wird die gespeicherte Energiemenge pro Masseneinheit, in der Regel pro Kilogramm verstanden.

Die in Tabelle 14 aufgelisteten Energieträger zeigen, dass nach Uran der Wasserstoff den höchsten Heizwert hat. Seine Energiedichte lässt zu wünschen übrig. Bei Normbedingungen entspricht dem Heizwert von 142 950 kJ/kg eine Energiedichte von 12 763 kJ/m^3.

Der obere Heizwert [kJ/kg] sinkt mit abnehmendem Wasserstoffanteil in den Energieträgern ebenfalls. Beim Ethanol, Methanol und der Zellulose wird der Heizwert noch zusätzlich durch den im Molekül gebundenen Sauerstoff erniedrigt. Indirekt bedeutet die Anwesenheit des Sauerstoffs schon eine Teiloxidation.

Die größte Wasserstoffquelle auf der Erde ist Wasser. Die Problematik besteht im hohen Energieaufwand, den Wasserstoff aus dem Wasser abzutrennen. Aufgrund der hohen Bindungsenergie zwischen Sauerstoff- und Wasserstoffatomen ist dazu viel Energie nötig.

$$927\ kJ + H-OH \longrightarrow 2\ H + O$$

Tab. 14: Obere Heizwerte bzw. Energiedichten einiger Energieträger (E. gross calorific values and densities of some energy
carriers)

Energieträger	Verhältnis Kohlenstoff zu Wasserstoff	Bildungs-enthalpie $\Delta_B H$ kJ/mol	Verbrennungs-enthalpie $\Delta_V H$ kJ/mol	Molmasse	Energiedichte bzw. oberer Heizwert	
					kJ/kg	kWh/kg
Uran 235	–	–	–	235	ca. 72 Mrd.	ca. 20 Mio.
Wasserstoff, H_2		0	– 285,9	2	142 950,0 kJ/kg $\triangleq$ 12 763 kJ/m^3	39,7 kWh/kg $\triangleq 3{,}55\,\frac{kWh}{m^3}$
Methan, CH_4	1 : 4	–74,8	–890,4	16	55 650,0 kJ/kg $\triangleq 39750{,}0\,\frac{kJ}{m^3}$	15,46 kWh/kg $\triangleq 11{,}04\,\frac{kWh}{m^3}$
Hexan als Treib-stoffkomponente, C_6H_{14}	1 : 2,33	–198,8	–4163,0	86	48 407,0	13,45
Polyethylen bzw. Erdöl $+[H_2C]_n$	1 : 2	–31,2	–648,2 pro CH_2-Baustein	n · (14)	46 607,0	12,9
Benzol, C_6H_6	1 : 1	–82,8	–3135,7	78	40 201,0	11,17
Kohlenstoff $[C_6]_n$	1 : 0	0	6 · (–393,5)	6 · (12)	32 791,0	9,1
Ethanol, H_3C-CH_2-OH	1 : 2,5	–277,5	–1366,4	46	29 704,0	8,3
Methanol, H_3C-OH	1 : 4	–238,5	–726,5	32	22 703,0	6,3
Zellulose (Holz) $[C_6H_5(OH)_5]_n$	1 : 6	–943,0	–2846,8 pro $C_6H_5(OH)_5$-Baustein	n · (162)	17 573	4,9

In der Natur wird diese Bindungsenergie durch Sonnenenergie während der Fotosynthese überwunden (S. 60 u. S. 105).

Diesen natürlichen Spaltungsprozess nachzuahmen, ist in den letzten Jahrzehnten mit Hilfe der Solarzellen und Photovoltaik[142] gelungen. Eine entsprechende Pilotanlage mit 500 Kilowatt-Leistung ist von der Solar-Wasserstoff-Bayern GmbH in Neuenburg vorm Wald/Oberpfalz bis 1999 erfolgreich betrieben worden. Großtechnische Anlagen sind inzwischen in den USA und Saudi Arabien in voller Funktion.

Die Photovoltaik beruht auf dem photoelektrischen Effekt, d. h. einer Wechselwirkung zwischen Strahlung (z. B. Sonne) und Materie. In der Materie werden durch die Absorption von Photonen (Energiequanten der Strahlung) bewegliche Ladungsträger erzeugt. Dadurch baut sich eine elektrische Spannung auf, die einen elektrischen Stromfluss anregt.

142) phos (grch.) – Licht, daraus ableitend Photo. Volta, Alessandro Graf (1745–1827), ital. Physiker, nach ihm benannt ist die Maßeinheit für die elektrische Spannung 1 Volt.

Für diesen Photoeffekt erweisen sich Halbleiter wie z. B. Silizium als besonders geeignet. Durch Zugabe (Dotierung) von Zusatzstoffen kann dieser Photoeffekt gesteigert werden.

Solarenergie und Wasserelektrolyse
(E. solar energy and electrolysis of water)

Die Solarenergie lässt sich mit Hilfe von Solarzellen direkt in elektrische Energie umwandeln [55]. Der sonst übliche Umweg über Wärmeenergie ist hier nicht notwendig. Sonnenenergie wird unmittelbar in elektrische Energie umgewandelt. Es handelt sich um eine *Energie-Direktumwandlung*. Das ist eine elektrische Stromerzeugung aus anderen Energiearten, wie z. B. Strahlungsenergie oder chemische Energie, bei der die Umwandlungsstufen in mechanische Energie, – Strömung des Wassers bzw. Dampfes, Rotation der Turbinen – vermieden werden, wie sie in Wasser-, Kohle- und Kernkraftwerken üblich ist.

Die am häufigsten eingesetzten Solargeneratoren bestehen aus kristallinen Siliziumzellen. Mit dem erzeugten elektrischen Gleichstrom kann Wasser in Wasserstoff und Sauerstoff elektrolytisch zerlegt werden.

elektrische Energie	+ Wasser		Wasserstoff	+ Sauerstoff
285,9 kJ (0,079 kWh)	+ H_2O	$\xrightarrow{\text{Elektrolyse}}$	H_2	+ $\frac{1}{2} O_2$

Wegen der geringen Leitfähigkeit des reinen Wassers wird unter Zusatz von Alkalilaugen (NaOH oder KOH) gearbeitet. Die Elektrolysetemperaturen liegen je nach Verfahrenskonstruktion zwischen 70 °C und 90 °C. Auch unter erhöhtem Druck wird Wasser häufig elektrolysiert. Arbeitsdrücke bis zu 30 bar sind üblich.

Die Zellspannung beträgt 1,85 Volt bis 2,05 Volt bei Stromdichten von 2 kA bis 3 kA (Kilo-Ampere) pro m^2.

Theoretisch müssen für 1 m^3 Wasserstoff 3,53 kWh an elektrischer Energie aufgewendet werden[143]. Parallel dazu fallen 0,5 m^3 reiner Sauerstoff an.

In der Praxis liegt der spezifische Energiebedarf bei 4,5 kWh bis 5,45 kWh pro Kubikmeter Wasserstoff.

Das ist ein hoher Betrag. So dass es völlig unwirtschaftlich ist, Wasser elektrolytisch mit elektrischem Strom zu spalten, der auf der Grundlage von fossilen Energieträgern über Wärmekraftwerke erzeugt wird. Die Solarenergie vermag die Energielücke bei einer beginnenden Verknappung von fossilen Rohstoffen schrittweise zu schließen.

143) 1 m^3 = 1000 L; $\frac{1000 L}{22,4\frac{L}{mol}}$ = 44,6 mol; 1 m^3 H_2 $\triangleq$ 44,6 mol H_2.

Sonnenenergie – eine unerschöpfliche Energiereserve
(E. solar energy – an unexhaustible resource of energy)

Obwohl nur ein sehr geringer Anteil der von der Sonne ausgesandten Strahlung die Erdoberfläche erreicht, genügt diese, um das Leben aufrecht zu erhalten und auch für technische Zwecke zu nutzen.

Der von der Erde eingefangene Energiestrom beträgt

$E = 10{,}38 \cdot 10^{18}$ Joule pro Minute.

Das ist fast der 2milliardste Teil der von der Sonne mit $22{,}9 \cdot 10^{27}$ Joule pro Minute ausgestrahlt wird. Pro Quadratzentimeter und Jahr erreichen 1072 Kilojoule die Erdoberfläche [15].

Wie das Wasser ist auch die Sonneneinstrahlung auf die Erdoberfläche in den einzelnen Erdregionen unterschiedlich verteilt. Sie ist von den Jahres- und Tageszeiten und von den Wasserdampfschichten in der Atmosphäre abhängig. Bei der technischen Nutzung der Solarenergie muss das berücksichtigt werden.

Berechnung der Energiestromdichte an der Sonnenoberfläche
(E. calculation of the energy flow density on sun surface) [15]

Gespeist aus der schier unversiegbaren Quelle atomarer Kernverschmelzungsprozesse schleudert die Sonne einen *Energiestrom von* $22{,}9 \cdot 10^{27}$ *Joule pro Minute* in den Weltraum.

Da die Sonnenkugel einen Durchmesser von $D = 1{,}39 \cdot 10^{11}$ cm hat, können wir die Sonnenoberfläche mit

$D^2 \cdot \pi = 3{,}14 \, (1{,}39 \cdot 10^{11} \, \text{cm})^2 = 6{,}07 \cdot 10^{22} \, \text{cm}^2$

annehmen. Die von der Sonne pro Quadratzentimeter Sonnenoberfläche und Minute freigesetzte Energie E_S beträgt somit

$$E_S = \frac{22{,}9 \cdot 10^{27} \, \text{J}}{6{,}07 \cdot 10^{22} \, \text{min} \cdot \text{cm}^2} = 377\,265 \, \text{J} \cdot \text{min}^{-1} \cdot \text{cm}^{-2}.$$

Die *Energiestromdichte* E_S ist also an der Sonnenoberfläche rund $377\,000$ $[\text{J} \cdot \text{cm}^{-2} \cdot \text{min}^{-1}]$. Nach dem Strahlungsgesetz von Stefan und Boltzmann[144] gilt für das Strahlungsvermögen eines absolut schwarzen Körpers in Abhängigkeit von der absoluten Temperatur

---

144) Ludwig Boltzmann (1844–1906), österreichischer Physiker;
Josef Stefan (1835–1893), österreichischer Physiker.

Die Boltzmann-Konstante gibt die mittlere kinetische Energie eines einzelnen Gasmoleküls an, $k = 1{,}38066 \cdot 10^{-23}$ J/K.

$$E_S = \sigma \cdot T^4; \text{T ist die absolute Temperatur in Kelvin [K]}^{145)}$$
$$\sigma \text{ ist die Stefan-Boltzmann-Konstante}^{146)}$$

$$\sigma = 5{,}669 \cdot 10^{-12} \left[\frac{J}{cm^2 \cdot s \cdot K^4}\right] = 5{,}669 \cdot 60 \cdot 10^{-12} \left[\frac{J}{cm^2 \cdot min \cdot K^4}\right]$$

$$= 3{,}4014 \cdot 10^{-10} \left[\frac{J}{cm^2 \cdot min \cdot K^4}\right]$$

$$T = \sqrt[4]{\frac{ES}{\sigma}}$$

$$T = \sqrt[4]{\frac{377\,265\ J \cdot min \cdot cm^2 \cdot K^4}{cm^2 \cdot min \cdot 3{,}4014 \cdot 10^{-10}\ J}} = \sqrt[4]{\frac{377\,265 \cdot 10^8 \cdot 10^2}{3{,}4014}}\ [K]$$

$$T = 10^2 \cdot \sqrt[4]{11\,091\,462}\ [K] = 10^2 \cdot 57{,}7\ [K] \approx 6000\ [K]$$

Nehmen wir die Sonne als einen solchen idealen schwarzen Strahler an, so kann aus der Energiestromdichte die Oberflächentemperatur berechnet werden, die die Sonne mindestens (ideal schwarz) haben muss.

Die Sonnenoberfläche hat also eine Temperatur von ca. 6000 K.

Die Solarkonstante
(E. solar constant)

Der Energiestrom der Sonne von $22{,}9 \cdot 10^{27}$ [J $\cdot$ min^{-1}] ist konstant. Da die Fläche, durch die dieser hindurchströmt, aber mit längerer Entfernung von der Sonne immer größer wird, erhalten wir mit zunehmender Entfernung von der Sonne eine immer geringere Energiestromdichte.

Wird die Sonne als kugelförmig angenommen, so sind auch Flächen gleicher Energiestromdichte konzentrische Kugelschalen um die Sonne.

Das besondere Interesse gilt nun der Energiestromdichte auf der Kugelschale, in der sich die Erde auf ihrer Kreisbahn um die Sonne bewegt (Abb. 86).

Die Solarkonstante beträgt S = 8,15 [J $\cdot$ cm^{-2} $\cdot$ min^{-1}].

Die Solarkonstante S gibt den Anteil der Sonnenenergie an, der auf einem Quadratzentimeter Erdoberfläche pro Minute senkrecht auf die Erdoberfläche einfällt. Ohne Berücksichtigung der Aborption in der Atmosphäre ist S = 8,15 J $\cdot$ cm^{-2} $\cdot$ min^{-1}.

---

145) Lord Kelvin of Largs, geadelter William Thomsen (1824–1907), engl. Physiker

146) σ = Stefan-Boltzmann-Konstante, sie ergibt sich bei der Integration des Planckschen Strahlungsgesetzes über die Strahlungsfrequenzen der spektralen Verteilung der Sonnenenergie.

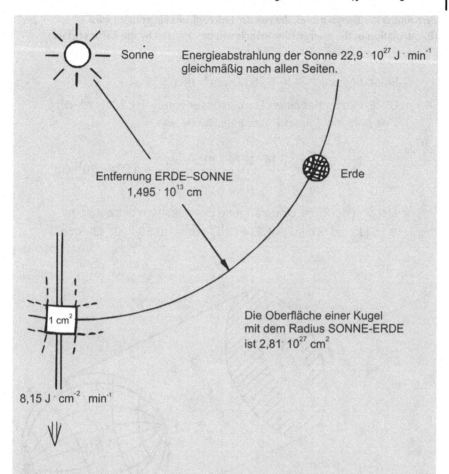

Sonne — Energieabstrahlung der Sonne $22{,}9 \cdot 10^{27}$ J $\cdot$ min^{-1} gleichmäßig nach allen Seiten.

Entfernung ERDE–SONNE
$1{,}495 \cdot 10^{13}$ cm

Erde

1 cm^2

Die Oberfläche einer Kugel
mit dem Radius SONNE-ERDE
ist $2{,}81 \cdot 10^{27}$ cm^2

$8{,}15$ J $\cdot$ cm^{-2} min^{-1}

Durch diese Kugelfläche von $2{,}81 \cdot 10^{27}$ cm^2 strömt die Energie von $22{,}9 \cdot 10^{27}$ J $\cdot$ min^{-1}

Das entspricht einer Energiedichte von

$$\frac{\text{ENERGIESTROM}}{\text{FLÄCHE}} = \frac{22{,}9 \cdot 10^{27}}{2{,}81 \cdot 10^{27}} \frac{\text{J} \cdot \text{min}^{-1}}{\text{cm}^2} = 8{,}15 \, [\text{J} \cdot \text{cm}^{-2} \cdot \text{min}^{-1}]$$

Der Wert $8{,}15$ [J $\cdot$ cm$^{-2} \cdot$ min^{-1}] wird als *Solarkonstante* bezeichnet.

Abb. 86: Kreisbahn der Erde um die Sonne zur Berechnung der Kugelschalenoberfläche (E. circulation of the Earth around the sun for calculation of the spherical surface of the Earth)

Berechnung des Energiestroms, der von der Erdoberfläche eingefangen wird
(E. calculation of the energy flow, which will be captured by the Earth surface)

Solarkonstante $S = 8{,}15 \, [\text{J} \cdot \text{cm}^{-2} \cdot \text{min}^{-1}]$

Die Erdkugel hat einen Durchmesser von $D = 1{,}274 \cdot 10^9$ cm. Das entspricht einer Projektionsflläche von

$$A_p = \frac{\pi D^2}{4} = \frac{3{,}14 \, (1{,}274 \cdot 10^9)^2 \cdot \text{cm}^2}{4} = 1{,}274 \cdot 10^{18} \, \text{cm}^2$$

Der von der Erde eingefangene Energiestrom beträgt somit
$8{,}15 \, [\text{J} \cdot \text{cm}^{-2} \cdot \text{min}^{-1}] \cdot 1{,}274 \cdot 10^{18} \, \text{cm}^2 = \underline{10{,}38 \cdot 10^{18} \, [\text{J} \cdot \text{min}^{-1}]}$

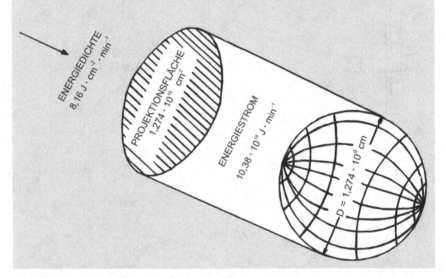

Abb. 87: Gesamtenergiestrom von der Sonne zur Erde
(E. total energy flow from the sun to the Earth)

Energiestrom zur Erde
(E. energy flow to Earth)

Mit der Solarkonstante S und der Projektionsfläche A_p der Erdkugel kann der Anteil des Energiestromes berechnet werden, der von der Erde aufgefangen wird. Mit einem Durchmesser von $1{,}274 \cdot 10^9$ cm hat die Erde eine Projektionsfläche von $A_p = 1{,}274 \cdot 10^{18}$ cm^2 (Abb. 87).

Der von der Erde eingefangene Energiestrom beträgt

$$E = 10,38 \cdot 10^{18} \, [J \cdot min^{-1}].$$

Das ist rund der 2-milliardste Teil dessen, was die Sonne ausstrahlt.

$$\frac{10,4 \cdot 10^{18}}{22,9 \cdot 10^{27}} \left[\frac{J \cdot min^{-1}}{J \cdot min^{-1}} \right] \approx 0,45 \cdot 10^{-9} \approx \frac{1}{2 \cdot 10^{9}}$$

Mittlere Energiedichte

Die durch die Projektionsfläche der Erdkugel aufgefangene Energie wird (rein rechnerisch) auf die Oberfläche der Erdkugel verteilt.

$$\text{Kreisfläche} = \frac{D^2 \cdot \pi}{4} \; ; \; \text{Kugeloberfläche} = D^2 \cdot \pi$$

Die 8,15 J $\cdot$ cm^{-2} min^{-1} (Solarkonstante) werden also auf die 4fache Fläche verteilt.
Es verbleiben $\frac{8,15 \, J \cdot cm^{-2} \cdot min^{-1}}{4} = 2,04 \, [J \cdot cm^{-2} \cdot min^{-1}]$

Das entspricht einer Energiemenge von 2,04 $\cdot$ 60 $\cdot$ 24 $\cdot$ 365 J $\cdot$ cm^{-2} $\cdot$ a^{-1}, das sind *1072 Kilojoule pro Quadratzentimeter und Jahr.*

Abb. 88: Das Verhältnis Projektionsfläche zu Erdoberfläche
(E. ratio of projection area to Earth's surface)

Mittlere Energieströme auf der Erdoberfläche
(E. average energy streams on Earth's surface)

Um zu einem mittleren Wert für die Energiestromdichte auf der Erde zu kommen, wird die durch die Projektionsfläche der Erdkugel aufgefangene Energie (rein rechnerisch) auf die Oberfläche verteilt. Da sich bei einer Kugel ihre Oberfläche zur Projektionsfläche wie 4 : 1 verhält, ist die mittlere Energiestromdichte gleich einem Viertel der Solarkonstante. Das sind 2,04 [J $\cdot$ cm^{-2} $\cdot$ min^{-1}] oder

$$\frac{2,04 \cdot 60 \cdot 24 \cdot 365}{1000} = 1072 \, [kJ \cdot cm^{-2} \cdot a^{-1}]$$

Würde also die gesamte Sonnenenergie bis auf die Erdoberfläche durchdringen, betrüge die mittlere Energiestromdichte 1072 Kilojoule pro Quadatzentimeter und Jahr (Abb. 88).

Albedo-Wert
(E. Albedo-value)

Ein Teil der Sonnenenergie wird allerdings schon beim Eintritt in die Atmosphäre ($268\ kJ \cdot cm^{-2} \cdot a^{-1} \triangleq 25\ \%$) und beim Auftreten auf die Erdoberfläche ($54,7\ kJ \cdot cm^{-2} \cdot a^{-1} \triangleq 5,1\ \%$) wieder in den Weltraum reflektiert. Das Verhältnis von reflektierter zu eingestrahlter Energie in Prozent ausgedrückt, nennt man ALBEDO-Wert. Er beträgt in unserem Falle (Abb. 89)

$$\frac{268 + 54,7}{1072} \cdot 100 \approx 30\ \%$$

Energiebilanz der Erde
(E. energy balance of the Earth)

Es können also nur ca. 70 % $\approx$ 750 kJ $\cdot$ cm^{-2} $\cdot$ a^{-1} der Sonnenenergie in andere Energieformen umgewandelt werden.

Schon beim Durchdringen der Erdatmosphäre werden davon 184 kJ $\cdot$ cm^{-2} $\cdot$ a^{-1} = 17,2 % durch Absorption (Wolken, Staub, Aerosole usw.) in andere Energieformen umgewandelt. Damit verbleiben nur 565,6 kJ $\cdot$ cm^{-2} $\cdot$ a^{-1} = 52,7 % der Sonnenenergie als nutzbarer Anteil, der von der Erdoberfläche aufgenommen wird und zum größten Teil in längerwellige Wärmestrahlung umgewandelt wird.

Ein weiterer Anteil wird direkt von der Erdoberfläche in den Weltraum abgestrahlt. Für die Fotosynthese wird nur ein sehr geringer Teil, der unter 0,1 % liegt, genutzt.

Bei diesen Angaben handelt es sich um auf die gesamte Erdoberfläche bezogene Mittelwerte.

Die höchste jährliche Energieeinstrahlung erhalten die Wüsten. Sie beträgt dort bis zu 920 Kilojoule pro cm^2. In den Polarzonen sinken diese Beträge bis auf 290 Kilojoule pro Jahr und cm^2. Die entsprechenden Werte für Europa liegen im Bereich von 330 bis 500 Kilojoule.

Obwohl nur 0,1 % des Anteils der Sonnenenergie, der auf die Erdoberfläche trifft, für die Fotosynthese genutzt wird, werden riesige Energiemengen durch sie in chemische Energie umgewandelt (S. 60). Die gesamte Biomasse auf der Erde wird auf 1850 Mrd. Tonnen geschätzt. Mehr als 99 % davon sind pflanzlicher Natur und somit das Ergebnis der Fotosynthese. Die jährliche Ergänzung wird mit 172,5 Mrd. Tonnen angegeben, das sind 9,3 % (Die Zahlenangaben verstehen sich als Trockengewicht, d. h. abzüglich Wassergehalt) [20].

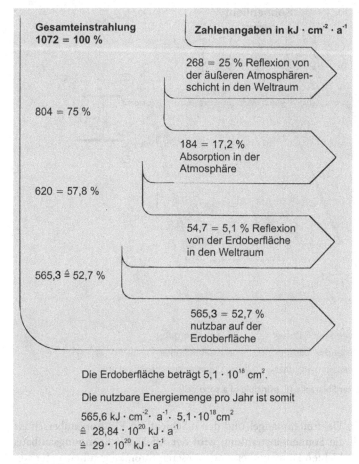

Gesamteinstrahlung
1072 = 100 %

Zahlenangaben in kJ · cm⁻² · a⁻¹

268 = 25 % Reflexion von
der äußeren Atmosphären-
schicht in den Weltraum

804 = 75 %

184 = 17,2 %
Absorption in der
Atmosphäre

620 = 57,8 %

54,7 = 5,1 % Reflexion
von der Erdoberfläche
in den Weltraum

565,3 ≙ 52,7 %

565,3 = 52,7 %
nutzbar auf der
Erdoberfläche

Die Erdoberfläche beträgt $5,1 \cdot 10^{18}$ cm².

Die nutzbare Energiemenge pro Jahr ist somit

$565,6$ kJ · cm⁻² · a⁻¹ · $5,1 \cdot 10^{18}$ cm²
≙ $28,84 \cdot 10^{20}$ kJ · a⁻¹
≙ $29 \cdot 10^{20}$ kJ · a⁻¹

Abb. 89: Verteilung der Sonnenenergie
(E. distribution of the solar energy)

Das Prinzip der Solarzelle
(E. principle of a solar cell)

Solarzellen sind Halbleiterfotozellen, in denen sich durch Sonneneinstrahlung ein elektrisches Spannungsgefälle zwischen den Schichten mit Elektronenunterschuss (p-Schicht) und Elektronenüberschuss (n-Schicht) aufbaut (Abb. 90).

Jede der beiden Schichten ist mit einem Fremdelement versehen, d. h. dotiert[147], und zwar mit Elementen des Periodensystems der 3. oder 5. Gruppe. Dadurch wird

147) dotare (lat.) – ausstatten, dotieren bedeutet
das Zusetzen von Fremdatomen in ein reinstes Halbleitermaterial.

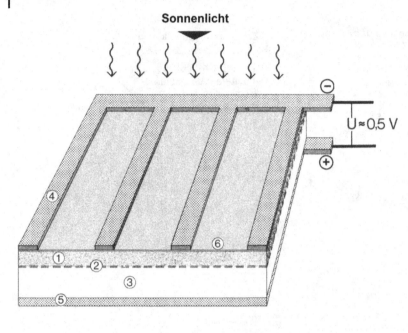

① n-leitendes Silizium	② p-n-Übergang
③ p-leitendes Silizium	④ Kontaktfinger
⑤ Rückseiten-Kontakt	⑥ Oberflächenvergütung

Abb. 90: Prinzip einer Solarzelle (E. principle of a solar cell)

der p-Schicht ein Elektronenmangel und der n-Schicht ein Elektronenüberschuss verliehen. Durch die Sonneneinstrahlung wird der Effekt des Spannungsaufbaus verstärkt. Beide Schichten können über einen äußeren Stromkreis miteinander verbunden werden. Es fließt Gleichstrom. Wird in diesem Stromkreis z. B. ein Akkumulator zwischengeschaltet, so kann die elektrische Energie gespeichert werden, die durch Transformatoren auch in Drehstrom umgewandelt werden kann (Abb. 91).

Als Werkstoff für die Solarzellen dienen Silizium-Einkristallscheiben, Silizium-Bandsysteme und Siliziumdünnfilmzellen.

Das Spannungspotenzial einer einzelnen Silizium-Solarzelle liegt knapp unter 0,5 Volt (Abb. 90). Deshalb werden mehrere Zellen zu geschlossenen Modulen zusammengeschaltet, die wiederum zu Gruppen kombiniert werden. Je nach Leistungs- und Spannungsbedarf werden diese entweder parallel oder seriell geschaltet (Abb. 92).

In Neunburg vorm Wald in der Oberpfalz wurde von der Solar-Wasserstoff-Bayern GmbH unter hiesigen Klimabedingungen und in industriellem Demonstrationsmaßstab die Möglichkeit der photovoltaischen (s. Fußnote 142, S. 187) Elektrizitätserzeugung in Verbindung mit der Gewinnung und der Anwendung von Wasserstoff untersucht. Die in Solarzellen erzeugte elektrische Energie dient dazu, aus

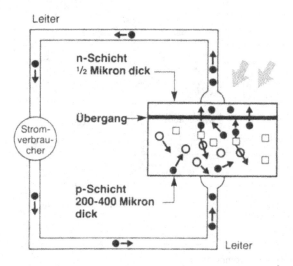

Sonnenlicht

Leiter

n-Schicht
½ Mikron dick

Übergang

Strom-
verbrau-
cher

p-Schicht
200-400 Mikron
dick

Leiter

☐ Siliziumatom   ○ Loch

● Elektron   ←● Bewegungsrichtung

Abb. 91: Stromkreis mit Solarzelle (E. wiring system with solar cell)

Quelle: Henglein, E. (1988), Lexikon chemische Technik, VCH Verlagsgesellschaft, Weinheim, Basel, Cambridge, New York.

Wasser den gasförmigen Energieträger Wasserstoff zu gewinnen. In dieser Weise lässt sich das Speicherproblem bei der Nutzung der Sonnenenergie technisch lösen [65].

Wasserstoff kann in vorhandene Erdgasnetze eingespeist und über weite Strecken transportiert werden. Er kann wie Erdgas gespeichert und zur Wärmeerzeugung genutzt werden. Es ist aber auch möglich, damit Gasmotoren (z. B. im Auto) zu betreiben bzw. mittels Brennstoffzellen oder Generatoren wieder elektrische Energie zu erzeugen. Ökologisch bedeutsam ist, dass bei der Verbrennung von Wasserstoff mit Sauerstoff keine umweltbelastenden Verbindungen entstehen: Wasserstoff oxidiert wieder zu Wasser.

Die maximale elektrische Leistung dieser Pilotanlage des photovoltaischen Kraftwerks betrug 500 kW. Allein hierfür waren ca. 20 000 m² an Fläche nötig. Hinzu kommen verschiedene Anlagen für die Elektrolyse sowie die Speicherung und Handhabung des Wasserstoffs und die Anlagen für seine Anwendung (Brennstoffzellen, Anlagen zur katalytischen Verbrennung, Gasmotor-Generator-Einheiten usw.).

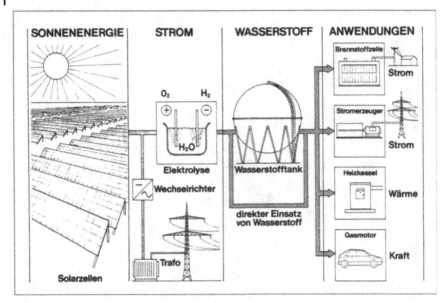

Abb. 92: Vereinfachtes Schema einer Solarstromnutzung
[E. simplified scheme of using of solar energy)
   Quelle: Solar-Wasserstoff-Bayern GmbH, München, Neunburg
vorm Wald/Oberpfalz.

Inzwischen ist in Neustadt an der Weinstraße im Januar 2004 eine Solarstroman-lage ans Netz gegangen.

Dieser Standort verzeichnet eine durchschnittliche Sonneneinstrahlung von deut-lich über 1000 kWh pro Quadratmeter und Jahr. Auf ca. 70 000 m² Fläche werden 2 MW Strom erzeugt. Das Herzstück dieser Anlage sind 7000 Elemente des Hochleis-tungsmoduls *ASE-300 DG-FT von RWE Schott Solar. RWE Schott Solar GmbH* ist ein Joint Venture Unternehmen zwischen Schott und RWE. Es produziert *Solarzellen* und *Wafer* für den terrestrischen Markt auf der Basis von amorphem Silizium.

Die Anlage selbst wird von der *Pfalzsolar GmbH* betrieben, einem 50:50 Joint Venture der RWE Schott Solar GmbH und der Pfalzwerke Projektbeteiligungsgesell-schaft mbH.

Von dem Berliner Projektentwicklungsunternehmen *Geosol GmbH* und der Münchner *Shell Solar GmbH* wird eines der größten Solarkraftwerke der Welt geplant. Die Photovoltaikanlage soll in *Espenhausen* südlich von Leipzig auf einem ehemaligen Asche-Auflande-Becken errichtet werden. Die Freiflächenanlage wird ca. 33 500 Solarmodule mit einer Gesamtleistung von 5 Megawatt umfassen.

Ein noch etwas größeres Solarkraftwerk mit 6 Megawatt beabsichtigt die *Deutsche BP AG*, Hamburg, Geschäftsbereich Solar, in Krumpa im Landkreis Merseburg-Querfurt zu bauen. Diese Anlage entsteht auf einer früheren Lagerstätte für Kohlen-staub.[148]

148) *Quelle:* Frankfurter Allgemeine Zeitung Nr.
    16, S. 9, vom 30.01.2004

Nachteile von Solarzellenanlagen
(E. disadvantages of solar cells)

Der Bau von Photovoltaikanlagen, d. h. Anlagen, mit denen durch Solarzellen das Sonnenlicht direkt in elektrische Energie umgewandelt wird, erfordert riesige Flächen. Zu berücksichtigen ist zur Zeit noch der geringe Wirkungsgrad dieser Solarzellen mit $\eta = 13\ \%$. Mit einer Solarzellenfläche von 1 m^2 lassen sich bei einer Sonneneinstrahlung von 1000 kWh/m^2 · a jährlich nur

$$1000\ \frac{kWh}{m^2 \cdot a} \cdot 0{,}13 = 130\ \frac{kWh}{m^2 \cdot a} \approx 0{,}5\ \text{Mio.}\ \frac{kJ}{m^2 \cdot a}$$

gewinnen. Dazu kommen noch anlagenbedingte Verluste, so dass z. B. von der Photovoltaik in Koben-Gondorf an der Mosel nur 67 kWh/m^2 pro Jahr geliefert werden können. Der tatsächliche Wirkungsgrad beträgt also nur $\eta = 5\ \%$ bis 6 %.

Das aus zwei Blöcken bestehende Gemeinschaftskernkraftwerk Neckar GmbH (GKN), Neckarwestheim, erzeugt pro Jahr 17 Mrd. kWh. Das Betriebsgelände dafür hat eine Fläche von 40 Hektar, das sind 0,4 km^2. Um 17 Mrd. kWh über Photovoltaikanlagen nach dem Konzept in Koben Gondorf bereitzustellen, bedarf es einer Solarzellenfläche von

$$\frac{170 \cdot 10^8\ \frac{kWh}{a}}{130\ \frac{kWh}{m^2 \cdot a}} = 1{,}31 \cdot 10^8\ m^2 = 131\ km^2$$

Da sich die einzelnen Solarzelleneinheiten nicht gegenseitig beschatten dürfen, ergibt sich ein viel größerer Flächenbedarf. Ein realistischer Beschattungsfaktor von 3 erhöht den Flächenbedarf auf 393 km^2.

Es wurde bis hierher mit einem Wirkungsgrad $\eta = 13\ \%$ gerechnet, der praktische Erfahrungswert in Koben-Gondorf ist aber nur $\eta = 5 - 6$. Das bedeutet, dass eine Solarzellenfläche unter Berücksichtigung des Beschattungsfaktors von ca. 930 km^2 nötig sind, um 17 Mrd. kWh pro Jahr an elektrischer Energie zu liefern.

Diese Überschlagsrechnung und die Tab. 14 zeigen, dass in den Kernkraftwerken die höchste Energiedichte besteht. Sie liefern bei sehr geringen Stoffströmen hohe Energiedichten [23].

Wirtschaftliches
(E. economic)

Der Vorteil der *Photovoltaik* ist, dass Sonnenenergie direkt in elektrischen Strom umgewandelt wird, ohne die chemischen (fossilen Energieträger), thermischen (Wärme – Wasserdampf) und mechanischen (Bewegung – Fließen, Rotieren) Zwischenstufen zu durchlaufen.

Ein weiterer Vorteil ist, dass die notwendigen Energie- und Rohstoffquellen wie Sonnenenergie und Quarzsand (Siliziumdioxid $(SiO_2)_n$) als Ausgangsmaterial für die Solarzellen in unbegrenzten Mengen vorhanden sind.

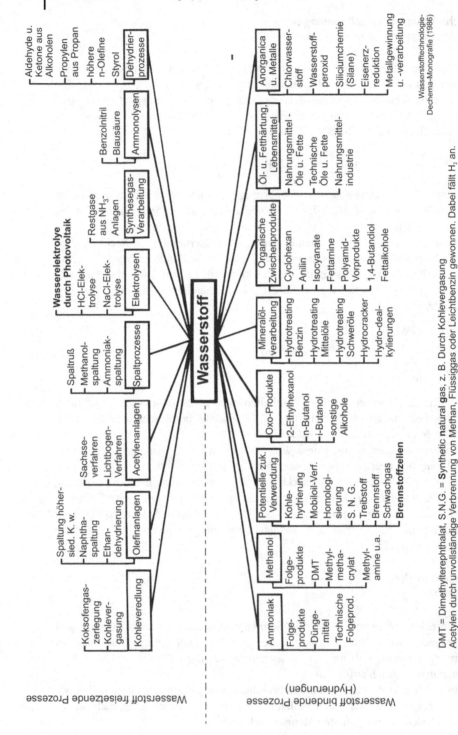

Abb. 93: Einsatzgebiete von Wasserstoff in der Industrie (E. use of hydrogen in the industry) [77]

DMT = Dimethylterephthalat, S.N.G. = **Synthetic natural gas**, z. B. Durch Kohlevergasung
Acetylen durch unvollständige Verbrennung von Methan, Flüssiggas oder Leichtbenzin gewonnen. Dabei fällt H_2 an.

Elektrischer Strom kann nicht in nennenswerten Mengen gespeichert werden. Ein speicherfähiger hoch energetischer Stoff ist allerdings Wasserstoff, der aus Wasser mittels Elektrolyse gewonnen werden kann. Er ist lager- und transportfähig und kann überall dort eingesetzt werden, wo er benötigt wird, z. B. in der Industrie aber auch im Kraftverkehr. Die in ihm gespeicherte chemische Energie kann über eine Verbrennung in Brennstoffzellen in nutzbare Energie umgesetzt werden. Das dabei freigesetzte Oxidationsprodukt ist wieder Wasser und belastet die Umwelt nicht. Wasser als Wasserstofflieferant ist ebenfalls eine unerschöpfliche Quelle.

Die Bruttostromerzeugung beträgt zur Zeit (2001) in Deutschland 550 Mrd. kWh/ pro Jahr. Davon werden nur 0,02 %, das sind 110 Mio. kWh/Jahr ≙ 110 Tsd. MWh/ Jahr als Solarstrom erzeugt.

Das nutzbare Potenzial für Photovoltaikstrom wird langfristig auf 400 Mrd. kWh/Jahr eingeschätzt, das sind ca. 73 % des Gesamtstrombedarfs.

Im September 2002 hat das *Stuttgarter Voltwerk* in *Sonnen bei Passau* einen Solar-park eingeweiht. Er hat eine Spitzenleistung von 1,75 Mega-Watt. Diese Anlage besteht aus 18 Photovoltaik-Einzelanlagen mit insgesamt 10 500 Solarmodulen. Die bereitgestellte Energie reicht aus, um 1500 Einwohner von Sonnen mit Strom zu versorgen. Die Region um Sonnen zählt mit 1268 kWh pro m^2 Einstrahlung zu den sonnenreichsten Deutschlands.

Im April 2003 hat die Hamburger Voltwerk AG in Hemau bei Regensburg ein Solarkraftwerk in Betrieb genommen. Die aus 32 000 Modulen bestehende Anlage bringt als Spitzenleistung 4 MW. Damit kann der Strombedarf der 4600 Hemauer Bürger fast gedeckt werden.[149]

In 2001 gab es in der Welt Photovoltaik-Anlagen mit einer Leistung von ca. 1300 MW, daran ist Deutschland mit Anlagen von 160 MW beteiligt. Der Photovoltaik-Weltmarkt entwickelt sich sehr dynamisch.

Einer der führenden Hersteller von Solarstromtechnologie ist in Deutschland die *Solar World AG* mit ihrem Firmensitz sowohl in Bonn als auch in Freiberg/Sachsen. Ihre Produktpalette reicht von Solarsilizium, Wafer, Zellen, Modulen und Bausätzen bis zum Sonnenkraftwerk. Der größte Solarzellenhersteller Deutschlands ist die RWE Solar GmbH in Alzenau/Bayern. In der Welt nimmt sie unter den Produzenten Rang 6 ein.[150]

Für die Solarzellenproduktion sind im Jahre 2002 6000 t polykristallines Silizium verarbeitet worden, davon 4500 t gezielt für die Solarzellen. Weitere 1500 t stammen aus den Nebenanfällen der Reinstsiliziumproduktion für die Chips. Der Marktpreis für 1 kg Solarsilizium schwankt zwischen 22 bis 30 US-Dollar. Die größten Produzenten sind die USA, gefolgt von Deutschland und Japan. Islands Wirtschaft möchte ihre Energieversorgung innerhalb von 20 Jahren auf Wasserstoff umstellen und auf fossile Brennstoffe verzichten. Ein Joint Venture zwischen *Shell, Daimler-Chrysler, Norsk Hydro* sowie sechs isländischen Partnern wurde mit der Durchführung beauftragt. Im ersten Schritt sollen alle Fahrzeuge einschließlich Fischerboote,

---

149) *Quelle:* VDI-Nachrichten (2002), Nr. 37, S. 20   **150)** Handelsblatt (2002), Nr. 180, S. B2 u. B3.
vom 13.09.2002 und VDI-Nachrichten (2003),
Nr. 18, S. 1 vom 02.05.2003.

im zweiten die gesamte Stromversorgung auf Wasserstoff aus Wasser umgestellt werden [78].

Zukünftige Verfahren für die Wasserstoffgewinnung
(E. processes of hydrogen production in future)

Entsprechend der immer mehr zunehmenden Bedeutung von Wasserstoff ist die Entwicklung günstiger technischer Herstellungsverfahren sehr erstrebenswert. Auf den verschiedensten Gebieten wird an diesem Problem gearbeitet [25]:

- Solarzellen und Photovoltaik,
- Vergärung von Biomasse,
- Photoproduktion von Wasserstoff aus Biomasse durch phototrophe Bakterien,
- Biophotolyse des Wassers,
- Ausnutzung des Photosynthesemechanismus der Pflanzen mit Hilfe der Cyanobakterien (technisch noch nicht realisierbar).

Die umfangreichen Einsatzmöglichkeiten des Wasserstoffs als Reaktionspartner in chemisch-technischen Verfahren zeigt die derzeitige Marktstruktur des Wasserstoffbedarfs (Abb. 93) [25].

11.
Die Wassermärkte in Deutschland, Europa und USA[151]
(E. markets for water in Germany, Europe and US)

Deutschland
(E. Germany)[151]

Die Wasserversorgung in Deutschland liegt in den Händen von unzähligen kleineren Unternehmen. Eigentümer sind die Städte oder Kommunen. 85 % aller Unternehmen gehören ihnen. Sie liefern 52 % des gesamten Wasserbedarfs. Für nur 2 % der Wasserversorgung sind reine Privatbetriebe zuständig. Trinkwasser wird von mehr als 6 300 Unternehmen dargeboten, sie betreiben 18 000 Wasserwerke. Um die *Abwasserreinigung* kümmern sich 8000 Firmen, die 10 000 Anlagen unterhalten.

Auf dem deutschen Wassermarkt sind nur wenige private Großunternehmen präsent.

Die größten von ihnen sind:

- RWE AG (Rheinisch-Westfälische Elektrizitätswerke AG) 45128 Essen, Opernplatz 1 und *Gelsenwasser AG*, 45891 Gelsenkirchen, Willy-Brandt-Allee 26.
- Die Wasseraktivitäten der RWE[152] sind organisatorisch unter der *RWA Aqua* bzw. der Holding *Thames Water* zusammengefasst. Von ihr werden in Deutschland insgesamt ca. 13 Mio. Einwohner versorgt, diese entsprechen einem Umsatz von ca. 100 Mio. Euro. In dieser Zahl sind 3,6 Mio. Einwohner Berlins mit eingeschlossen, dort werden 7 700 km Trinkwasserrohrleitungen und 11 Wasserwerke betrieben. Sieben Klärwerke reinigen 240 Mio. m^3 Abwasser im Jahr.

  Aber auch auf den internationalen Märkten ist die *Thames Water* sehr engagiert.

  Die *American Water Works*, eine Tochter der *Thames Water (RWE)*, beliefert in USA und Kanada ca. 15 Mio. Kunden mit Trinkwasser. Im regulierten nordamerikanischen Wassergeschäft ist sie mit Abstand die Nr. 1. Die *American Water Works* wurde für 8,6 Mrd. US Dollar von der RWE übernommen.

---

151) *Quelle:* Water. BACK TO Earth (2003) published by Credit Agricole Indo Suez Cheuvreux, Frankfurt/Main, Deutschland.

152) RWE (2002), Geschäftsbericht

Wasser. Vollrath Hopp
Copyright © 2004 WILEY-VCH Verlag GmbH & Co. KGaA, Weinheim
ISBN: 3-527-31193-9

In *China* ist die *RWE Aqua* bzw. *Thames Water* durch die *China Water Company* vertreten. Sie versorgt insgesamt 5 Mio. Einwohner mit Trinkwasser vorzugsweise in der Region Shanghai. Mit den Stadtwerken von Shanghai schloss *Thames Water* einen Joint-Venture-Vertrag über Planung, Bau und Betrieb der Wasserversorgung und bedient 2 Mio. Einwohner von 13 Mio. der chinesischen Mega-Metropole.

In *Chile* ist *Thames Water* die Nr. 1 geworden durch die Übernahme der Wasser- und Abwasserunternehmen *ESSBIO* und *ESSEL*. Die Umsetzung eines 5-Jahres-Investitionsplanes wird die Wasserversorgung und die Abwasserentsorgung von 2 Mio. Menschen erheblich verbessern.

In *Ungarn* werden ein Viertel der Bevölkerung von den *Budapester Wasserwerken*, dem größten Wasserversorgungsunternehmen im Lande, bedient. Diese Wasserwerke werden von einem privaten Konsortium unter maßgeblicher Leitung der *RWE Aqua* geführt.

In *Zagreb* baut *RWE Aqua* die erste biologische Großkläranlage *Kroatiens*. Mit ihr werden die Abwasser von ca. 1 Mio. Bewohner auf modernste und umweltschonendste Weise aufbereitet.

In *Spanien* ist die *RWE Aqua* mit den Wasserunternehmen *FRIDESA* und *Ondagua* über Mehrheitsbeteiligungen verbunden. *FRIDESA* entwickelt und betreibt neben konventionellen Wasser- und Abwasseranlagen auch hochmoderne *Meerwasserentsalzungsanlagen* sowohl in Spanien als auch in benachbarten Mittelmeerländern. In der Meerwasserentsalzung ist *FRIDESA* europäischer Technologieführer.

Ondagua betreibt zahlreiche kommunale Wasserunternehmen in mehreren spanischen Regionen. Insgesamt wird von beiden Gesellschaften für mehr als 3 Mio. Einwohner Trinkwasser bereit gestellt.

Über die *Thames Water* hat die *RWE*[153] in die Londoner Wasserversorgung und Abwasserentsorgung seit 1990 6 Mrd. Euro investiert. Bei relativ niedrigen Wasser- und Abwassergebühren erhalten die Menschen Trinkwasser bester Qualität (Tab. 17).

Im Jahr 2002 hat die RWE im Geschäftsfeld Wasser einen Umsatz von 2,850 Mrd. Euro erzielt. Das EBITDA[154] stieg auf 1,457 Mrd. Euro.

- Die *Gelsenwasser AG*[155] ist im Wesentlichen auf dem deutschen Inlands-Wassermarkt tätig und ist der größte private Wasserversorger Deutschlands. Im Jahr 2002 hat sie knapp 230 Mio. m³ Wasser an Industrie, Privathaushalte und andere Verbraucher geliefert. Das Wasserangebot an die Industriesparte betrug 88,6 Mio. m³ und an die Privathaushalte 64,5 Mio. m³.

153) RWE = Rheinisch-Westfälisches Elektrizitätswerk AG, gegr. 1898.

154) EBITDA, Abkürzung für Earning Before Interest, Taxes, Depreciation and Amortiza-tion, d. h. Jahresüberschuss vor Zinsen, Steuern, Abschreibung und Amortisation.

155) *Quelle:* Gelsenwasser-Konzern (2002), Geschäftsbericht

3,2 Mio. Einwohner und 300 Industriebetriebe erhalten direkt oder indirekt durch die *Gelsenwasser AG* Trinkwasser Trink- oder Brauchwasser. Die betriebenen Kläranlagen haben eine Reinigungskapazität von ca. 1,3 Mio. *Einwohnerwerten*[156].

In Ost- und Südeuropa hat die *Gelsenwasser AG* Partnerschaften zur Wasserversorgung in Regionen Polens, der Tschechischen Republik, Ungarns und im Kosovo übernommen.

An der *Przedsiebiorstwo Wodociągów i Kanalizacij (PWiK) Głogówie Sp. z.o.o. in Polen* erwarb die *Gelsenwasser AG* 46 % der Geschäftsanteile und ist zuständig für die Trinkwasserversorgung und Abwasserreinigung im Gebiet der Stadt Głogów mit ca. 74 000 Einwohnern.

In *Tschechien* ist sie mit den Unternehmen *CHEVAK Cheb a.s.* mit 33,7 % Anteilen, *KMS Kraslická Městská Společnost s.r.o.* in Kraslice mit 50 % Anteilen und *TEREA Cheb s.r.o.* in Cheb mit 50 % Anteilen assoziiert. Diese Unternehmen sind in und um Cheb mit der Trinkwasserversorgung, Abwasserentsorgung sowie mit der Fernwärmelieferung aus Blockheizkraftwerken befasst.

In *Ungarn* besteht eine Partnerschaft mit dem kommunalen Wasserverbund *GW-Borsodviz Kift* in Miskolc.

Im Auftrage der Weltbank engagiert sich die *Gelsenwasser AG* im *Kosovo* bei der Wiederherstellung der Trinkwasserversorgung und Abwasserentsorgung. In der Region *Gjakova* wird ein entsprechendes Unternehmen für die Versorgung von 200 000 Einwohner wieder funktionsfähig gemacht.

Die Privathaushalte und auch kleinere Produktionsunternehmen werden in Deutschland zu 81 % von den öffentlichen bzw. kommunalen Wasserwerken versorgt. Weitere 6 % dienen der Versorgung von Krankenhäusern, Schulen, Altenheimen, Verwaltungshäusern, Gefängnissen und anderen Institutionen.

Das Bewusstsein der Bevölkerung, mit Wasser sorgsam und sparsam umzugehen, hat in Deutschland in den letzten 10 Jahren zugenommen. Der Trinkwasserverbrauch ist von 1990 bis 2000 von 6 Mrd. Kubikmeter auf 4,812 Mrd. Kubikmeter zurückgegangen. Davon werden 3,82 Mrd. m^3 von den Privathaushalten und dem Kleingewerbe genutzt, 0,69 Mrd. m^3 von der Industrie und 0,302 Mrd. m^3 von sonstigen Konsumenten (Stand 2001). Der Bedarf pro Person und Tag ist auf 128 Liter gefallen (Abb. 44 u. 45). Zugleich sind Verfahren der technischen Wasserkreislaufführung verstärkt in der industriellen Wassernutzung entwickelt und eingeführt worden. Die Gesamtlänge des öffentlichen Trinkwasser-Leitungsnetzes beträgt 340 000 km, nach Angabe der Wasserstatistik des Bundesverbandes der Deutschen Gas- und Wasserwirtschaft e. V. (BGW), Stand 2000.

---

156) *Einwohnerwert* ist ein Maß für die erforderliche Kapazität einer Kläranlage zur Behandlung von kommunalem Abwasser. Er setzt sich zusammen aus der Zahl der Einwohner, multipliziert mit einem Verunreinigungsfaktor der zu klärenden Abwasser.

England
(E. UK)

Der englische Markt der Wasserversorgung ist auf nationaler Ebene stark reguliert. Die Versorgungsunternehmen selbst sind fast alle privater Natur. 10 regionale private Wasserfirmen beherrschen den Wassersektor. Sie sind ebenfalls für die Abwasserreinigung und -entsorgung zuständig. 13 weitere kleinere Unternehmen ergänzen die flächendeckende Frischwasserbereitstellung. Die Abwasserentsorgung obliegt ihnen nicht.

Diese privaten Firmen sind Eigentümer der Wasserquellen. Sie erhalten von staatlicher Seite eine Lizenz für die Wasserversorgung der Bevölkerung in den Städten und Gemeinden. Die Lizenzen können jederzeit entzogen werden, wenn die Wasserfirmen die von den Behörden vorgegebenen Standards nicht einhalten.

Frankreich
(E. France)

Die Wasserversorgung in Frankreich durch Privatunternehmen hat eine lange Tradition. 1853 wurde *La Générale des Eaux* gegründet, die heute unter dem Namen *Veolia Environnement* mit Sitz in Paris bekannt ist. Sie versorgt 26 Mio. Einwohner mit Trinkwasser und entsorgt auch von 17 Mio. Einwohner die Abwasser.

Mit 4800 Gemeinden hat *Veolia Environnement* entsprechende Verträge geschlossen und ist somit mit 4,8 Mrd. Euro mit anteilig 56 % der größte französische Wasserversorger.

Das nächstgrößte Unternehmen ist *Suez* mit seinem Stammsitz ebenfalls in Paris. Es wurde 1880 gegründet und deckt mit 2700 kommunalen Einzelverträgen die Wasserversorgung für 17 Mio. Kunden ab. Das sind 29 % des Wassermarktes. Der Umsatz beträgt ca. 2,3 Mrd. Euro.

Saur, eine Tochter des spanischen Unternehmens Bouygues, ist mit 13 % der drittgrößte Wasserversorger in Frankreich.

Insgesamt werden mehr als 80 % der Bevölkerung von diesen drei Firmengruppen mit Wasser beliefert. Knapp 20 % der Einwohner beziehen ihr Wasser aus staatlichen Einrichtungen. Bei der Entsorgung und Reinigung von Abwässern sind die Anteilsverhältnisse fast umgekehrt. Nur 38 % befinden sich in privater Hand und 62 % in staatlicher.

Im Jahre 2001 wurden im französischen Wassermarkt 8,9 Mrd. Euro umgesetzt, davon 69 % in der Versorgung. d. h. Erschließung, Aufbereitung und Verteilung von Süßwasser und 31 % in der Reinigung und Entsorgung von Abwässern.

Italien
(E. Italy)

Der italienische Wassermarkt ist in unzählige Kleinbereiche gespalten und nicht einheitlich organisiert. Viele Anbieter sind für die Wasserversorgung zuständig. Die meisten von ihnen werden von Gemeinden und Städten unterschiedlicher Größe betrieben. Ein Gesetz aus dem Jahre 1994 – *Galli Law* – hat den Weg frei gemacht für eine Reorganisation, Rationalisierung und Zusammenfassung aller bisherigen Versorgungselemente (S. 153).

Das *Galli Gesetz* fordert eine industrialisierte Infrastruktur mit einem modernen Wasserleitungssystem. Angestrebt wird ein Wasserkreislaufsystem mit Abwasserentsorgung und entsprechenden Reinigungsmethoden. Trotz des *Galli Law* tummeln sich auf dem Wassermarkt immer noch 8100 Anbieter. Die größten Wasserversorgungsunternehmen sind in der Tabelle 15 aufgeführt.

Tab. 15: Die größten italienischen Wasserversorgungsunternehmen (E. the main Italian groups of water supplier)

Firma	Anzahl der versorgten Einwohner	Wasserleitungsnetz [km]	gelieferte Wassermengen [1000 m³/Jahr]
ACEA	4 540 000	11 172	499 200
Asquedotto Pugliese	4 623 349	19 635	309 416
HERA	1 781 937	16 500	170 367
SMAT	1 567 855	3576	200 000
ASM Brescia	472 780	2626	51 300
AMGA Genoa	728 500	1182	45 900

Spanien
(E. Spain)

Der spanische Wassermarkt wird zu 58 % von den Gemeinden, Kommunen und Städten beherrscht, die bedeutendsten unter ihnen sind die von Madrid mit 11 %, Bilbao und Sevilla mit je 2 % Anteilen.

43 % der Wasserversorgung ist privatisiert. Die größten Gesellschaften sind
Agbar mit Marktanteilen von 23 %,
FCC-Veolia, mit 10 % und
Bouygues, 6 %.

USA-Markt
(E. US-market)

92 % des Wasservolumens für die Versorgung der Bevölkerung wird von kommunal- und stadteigenen Firmen angeboten, nur 8 % von privaten Unternehmen. Der Gesamtumsatz im amerikanischen Wassermarkt beläuft sich auf ca. 100 Mrd. US-Dollar, davon entfallen 65 % auf die öffentlich-rechtlichen Unternehmen der Städte und Gemeinden, 15 % auf Privatfirmen und der Rest von 20 % dient der Erhaltung und Erweiterung der technischen Einrichtungen wie Wasserwerke, Pumpstationen und Kanalisation. Der private Markt ist teilweise reguliert durch regionale Behörden und Vereinigungen, allerdings ist ihr Einfluss relativ gering. Ein großer Sektor des Wassermarktes ist unreguliert.

Im regulierten privaten Sektor dominieren die *American Water Works* (RWE) mit einem Umsatz von fast 1,4 Mrd. US-Dollar, gefolgt von *United Water Utilities* mit knapp 400 Mio. US-Dollar.

Weitere Firmen in diesem Sektor sind in der Rangfolge:

Philadelphia Suburban, California Water, American States Water, San Jose Water und Southwest-Water.

Im unregulierten privaten Markt führt die *US Filter (Vivendi)*. Mit 750 Mio. US-Dollar Umsatz beträgt ihr Marktanteil 35 %. Den 2. Platz nach Umsatz nimmt mit ca. 280 Mio. US-Dollar *OMI* ein. *United Water (Suez)* rangiert mit 180 Mio. US-Dollar an dritter Stelle, gefolgt von *American Water (Tochtergesellschaft der RWE)* mit ca. 150 Mio. US-Dollar Umsatz, *Severn Trent* und *Earth Tech*.

Wasserangebot und Wasserverteilung in Europa
(E. water supply and distribution in Europe)

Die Versorgung mit Süßwasser ist in den einzelnen Ländern sehr unterschiedlich organisiert. Die EU hat es bisher nicht vermocht, einheitliche und verbindliche Rahmenbedingungen für die Wasserversorgung der Bevölkerung durchzusetzen (Tab. 16).

In *England*, dem *Vereinigten Königreich, UK*, sind die Wasserversorgungsunternehmen fast voll in privater Hand, in *Frankreich* zu 80 % und in *Spanien* mit 42 % knapp zur Hälfte. Während es im UK zahlreiche Unternehmen gibt, sind es in *Frankreich* und *Spanien* nur wenige, die auf dem Wassermarkt präsent sind. Die Unternehmenskonzentration ist in diesen beiden Ländern sehr hoch.

In *Deutschland* und *Italien* ist der Anteil der Wasserversorgung aus privater Hand mit 15 % bzw. 12 % sehr niedrig. Sie obliegt den kommunalen und städtischen oder regionalen Wasserwerken. Allerdings sorgen in allen Ländern staatliche Gesetze und vertragliche Vereinbarungen für ein flächendeckendes Wasserangebot, welches in *Italien* großen Schwankungen unterliegt.

England und *Frankreich* haben sich in der Wasserversorgung dem Privatsektor schon weit geöffnet, auch werden ihre Märkte von nur einigen wenigen Firmen beherrscht.

Dagegen spielen in *Deutschland, Italien* und den *USA* private Wasserunternehmen nur eine untergeordnete Rolle. Das Privatisierungspotenzial ist in diesen Ländern noch sehr hoch. Die großen Firmengruppen wie z. B. *RWE, Gelsenwasser AG, Suez* oder *Veolia Environnement* engagieren sich in diesen Regionen und treiben die Privatisierung des Wasser- und Abwassermarktes voran.

Thames Water (RWE), Suez und *Veolia Environnement* entwickeln sich weltweit zu den größten Marktführern im Wassergeschäft. Während sich *Thames Water* auf die regulierten Märkte in UK, USA und Chile schwerpunktmäßig konzentriert, hat *Suez* sehr stark in Latein-Amerika investiert, hält sich dort zur Zeit aber ein wenig zurück. *Veolia Environnement* ist vorwiegend in Westeuropa und in den USA aktiv und baut zusätzlich seine Position auf dem chinesischen Wassermarkt aus. *Gelsenwasser AG* engagiert sich sehr in osteuropäischen Ländern.

Tab. 16: Die privaten Marktführer in der Welt im Wassersektor
(E. private main global players of the water market)

Firmennamen	belieferter Inlandsmarkt [Einwohner in Tsd.]	belieferter Internationaler Markt [Einwohner in Tsd.]	Gesamt [Einwohner in Tsd.]	% Inlandsmarkt
Suez (Frankreich)	17 000	106 978	123 978	14
Veolia (Frankreich)	26 000	86 398	112 398	23
RWE (Deutschland)	5 300	56 380	61 680	9
Agbar (Spanien)	15 500	20 300	35 800	43
Bouygues (Spanien)	6 000	25 390	31 390	19
United Utilities (UK)	10 323	10 205	20 528	50
AWG (UK)	5 792	10 610	16 402	35
Severn Trent (UK)	8 280	6 299	14 579	57
FCC-Veolia (Spanien)	6 100	5 899	11 999	51
Acea (Italien)	5 400	1 950	7 350	73
Kelda Group (UK)	5 467	680	6 147	89
Gelsenwasser (Deutschland)	5 350	180	5 530	97

Wasserpreise
(E. water-prices)

Die Wasserpreise in den einzelnen Ländern Europas und einigen vergleichbaren Ländern in der Welt sind sehr unterschiedlich. Sie werden beeinflusst von der Art der Wasserquellen, ihren Nutzungsmöglichkeiten, von den Qualitätsanforderungen und den Steuern, die das jeweilige Land erhebt und nicht zuletzt von den Subventionen, die einzelne Länder den Wasserversorgungsunternehmen gewähren (Tab. 17).

In Deutschland ist das Wasser am teuersten und in Kanada am billigsten, was nicht verwunderlich ist. Denn Kanada ist, wie schon erwähnt wurde, das wasserreichste Land der Erde (S. 78).

Die Wasserpreise spiegeln nicht unbedingt die wirklichen Kosten der Wasserversorgung wider. Insbesondere in europäischen Ländern werden sie von hohen Subventionen beeinflusst. In Frankreich beträgt der Subventionsanteil 20 %, in Italien bis zu 70 %. Auch in Spanien und im UK (Großbritannien) sind die Subventionen hoch. Dagegen werden in Deutschland durch zusätzliche Wasserentnahmeentgelte die Wasserpreise um bis zu 17 % in die Höhe getrieben.

Der Zugang zu Süßwasser, seine Aufbereitung und die Reinigung und Entsorgung ist in den Ländern der einzelnen Kontinente auf sehr unterschiedlichem Niveau. Während in den Industrienationen Westeuropas, in Australien, USA und Kanada 95 % der Bevölkerung über eine gute Wasser- und Abwasserinfrastruktur verfügen, ist das in Afrika, Asien und Süd-Amerika nicht der Fall. Das Spektrum variiert zwischen einer nicht vorhandenen Versorgung und einer hochmodernen Wasser- und Abwassertechnologie. Je nach Region haben 20 % bis 40 % der Bevölkerung in den Ländern dieser Kontinente keinen unmittelbaren Zugang zu Süßwasser, geschweige zu einwandfreiem Trinkwasser.

Tab. 17: Wasserpreise in einigen Ländern in 2002
(E. water-prices in some countries in 2002)

Land	Euro/m^3
Deutschland	1,80
Dänemark	1,74
UK	1,25
Niederlande	1,15
Frankreich	1,09
Belgien	1,03
Italien	0,73
Spanien	0,72
Finnland	0,65
Schweden	0,62
Australien	0,55
USA	0,55
Südafrika	0,43
Kanada	0,38

Tab. 18: Adressen von einigen privaten Wasserunternehmen
(E. addresses of some private water-companies]
Quelle: Water; BACK TO EARTH (2003) published by Credit Agricole Indosuez Cheuvreux,
Frankfurt/Main, Deutschland.

Unternehmen	Strasse	Ort	Telefonzentrale	homepage
ACEA	Piazzale Ostiense, 2	00154 Roma	0039 0657991	www.aceaspa.it
Aguas de Barcelona (Agbar)	Paseo de Sant Joan 39 – 43	08006 Barcelona	0034 932658011	www.agbar.es
AWG PLC	Ambury Road, Huntingdon	PE29 3NZ Cambridgeshire	0044 1480323000	www.awg.com
Bouygues	90 Avenue des Champs Elysées	75008 Paris	0033 130602311	www.bouygues.fr
EDF	2, rue Louis Murat	75394 Cedex 08 PARIS	0033 140422222	www.edf.fr
Edison, Montedison Spa	P.tta Bossi 3	20121 Milano	0039 0262701	www.montedison.it
EdP	Avda José Malhoa	10706157 Lisboa	0035 117264664	www.edp.pt
ENDESA, Empresa Nacional de Electricidad	C/Ribera de Loira, 60	28042 Madrid	0034 915630923	www.endesa.es
ENEL	Viale Regina Margherita 137	00198 Roma	0039 0685093617	www.enel.it
e.on AG	E.ON-Platz 1	40479 Düsseldorf	0049 2114579367	www.eon.com
FCC, Fomento de Construcy Contra	Federico Salmom, 13	28016 Madrid	0034 91359540.0	www.fcc.es
Gelsenwasser AG	Willi-Brandt-Allee 26	45891 Gelsenkirchen	0049 209708-0	www.gelsenwasser.de
Iberdrola	Gardoqui 8	48008 Bilbao	0034 944151411	www.iberdrola.es
Kelda Group PLC	Halifax Road	BD6 2SZ Bradford	0044 1274600111	www.keldagroup.com
Pennon Group PLC	Rydon Lane	EX2 7HR Exeter	0044 1392446688	www.pennon-group.co.uk
RWE AG	Opernplatz 1	45128 Essen	0049 2011200	www.rwe.de
Severn Trent PLC	2297 Coventry Road	B26 3PU Birmingham	0044 1217224000	www.severn-trent.com
SUEZ	18 Square Edouard VII	75009 PARIS	0033 140062723	www.suez-lyonnaise.com
United Utilities PLC	Great Sankey	WA5 3LW Warrington	0044 1925237000	www.united-utilities.com
Vattenfall Europe AG	Überseering 12	22297 Hamburg	0049 40 63960	www.hew.de
Veolia Environnement	38, avenue Kleber	75799 cedex 16 PARIS	0033 171750000	www.vivendienvironnement.com

Der Mineralwassermarkt
(E. market of mineral water)

In Deutschland gibt es 660 amtlich anerkannte Mineralbrunnen. Viele Unternehmen vertreiben die Mineralwasser und Mineralwassererfrischungsgetränke in ihrer Region. Andere operieren bundesweit und exportieren ihre Produkte auch ins Ausland. Einige dieser Brunnen-Unternehmen sind Großkonzerne wie z. B. Nestle Waters, Mainz. Als mittelständische Unternehmen seien als Beispiel genannt:

- Christinen Brunnen Teutoburger Mineralbrunnen GmbH u. Co., Bielefeld,
- Dortmunder Brau und Brunnen AG,
- Hassia und Luisen Mineralquellen, Bad Vilbel GmbH u. Co.,
- Sinzinger Mineralbrunnen,
- Spreequellen Mineralbrunnen.

Zu unterscheiden ist zwischen dem natürlichen

- *Mineralwasser* (S. 23).
  Es ist ein reines Naturprodukt, kommt aus unterirdischen, von Verunreinigungen geschützten Wasservorkommen und wird direkt am Quellort abgefüllt.
  Aufgrund seines natürlichen Gehalts an Mineralsalzen und Spurenelementen, wie z. B. Calcium-, Kalium-, Magnesium-, Natrium-, Chlorid-, Sulfat-, Hydrogencarbonationen u. a. muss es ernährungsphysilogische Wirkungen haben.
  Außerdem muss es als natürliches Mineralwasser amtlich anerkannt sein.
- *Quellwasser* stammt aus unterirdischen Wasservorkommen und wird direkt am Quellort abgefüllt. Es muss den Trinkwasserkriterien genügen (S. 22).
- *Natürliches Heilwasser* kommt ebenfalls aus unterirdischen vor Verunreinigungen geschützten Wasserquellen und wird direkt vor Ort abgefüllt. Es muss eine heilende, lindernde und vorbeugende Wirkung aufweisen wegen seiner charakteristischen Mineralstoffe und Spurenelemente wie z. B. Eisenionen u. a. und amtlich zugelassen sein.
- *Tafelwasser* ist eine Mischung aus verschiedenen Wasserarten und mineralischen Zusätzen einschließlich Kohlenstoffdioxidgas.
- *Leitungswasser* besteht etwa zu zwei Dritteln aus Grundwasser und einem Drittel aus Oberflächenwasser. Es wird industriell aufbereitet und gefiltert.

Der Markt für Mineralwasser und Mineralwassererfrischungsgetränke in Deutschland wird durch nachstehende Daten veranschaulicht (Stand 2002): *Quelle: http://www.gdb.de*

Anzahl der Unternehmen	233
Umsatz in Euro [in Mio.]	2.820,0
Absatz der Gesamtbranche [in Mio. Liter]	11.350,0
Absatz von Mineral- und Heilwasser [in Mio. Liter]	8.510,0
Mineralwasser	8.275,0
• mit CO_2	4.950,0
• wenig CO_2	3.035,0
• ohne CO_2	213,0
• mit Aroma	77,0
Heilwasser	235,0
Absatz von Mineralwasser-Erfrischungsgetränken [in Mio. Liter]	2.840,0
Davon Mineralwasser + Frucht/Schorle	500,0
Verbrauch pro Person im Jahr 2002 [Liter]	143,8
davon Mineral- und Heilwasser	109,4
und Mineralbrunnen-Erfrischungsgetränke	34,4
Import an Mineralwasser [in Mio. Liter]	1.087,3
Export an Mineralwasser [in Mio. Liter]	79,5

Der Mineralwassermarkt ist ein Wachstumsmarkt. In 2002 wurden weltweit 126 Mrd. Liter Mineralwassererfrischungsgetränke in Flaschen abgefüllt und getrunken. Auf eine Bevölkerung von zur Zeit 6,3 Mrd. Menschen bezogen, entspricht das einem Wassergetränkekonsum von 20 Litern pro Person und Jahr. Es wird geschätzt, dass dieser Konsum sich bis 2010 verdoppeln wird. Eine der Gründe ist, dass in vielen Ländern die öffentliche Versorgung mit einwandfreiem Trinkwasser über die Leitungen nicht garantiert werden kann. Die Menschen greifen aus Gesundheitsgründen zu den teueren Mineralwässern in Flaschen.

In Westeuropa beträgt der pro Kopf-Konsum an Mineralwassererfrischungsgetränken 105 Liter im Jahr, in Asien zur Zeit nur 6 Liter. Folgende Daten demonstrieren die Ungleichverteilung noch deutlicher. Europa und Nord-Amerika konsumieren 56 % der in Flaschen angebotenen Mineralwassererfrischungsgetränke.

Die *Nestle Waters*[157] ist zur Zeit in 130 Ländern mit Niederlassungen etabliert und bietet 77 Marken als Mineralwasser, Quellwasser und Tafelwasser an. Dafür unterhält dieses in der Welt größte Mineralwasserunternehmen 107 Abfüllstationen bzw. Produktionsanlagen.

In Europa und in den USA ist *Nestle Waters* die Nummer 1 unter den Mineralwasserunternehmen, ebenso in den Ländern des Nahen Ostens wie Bahrain, Ägypten, Jordan, Libanon, Saudi-Arabien und Usbekistan. Auch in Pakistan, Vietnam und Kuba nimmt *Nestle Waters* die 1. Stelle ein.

Die Nummer 2 ist sie in Thailand, Südafrika und in Argentinien.

Im Jahr 2002 betrug der Umsatz der *Nestle Waters* 7,7 Mrd. Schweizer Franken. Die Wachstumsrate betrug fast 10 %. Der Weltmarktanteil wird auf 17 % geschätzt. Die Anzahl der Mitarbeiter betrug 25 100.

157) *Quelle:* Nestle Waters March 2002, Mainz.
Brands from pto.

12.
Zusammenfassung
(E. summary)

Die Wassermenge in der Welt ist konstant. Sowohl Wasser im Allgemeinen als auch Süßwasser im Besonderen ist nicht knapp. Aber es ist auf die einzelnen Erdregionen klimabedingt unterschiedlich verteilt (Abb. 97).

In der Natur befinden sich die Gewässer der Festlandmassen, der Ozeane, Binnenseen und Flüsse und der Atmosphäre in einem ständigen austauschenden Kreislauf. Die durch die Sonneneinstrahlung auf die Erdoberfläche bedingten Temperaturunterschiede liefern über Verdunstung, Kondensation, Gefrieren und Schmelzen die treibenden Energien für diesen all umfassenden Wasserkreislauf (Abb. 9, 10 u. 11).

Süßwasser wird knapp, weil durch eine zunehmende Bevölkerungsverdichtung und einhergehende Industrialisierung der natürliche Austausch und Reinigungszyklus des Wassers regional nachhaltig gestört wird (Abb. 38 u. 39).

Die Aufbereitung von Süßwasser zu Trinkwasser bzw. die Entsalzung von Meerwasser zu Süß- und Trinkwasser einerseits und die Reinigung und Klärung von Abwässern bzw. gebrauchtem Wasser andererseits sind die beiden bedeutenden sich ergänzenden Wassertechnologien unserer industrialisierten und urbanisierten Welt. Beide Technologien halten den technischen Zyklus des begehrten Süßwassers aufrecht. Allerdings sind beide Technologien sehr energieaufwändig.

Es gilt der unmittelbare Zusammenhang, dass ohne eine ausreichende Energieversorgung in unserer von Bevölkerung übersiedelten Welt mit zur Zeit 6,3 Mrd. Menschen keine Wasserversorgung möglich ist und umgekehrt.

Damit hat sich mit dem Wasser noch eine dritte Technologiekomponente entwickelt. Nämlich die Ausnutzung des Wassers als Wärmespeicher und -transporteur bzw. als Wärmeenergieumwandler zur Erzeugung von elektrischem Strom in Wärmekraftwerken. Als Energiequelle dienen die fossilen Rohstoffe bzw. kernenergetische Quellen wie z. B. Uransalze. Doch auch die Erschöpfung der fossilen Rohstoffe als Energieträger und Wasserstofflieferant für die zahlreichen Hydrierungen in der Chemotechnik ist abzusehen. Wasser als Wasserstoffquelle wird mit Hilfe der Photovoltaik in diese größer werdende Lücke treten müssen.

Eine gesicherte und nachhaltige Wasserversorgung ist die unabänderliche Bedingung, um die Menschen mit ausreichender technischer Energie und physiologischer Energie (Nahrungsmitteln) zu beliefern. Weltweit werden fast 70 % des gesamten nutzbaren Süßwasseraufkommens von der Landwirtschaft für Viehzucht

Wasser. Vollrath Hopp
Copyright © 2004 WILEY-VCH Verlag GmbH & Co. KGaA, Weinheim
ISBN: 3-527-31193-9

und zur Bewässerung der Ackerflächen verwendet. 22 % benötigt die Industrie und 8 % fließen in die Privathaushalte. Doch ist diese prozentuale Gesamtverteilung in den einzelnen Ländern und Zonen sehr unterschiedlich. In Asien werden sogar 80 % des Süßwassers von der Landwirtschaft in Anspruch genommen, in Europa knapp 50 %.

Tab. 19 gibt Auskunft über den Wasserverbrauch von Tieren und Pflanzen in der Landwirtschaft.

Tab. 19: Der Wasserbedarf von landwirtschaftlichen Nutztieren, Pflanzen und Nahrungsmitteln (E. water demand for farm animals, useful plants and food)[158]

Landwirtschaftliche Nutztiere	Wasserbedarf Liter/Tag Normal / maximal		
Milchkuh	80	bis	150
Kuh (trocken stehend)	40	bis	80
Jungrind (6 Mon. – 28 Mon. alt)	30	bis	60
Kalb (bis 6 Mon. alt)	13	bis	20
Pferd (ausgewachsen)	45	bis	80
laktierende Sauen (Ferkel säugend)		ca.	30
tragende Sauen	15	bis	30
Mastschweine	5	bis	15
Schafe	5	bis	15
Geflügel	0,5	bis	0,8
Landwirtschaftliche Nutzpflanzen 1 kg Trockenmasse	**Wasserbedarf Liter/kg**		
Winterweizen	500		
Gerste	450		
Mais	300		
Reis	bis 2000		
Hülsen-, Wurzel-, Knollenfrüchte	1000		

Ausgehend von den heranwachsenden Pflanzen bis zum Nahrungsmittelendprodukt müssen an Wasser aufgewendet werden [78][159]:

für 1 kg Brot	1000 Liter
für 1 Liter Orangensaft	1000 Liter
für 1kg Citrusfrüchte	1000 Liter
für 1kg Tomaten	80 Liter und
für 1 kg Fleisch	5000 Liter (vom Kleintier bis zum speisefertigen Fleisch)

158) *Quelle:* Landesforschungsanstalt für Landwirtschaft und Fischerei Mecklenburg-Vorpommern, 18276 Gülzow.

159) Wasserwissen (2002, März), Geberit International, www.geberit.com

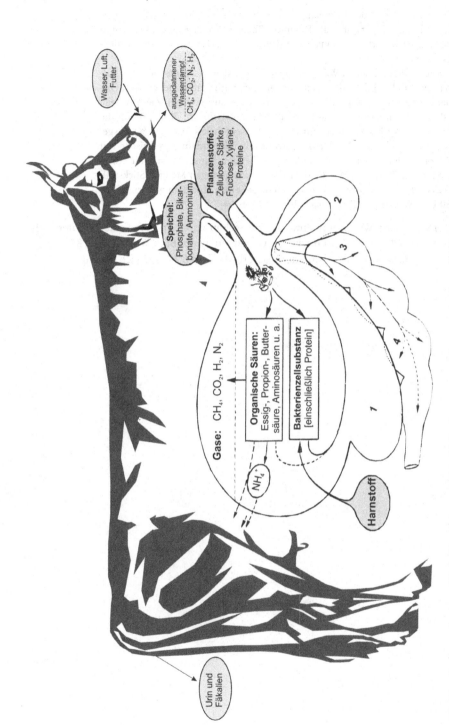

Wasser, Luft, Futter

ausgedatmener Wasserdampf CH_4; CO_2; N_2; H_2

Pflanzenstoffe: Zellulose, Stärke, Fructose, Xylane, Proteine

Speichel: Phosphate, Bikarbonate, Ammonium

Gase: CH_4, CO_2, H_2, N_2

Organische Säuren: Essig-, Propion-, Buttersäure, Aminosäuren u. a.

Bakterienzellsubstanz [einschließlich Protein]

NH_4^+

Harnstoff

Urin und Fäkalien

Abb. 94: Verdauung in einem Wiederkäuermagen, ein Beispiel für einen lebenden Fermenter (E. digestion in rumen – an example for living fermenter) ① Pansen (E. rumen), ② Netzmagen (E. second stomach of ruminants), ③ Blättermagen (E. third stomach of ruminants), ④ Labmagen (E. rennet stomach)

Gegenwärtig gibt es weltweit ca. 1,3 Mrd. Rinder. Jedes Rind benötigt täglich 100 Liter Wasser. Auf die Gesamtheit der Rinder bezogen entspricht dies einer Wassermenge von 47,5 Mrd. Kubikmeter jährlich.

Der Wasserbedarf der Tiere hängt wie beim Menschen vom Klima, d. h. den Umgebungstemperaturen ab. Die in der Tabelle 19 angegebenen Werte sind deshalb Richtwerte und können von Landschaft zu Landschaft unterschiedlich sein.

Die aufgenommenen Wassermengen setzen sich zusammen aus der Aufnahme durch Trinken, dem Feuchtigkeitsgehalt im Futter und aus dem Oxidationswasser des Katabolismus, z. B. für eine Kuh betragen diese Anteile 50 %, 38 % bzw. 12 %. Wasser wird über den Urin (ca. 20 L – 30 L), die Faeces (30 kg bis zu 40 kg mit einem Wassergehalt von ca. 75 %) ausgeschieden und über das Maul, teilweise als Wasserdampf vermischt mit Gasen, deren Anteil bis zu 600 L täglich beträgt. Sie setzen sich aus 70 % Kohlenstoffdioxid, 20 % – 30 % Methan sowie geringen Mengen Stickstoff, Wasserstoff und Ammoniak zusammen. Bei einer Milchkuh werden bis zu 30 Liter Wasser als Milch ausgeschieden (Abb. 94).

Die tägliche Wassereinnahme des Menschen durch Trinken sollte 1,5 Liter nicht unterschreiten (S. 31). In trockenen Gegenden, wie z. B. in Wüsten oder Kälteregionen der Eislandschaften kann der Wasserbedarf auf 8 Liter täglich ansteigen.

13.
Schlussbemerkung – Wasser und die Entwicklung von Hochkulturen
(E. final remarks – water and the development of the earliest great civilizations)

Die Entfaltung von Hochkulturen ist an ausreichende Süßwasserquellen gebunden. Unmittelbar nutzbares Süßwasser liefern die Flüsse, Flusstäler und Flussmündungen. Sie versorgen nicht nur die Menschen mit Trinkwasser, sondern bewässern genügend Ackerland, das früher wie heute die Grundlage einer ausreichenden Ernährung ist. Außerdem konnten die Flüsse als bequeme Transportwege genutzt werden (Tab. 12).

Die Bevölkerungszunahme einzelner Volksstämme und der damit einhergehende Zwang für ausreichende Nahrung und Futtermittel zu sorgen, veranlassten die Volksgruppen, sesshaft zu werden, d. h. Siedlungen und Dörfer zu bauen, den Boden zu bearbeiten, Getreide, Hackfrüchte, Obst und Gemüse anzubauen. Dazu waren Süßwasserquellen notwendig. Fluss- und Feuchtgebiete boten sich für Ansiedlungen und Ackerbewirtschaftung an. Dieses alles musste organisiert, reguliert und die Güter transportiert, verteilt und auch verteidigt werden. Es bildeten sich Zentralverwaltungen. Parallel dazu verlief die Entwicklung des Handwerks und Handels. Aufgrund gut funktionierender Bewässerungsanlagen, Transportsysteme und Speichermöglichkeiten wurde eine ausreichende regelmäßige Ernährung gesichert. Die Bevölkerung nahm weiter zu. Es entstanden Städte und Stadtstaaten. Der Weg zu den bekannten Hochkulturen war frei. Unabhängig voneinander entstanden so auf den einzelnen Kontinenten der Erde verschiedene Kulturzentren.

Die ersten historisch nachweisbaren Hochkulturen entstanden an Flussläufen bzw. in Flusstälern. Bekannt sind die Kulturen der *Alten Ägypter* am Nil, die Kulturen Mesopotamiens, des Zweistromlandes Euphrat und Tigris, die nacheinander von den Sumerern, Babyloniern und Assyrern geprägt wurden. Sowohl im Niltal als auch in Mesopotamien basierten die Hochkulturen auf einem ausgeklügelten Bewässerungssystem, unterstützt von einem dichten künstlichen Kanalnetz. So konnten Getreideüberschüsse erwirtschaftet werden, die für Notzeiten in großen Speichern gelagert wurden [37].

Eine fast ähnliche Entwicklung nahm die Besiedlung im Tal des Indus in Indien. Ihren ersten kulturellen Höhepunkt erreichte sie um 2300 v. Chr. Der Schwemmlandboden des Flussbeckens und des Deltagebietes war fruchtbares Ackerland und konnte für damalige Zeiten große Ansiedlungen und Städte bis zu 50 000 und mehr Einwohnern ernähren (Abb. 96 u. Abb. 97) [37].

Wasser. Vollrath Hopp
Copyright © 2004 WILEY-VCH Verlag GmbH & Co. KGaA, Weinheim
ISBN: 3-527-31193-9

Die ersten großen Königreiche in China entstanden entlang des *Huangho*, des *Gelben Flusses*. Hier wurden die ersten Bewässerungstechniken entwickelt, um genügend Ackerland zum Anbau von Getreide, insbesondere Reis, zu erwirtschaften. Die Technologie der Flussregulierung und des Dammbaus fand etwas später ihre Anwendung am südlich gelegenen Yangtse. Um 221 v. Chr. wurde China schon von 60 Mio. Menschen bewohnt, die alle ernährt werden mussten [37].

Um 2500 v. Chr entstanden die ersten chinesischen Königsreiche. Ganz China wurde von Deichen, Dämmen, Kanälen und künstlichen Seen überzogen, nur um fruchtbares Ackerland zu gewinnen und zu erhalten.

Obwohl alle diese flussorientierten Hochkulturen unabhängig voneinander entstanden, ähnelten sich ihre Strategien und Methoden. Sie dienten der Erschließung von Süßwasser und der Sicherung der Ernährung.

Ein entsprechendes Entwicklungsmuster bieten auch die Überlieferungen von den ersten Hochkulturen in Mittel- und Südamerika [58].

Schon um 2500 v. Chr. gelang es den Bewohnern *Mexikos* und *Perus*, die Erträge im Pflanzenanbau durch Selektion und Kreuzung bei Mais erheblich zu steigern. Das führte zu einer kräftigen Bevölkerungsvermehrung und der Entstehung von Dauersiedlungen. Der auf dem heutigen Gebiet Perus und Boliviens liegende Titicaca-See (S. 155) bot mit seinen riesigen Süßwasserreserven die Grundlage für ein einflussreiches Kultur- und religiöses Pilgerzentrum zwischen 600 und 1000 n. Chr. Die höchstgelegene Andenstadt *Tiahuanaco* mit 30 000 bis 40 000 Einwohnern war das Zentrum. Sie lag 3660 m über dem Meeresspiegel. Die Herrscher dieser Stadt unternahmen im großen Stil Kampagnen zur Kultivierung von Ackerland. In *Pampa Koani* wurde der Fluss *Rio Catari* kanalisiert. Ein riesiges Drainagesystem verwandelte das Land in fruchtbare Felder. Die Bauern lebten in kleinen auf Hügeln liegenden Weilern.

In den *Anden* fließt von den Höhen in zahlreichen kleineren und größeren Flüssen Wasser in die Täler und in den Pazifik. Im Norden Perus breiteten sich große Kulturreiche aus. Um 1 n Chr. bis 600 n. Chr. herrschte an der nördlichen Küste die *Moche-Kultur*. Ausgehend vom Moche- und Chicama-Tal erstreckte sie sich vom Pacasmayo-Tal bis zum Santa- und Nepeña-Tal. Eindrucksvolle Städte und religiöse Zentren wurden errichtet. Zu diesen zählte die mächtige Sonnenpyramide aus Lehmziegeln mit einer Länge von 350 m und Höhe von 40 m. Bewässerungsanlagen ermöglichten es den Bauern, in der Wüste Mais, Erdnüsse, Chili und süße Kartoffeln anzubauen [37; 58].

Regierungsbeamte überwachten die umfangreichen öffentlichen Bauunternehmungen, zu denen die Bevölkerung mit Fronarbeiten und Tributabgaben herangezogen wurde. Keiner entkam den Steuerabgaben.

Die klassische Periode der *Maya-Kultur* mit ihrem Zentrum im heutigen Guatemala setzte um 300 n. Chr. ein und dauerte bis 900 n. Chr. Das Fundament der Maya-Zivilisation waren gigantische Baukomplexe [58]. Das Konzept dieser Zeremonialzentren ging bereits auf die *Maya-Präklassik* um 2000 v. Chr. zurück. Stadtstaaten gingen aus ihnen hervor. Die Maya-Stadt *Tikal* zählte im 8. Jh. n. Chr. 50 000 Einwohner.

Entsprechend dem unterschiedlichen geologischen und ökologischen Ambiente der Küsten mit ihren jahreszeitlichen Überschwemmungen der tropischen Regenwälder, den 4000 m hohen Bergen und jenen Gebieten, die einen jährlichen Niederschlag zwischen 570 mm und 3000 mm pro m^2 aufwiesen, war das Pflanzenwachstum ungewöhnlich vielfältig und das Nahrungsangebot reichhaltig. Auf so genannten *schwimmenden Feldern* wurden Mais, Bohnen, Kürbis, Chilipfeffer, Wurzelpflanzen u. a. angebaut. Das Ende der Maya-Kultur bahnte sich im 9. Jahrhundert n. Chr. an. Die Städte entvölkerten sich. Die Ursachen sollen häufige Missernten gewesen sein, in deren Folge innere Unruhen unter der Bevölkerung auftraten (Abb. 95).

Teotihuacán war um 500 n. Chr. mit ca. 200 000 Einwohnern die sechsgrößte Stadt der Erde überhaupt. Sie war das Zentrum des Teotihuacán-Reiches, das sich mit 25 000 km^2 über das mittlere Hochland Mexikos erstreckte und sogar über Kolonien im Maya-Gebiet verfügte. Der Fluss *San Juan* wurde kanalisiert, um ihn in die Stadt mit einzubeziehen. Die für damalige Verhältnisse sehr große Stadt bezog die landwirtschaftlichen Produkte für die Bevölkerung von den bewässerten Feldern im Tal von Teotihuacán. Die fruchtbaren Schwemmböden der sumpfigen Ufer des benachbarten Texcocosee im Hochtal hat man vermutlich trocken gelegt und für den Maisanbau genutzt. Salz gewann man aus Salzwasserseen.

Die *Mexixa-Azteken* waren ein kriegerisches Volk. Sie ließen sich auf einer kleinen Insel im Texcocosee nieder und gründeten dort 1345 ihre Hauptstadt *Tenochtitlán*. In relativ kurzer Zeit brachten sie viele Städte unter ihre Tributherrschaft. Ihr Reich dehnten sie bis zu den Küsten des Pazifiks, des Golfs von Mexiko und bis nach Guatemala aus.

Nachdem sie sesshaft geworden waren und genügend Territorium erobert hatten, war ihr Schlüssel zum Aufstieg unter anderem ihre Leistungen in Landwirtschaft und Wasserwirtschaft. Sie erweiterten und verbesserten schon existierendes urbar gemachtes Land. Teile des Süßwassersees verwandelten sie in ein ertragreiches Agrargebiet [58]. Mais, Bohnen, Kürbis, Chilipfeffer und andere Hauptnahrungsmittel wurden mehrmals im Jahr geerntet. Vom Nahrungsmittelüberschuss lebten die Stadtbewohner und die Armee.

Der Deich von *Netzahualcoyoti* im Texcocosee trennte die *schwimmenden Gärten* vom Salzwasserteil des Sees, an dem viele Salinen lagen (Abb. 95).

Die *schwimmenden Gärten*, auch *Chinampas* genannt, waren Gemüsebeete, die durch Gräben voneinander getrennt waren. Das ringsum sichtbare Wasser vermittelte die Vorstellung schwimmender Gärten. Diese *Chinampas* wurden von den Azteken angelegt.

An den Rändern von Süßwasserseen findet man noch heute südlich der Hauptstadt Mexiko City solche Chinampas mit Pappelwäldern, Gemüse- und Blumenkulturen.

Diese Kulturen waren die Vorläufer des späteren autoritären Inkastaates, des größten Imperiums auf dem amerikanischen Doppelkontinent. Um 1300 n. Chr. ließ sich ein Stamm der Inkas in einem Tal der peruanischen Anden nieder. Dort gründeten sie ihre Hauptstadt Cuzso. Von hier aus wurden weite Territorien erobert. Die Inkas übernahmen viel von den früheren Kulturen. Den Straßenbau, Bewässerungsanlagen, Terrassenfelder erweiterten sie rigoros. Auf den Straßen wurden riesige Lasten zu den regionalen Lebensmittel-Depots transportiert, z. B. fassten die Speicher von *Huanuco Pampa* 36 000 m^3 Mais.

Die ersten Städte *Nordamerikas* entstanden um 700 n. Chr. im mittleren Mississippital. Ihr Lebensstil erreichte teilweise großstädtisches Format. *Cahokia* hatte mindestens 10 000 Einwohner. Sie lag in einem weiten Tal mit fruchtbarem Schwemmlandboden südlich des Zusammenflusses von Mississippi, Missouri und Illinois. Der leichte Boden war für den Anbau von Hackfrüchten ideal.

Die Städte waren von fruchtbaren Flusstälern umgeben. Es gab Dauersiedlungen mit einer Bevölkerungsdichte von 200 Menschen pro km^2. Das war nur durch revolutionäre Anbaumethoden der Landwirtschaft möglich [58].

700 n. Chr. war der Maisanbau nur auf den Süden dieser Region beschränkt, da er 200 frostfreie Tage zum Reifen benötigte. Es wurden robustere Sorten eingeführt, vermutlich aus den Höhenlagen Mittelamerikas. Sie brauchten nur 120 Tage zum Reifen. Für geschützte Plätze bedeutete das 2 Ernten im Jahr. Dieser intensiven Feldwirtschaft boten sich die fruchtbaren periodisch überfluteten Talböden von Mississippi, Ohio, Tennessee, Arkansas, Red River und größerer Nebenflüsse an.

Vom Süßwasser und der Bereitstellung nutzbarer Energie hängt alles ab. Ohne diese beiden gibt es kein Leben auf dieser Erde und keine Entwicklung zu Hochkulturen der Menschheit. Sie entfalteten sich in den fruchtbaren Flusstälern. Große Reiche sind zugrunde gegangen, weil die Wasserquellen versiegten. Diese Vergangenheit müsste nicht wieder in Erinnerung zurückgerufen werden, wenn unsere technisch zivilisierte Welt nicht ständig gegen solche Einsichten verstoßen würde [50]. Ein großer Teil der Menschen in unserer Welt durstet. Entweder ist das Wasserdargebot nicht ausreichend oder es ist hygienisch nicht einwandfrei. Dem Wassermangel folgt sogleich der Hunger auf dem Fuße. Die zentrale Herausforderung für ein zukünftiges menschliches Zusammenleben muss die Versorgung mit genügendem Wasser sein. d. h. Erschließen von Süßwasserquellen, Errichten von Verteilungsnetzen mit einer einhergehenden Abwasserreinigung. Der *Wassermarkt* ist im übertragenen Sinne ein globaler *Life Science Markt* [26] (Abb. 99).

Doch von diesen Einsichten sind die Länder und deren Persönlichkeiten aus Politik, Wirtschaft und Wissenschaft in verantwortlichen Positionen, die die Mittel hätten, hier wirksam zu helfen, noch weit entfernt. Sie vertrauen auf ihre technische und militärische Macht, um sich selbst zu helfen und zu schützen. Süßwasser ist die Grundlage für Nahrung, Kultur und Freiheit. Wer die Menschen dursten und hungern lässt, beschwört Revolutionen, Terrorismus und Kriege herauf. Das sind Binsenweisheiten, die Geschichte lehrt sie uns!

Abb. 95: Schwimmende Gärten in Mexiko (E. floating gardens in Mexico)[160]

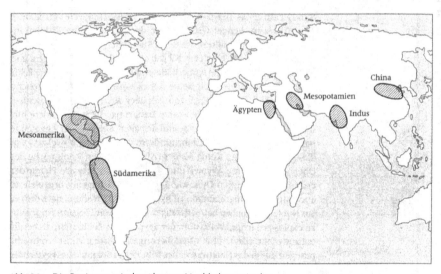

Abb. 96: Die Regionen mit den ältesten Hochkulturen in der Welt. Ihre Abhängigkeit von den Wasserquellen [37]. (E. the regions of the world with the earliest great civilizations, their dependence on the resources of fresh water)

160) http://home.t-online.de/home/die.windigen/ aztekall.htm

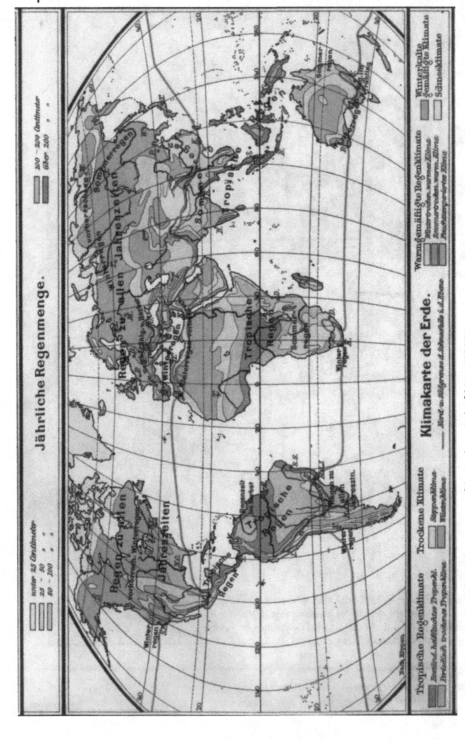

Abb. 97: Klimazonen der Erde (E. climate zones of the Earth) → Farbtafel Seite XXXVII

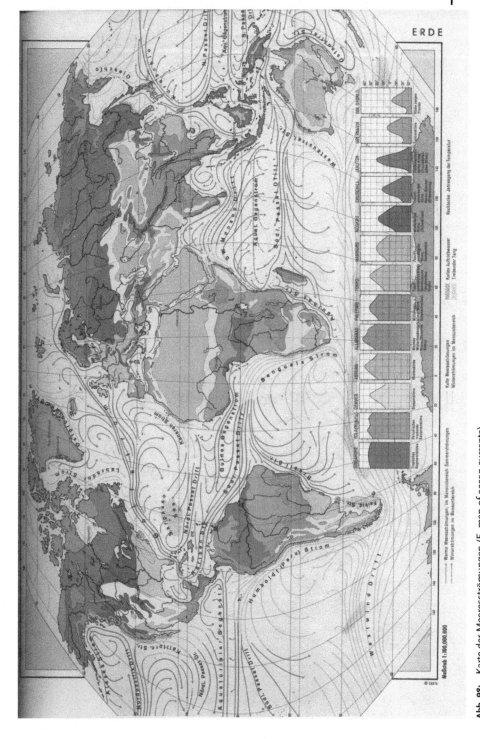

Abb. 98: Karte der Meeresströmungen (E. map of ocean currents)
Quelle: Grosser Weltatlas, Keysersche Verlagsbuchhandlung GmbH (1963), Heidelberg – München. → Farbtafel Seite XXXVIII

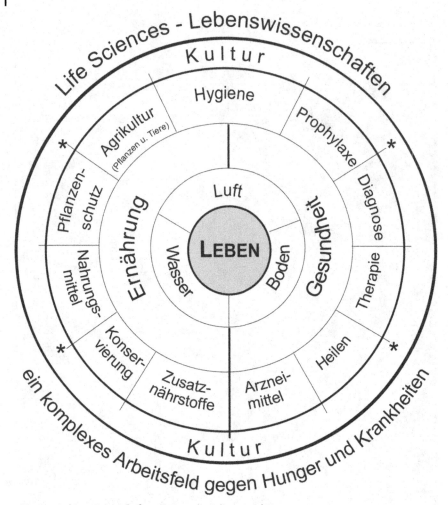

Abb. 99: Lebenswissenschaften, ein interdisziplinäres Arbeitsfeld gegen Durst, Hunger und Krankheiten (E. life sciences, an interdisciplinary working field for thirst, hunger and disease)

14.
Anhang
(E. appendix)

SI-Einheiten (Système Internationale d'unités)[161]

1. Basiseinheiten
(E. base units)

Länge	Meter	m
Masse	Kilogramm	kg
Zeit	Sekunde	s
Elektrische Stromstärke	Ampere	A
Temperatur	Kelvin	K
Lichtstärke	Candela	cd
Stoffmenge	Mol	mol

2. Abgeleitete Einheiten mit besonderen Namen
(E. derived units with special names)[162]

Kraft	Newton	1 N	=	$1 \, kg \cdot m/s^2$
Druck (s. a. DIN 1314, neueste Ausgabe)	Pascal	1 Pa	=	$1 \, N/m^2$
	Bar	1 bar	=	$10^5 \, Pa$
			=	$0{,}1 \, N/mm^2$
Energie	Joule	1 J	=	$1 \, N \cdot m$
Arbeit		1 J	=	$1 \, W \cdot s$
Wärmemenge		1 J	=	$1 \, kg \cdot m^2/s^2$
Steinkohleneinheit (SKE)		1 SKE	=	29308 kJ
			=	8,141 kWh
Kilowattstunde		1 kWh	=	$3{,}6 \cdot 10^3 \, kJ$

161) Dubbel (2001), Taschenbuch für den Maschi-nenbau, 20. korr. u. erg. Auflage, S. 1450 ff., Springer Verlag, Berlin, Heidelberg, New York, Tokyo.

162) Schwenk, E. (1992), Mein Name ist Becquerel, Wer den Maßeinheiten den Namen gab, Hrsg. Hoechst AG, Frankfurt am Main. [E. my name is Becquerel. The stories of the scientists whose names were given to the international units of measure, by Ernst Schwenk]

Wasser. Vollrath Hopp
Copyright © 2004 WILEY-VCH Verlag GmbH & Co. KGaA, Weinheim
ISBN: 3-527-31193-9

Leistung   Watt   1 W   =   1 J/s
                                               =   1 N · m/s
                                               =   1 kg · m^2/s^3

                         Pferdestärke   1 PS   =   75 m · kg/s = 735,5 Watt

3. Konstanten
(E. constants)

Absoluter Nullpunkt der Temperatur	T =	0 K = – 273,15 °C
Avogadrokonstante	N_A =	6,022169 · 10^{23} mol^{-1}
Universelle Gaskonstante	R =	k · N_A
	=	8,31434 J · mol^{-1} · K^{-1}
Boltzmannsche Entropiekonstante	k =	1,380622 · 10^{-23} J · K^{-1}
Stefan-Boltzmann-Konstante	σ =	5,67051 · 10^{-8} W · m^{-2} · K^{-4}
	=	5,67051 · 10^{-12} J · cm^{-2} · s · K^{-4}
Plancksches Wirkungsquantum	h =	6,626196 · 10^{-24} J · s
1 atomare Masseneinheit	1 u =	1/12 m (^{12}C) ≙ 1,6605 · 10^{-24} g
(unified mass unit)		
Ruhemasse des Elektrons	m_c =	0,000548593 u ≙ 0,9109550 · 10^{-30} kg
Ruhemasse des Protons	m_p =	1,0072766 u ≙ 1,67492 · 10^{-27} kg
Ruhemasse des Neutrons	m_n =	1,0086652 u ≙ 1,67492 · 10^{-27} kg
Faradaykonstante	F =	e · N_A = 96486,70 Cb · mol^{-1}
Elektrische Elementarladung	e =	1,6021917 · 10^{-19} Cb
Gravitationsfeldstärke	g =	9,83 N · kg^{-1}
(abhängig von der geographischen Breite)		
Lichtgeschwindigkeit im materiefreien Raum	c =	2,997925 · 10^8 m · s^{-1}
Solarkonstante	S =	8,15 J · cm^{-2} · min^{-1}

4. Physikalische Begriffe
(E. physical terms)

mechanische Spannung	N/mm^2
E- Modul	N/m^2
Gleitmodul, Härte	Pa = $\dfrac{N}{m^2}$
Kerbschlagzähigkeit	kJ/m^2
	J/cm^2
Wärmeleitfähigkeit	W/(m · K)
	W/(cm · K)
Wärmedurchgangskoeffizient	W/(m^2 · K)
	W/(cm^2 · K)

Dynamische Viskosität	$N \cdot s/m^2$
	$kg/(m \cdot s)$
	$Pa \cdot s$
Kinematische Viskosität	m^2/s
Temperatur	K (Kelvin)
	°C (Grad Celsius)
Energiedosis	J/kg
Dioptrie, Brechkraft optischer Systeme	$1\ dpt = \frac{1}{f}\ [m^{-1}]$, Kehrwert der in Metern gemessenen Brennweite

5. Stoffmenge
(E. amount of substance)

parts per million
wird häufig benutzt zur Angabe
von geringsten Konzentrationen

ppm, eine Beimengung auf
1 Mio. Teile bezogen.
$1\ ppm = 10^{-4}\ \%$
$1\ ppm = 1\ mg/kg$
$1\ ppm = 1\ g/t.$

Abkürzungen für Zehnerexponenten
(E. abbreviations for exponents to the power 10)

10^{18}	=	E	(Exa)
10^{15}	=	P	(Peta)
10^{12}	=	T	(Tera)
10^{9}	=	G	(Giga)
10^{6}	=	M	(Mega)
10^{3}	=	k	(Kilo)
10^{2}	=	h	(Hekto)
10^{1}	=	da	(Deka)
10^{0}	=	1	(Eins)
10^{-1}	=	d	(Dezi)
10^{-2}	=	c	(Zenti)
10^{-3}	=	m	(Milli)
10^{-6}	=	μ	(Mikro)
10^{-9}	=	n	(Nano)
10^{-12}	=	p	(Piko)
10^{-15}	=	f	(Femto)
10^{-18}	=	a	(Atto)

Griechisches Alphabet
(E. Greek alphabet)

A	α	Alpha	I	ι	Jota	P	ρ	Rho
B	β	Beta	K	κ	Kappa	Σ	σ	Sigma
Γ	γ	Gamma	Λ	λ	Lambda	T	τ	Tau
Δ	δ	Delta	M	μ	My	Υ	υ	Ypsilon
E	ε	Epsilon	N		Ny	Φ	φ	Phi
Z	ζ	Zeta	Ξ	ξ	Xi	X	χ	Chi
H	η	Eta	O	o	Omikron	Ψ	ψ	Psi
Θ	ϑ	Theta	Π	π	Pi	Ω	ω	Omega

Verteilung der Elemente in der Erdrinde einschließlich Hydrosphäre und Atmosphäre
(E. distribution of elements in the lithosphere including hydrosphere and atmosphere)

Tab. 20: Zusammensetzung der Erdrinde (16 km Schichtdicke) einschließlich Hydrosphäre und Atmosphäre (E. composition of the lithosphere (16 km thickness) including hydrosphere and atmosphere)

Lfd. Nr.		Symbol	Masse-%
1	Sauerstoff	O	49,5
2	Silicium	Si	25,8
3	Aluminium	Al	7,57
4	Eisen	Fe	4,70
5	Calcium	Ca	3,38
6	Natrium	Na	2,63
7	Kalium	K	2,41
8	Magnesium	Mg	1,95
9	Wasserstoff	H	0,88
10	Titan	Ti	0,41
11	Chlor	Cl	0,19
12	Phosphor	P	0,09
13	Kohlenstoff	C	0,087
14	Mangan	Mn	0,085
15	Schwefel	S	0,048
16	Stickstoff	N	0,030
17	Rubidium	Rb	0,029
18	Fluor	F	0,028
19	Barium	Ba	0,026
20	Zirkonium	Zr	0,021
21	Chrom	Cr	0,019

97,94

1,94 %

Tab. 21: Häufigkeitsverteilung der in der Erdrinde (16 km Schichtdicke), Hydrosphäre und Atmosphäre, meistverbreiteten Elemente (E. distribution of most frequent elements of the lithosphere (16 km thickness) including hydrosphere and atmosphere)

Lfd. Nr.		Symbol	Häufigkeit der Elemente in [%] [Atom-%]
1	Sauerstoff	O	55,00
2	Silicium	Si	16,33
3	Wasserstoff	H	15,52
4	Aluminium	Al	4,99
5	Natrium	Na	2,03
6	Calcium	Ca	1,50
7	Eisen	Fe	1,496
8	Magnesium	Mg	1,126
9	Kalium	K	1,096
10	Titan	Ti	0,192
11	Kohlenstoff	C	0,152

Verzeichnis der Abbildungen
(E. list of figures)

Wasser. Vollrath Hopp
Copyright © 2004 WILEY-VCH Verlag GmbH & Co. KGaA, Weinheim
ISBN: 3-527-31193-9

Verzeichnis der Tabellen
(E. list of tables)

Wasser. Vollrath Hopp
Copyright © 2004 WILEY-VCH Verlag GmbH & Co. KGaA, Weinheim
ISBN: 3-527-31193-9

Literaturhinweise
(E. references)

1 Aaron, W. (1996), Middle East Water Conflicts and Directions for Resolution, Food, Agriculture and the Environment Discussion, Paper 12, Washington D.C., International Food Policy Research Institute.

2 Ball, Ph. (2002), H_2O; Biographie des Wassers, 2. Aufl. Piper Verlag GmbH, München, Zürich. Originalausgabe engl. (1999), H_2O; Biography of Water, Weidenfeld and Nicolson, London.

3 Breidenich, M. (2002), Warum ist Meerwasser salzig? Frankfurter Allgemeine Ztg. Nr. 143 v. 13.06.2002.

4 Buros, O. K., The ABC's of Desalting, published by International Desalination Association Topsfield, Massachusetts, USA.

5 Chemie report (2002), Mit Chemie die Zukunft gestalten, Heft 5/6.

6 Eales, K., Forster, S. and Mhango, L. Du (1996), „Strain, Water Demand and Supply Direction in the Most Stressed Water Systems of Lesotho, Namibia, South Africa and Swasiland", in Water Management in Africa and the Middle East: Challenges and Opportunities, ed. Eglal Rached, Eva Rathgeber and David Brooks, Ottawa IRDC Books.

7 Eisbacher, G. H. u. Kley, J. (2001), Grundlagen der Umwelt- und Rohstoffgeologie, Enke im Georg Thieme Verlag, Stuttgart.

8 Engelmann, R., Dye, B. u. LeRoy, P. (2000), Mensch, Wasser!, Report über die Entwicklung der Weltbevölkerung und die Zukunft der Wasservorräte, Hrsg. Deutsche Stiftung der Weltbevölkerung, Balance Verlag, Stuttgart.

9 Engelmann, R. u. Cincotta, R. (2001), Mensch, Natur! Report über die Entwicklung der Weltbevölkerung und die Zukunft der Artenvielfalt, Hrsg. Deutsche Stiftung der Weltbevölkerung, Balance Verlag, Stuttgart.

10 Falkenmark, M. u. Widstrand, C. (1992), Population and Water Resources: A Delicate Balance, Washington S. C., Population Reference Bureau, Population Bulletin.

11 Faust, M. (1979), Process result from SCP pilot plant based on methanol, Uhde Dortmund, in: Dechema Monographie, Bd. 83, 1704 – 1723, Verlag Chemie, Weinheim.

12 Fearnzide, Ph. M, (1995), Hydro-electric Dams in the Brazilian Amazonas Sources of *Greenhouse Gases*, Environmental Conservation Vol. 22, 1.

13 Freund, A. u. Rößler, H.-C. (2001), Dem Nahen Osten geht das Wasser aus, Frankfurter Allgemeine Zeitung, Nr. 204, S. 11, vom 03.09.01.

14 Gardi, R. (1975), Sahara, Monographie einer großen Wüste, 4. Aufl., Kümmerly u. Frey Geographischer Verlag, Bern, Schweiz.

15 Gates, D. M. (1974/75), Der Energiefluß in der Biosphäre, Mannheimer Forum 74/75, Hrsg. H. von Ditfurth, Boehringer Mannheim GmbH, Mannheim.

16 Geinitz, Ch. (2002), Kein Tropfen für Amerika, Frankfurter Allgemeine Ztg. Nr. 137 v. 17.06.2002.

17 Gerstein, M. u. Levitt, M. (1999), Die Simulation von Biomolekülen in Wasser, Spektrum der Wissenschaft, Heft 2, Spektrum der Wissenschaft Verlagsgesellschaft mbH, Heidelberg.

18 Gienapp, Ch. (2002), Primäres Ziel: Verbesserung der Wasserqualität, GIT, Labor-Fachzeitschrift, Nr. 7.

19 Gigantischer Dammbau für 600 km langen Stausee – China staut den Jangtze Fluss,

Wasser. Vollrath Hopp
Copyright © 2004 WILEY-VCH Verlag GmbH & Co. KGaA, Weinheim
ISBN: 3-527-31193-9

Rhein Zeitung, de/on 97/10/31/topnews/dammbau.html.

20 Gleich, N., Maxeiner, D., Miersch, M. u. Nicolay, F. (2000), Life Counts, Berlin Verlag, Berlin. American ed. (2002). Life Counts, Atlantic Monthly Press, 841 Broadway, New York, NY 10003.

21 Gleick, P. H. (1998), The World's Water 1998 – 1999, Oakland, California: Pacific Institute for Studies in Development, Environment and Security, Biennal Report on Freshwater Resources.

22 Haas, H. u. Strobl, Th. (1998), Wasserkraft, Informationsschrift des VDI-GET, Düsseldorf.

23 Hopp, V. (2000), Grundlagen der Life Sciences – Chemie, Biologie, Energetik, Wiley-VCH Verlag, Weinheim.

24 Hopp, V. (2001), Stallmist, Jauche und Gülle, Chemie Ingenieur Technik, CIT-plus, Heft 3.

25 Hopp, V. (2001), Grundlagen der Chemischen Technologie, Wiley-VCH Verlag, Weinheim.

26 Hopp, V. (2002), Life Science and Globalization – Two modern marketing slogans or a challenge for the future?, Eng. Life Science 2 in Chemical Engineering Technology 2002, 2.

27 Hopp, V. (2002), Wasser und Energie – sie gehören unmittelbar zusammen,* GIT, Labor-Fachzeitschrift, Nr. 8 und Hopp, V. (2003), Wasser, Sonderheft Mai des GIT Verlages, Darmstadt.

28 Hug, H. (2000), Zweifel am athropogenen Treibhauseffekt, CHEMIKON, 7/1, 6 – 14.

29 Hug, H. (2002), Der CO_2-Effekt oder die Spur einer Spur, Chemische Rundschau, Nr. 15, 14–15.

30 Jahrbuch der Biotechnologie (1988/89), Bd. 2, Präve, P. u. a. (Hrsg.), Carl Hanser Verlag, München, Wien.

31 Küffner, G. (2003), Volle Leistung nach drei Minuten, FAZ Nr. 128 vom 01.10.2003.

32 Libbrecht, K. u. Rasmussen, P. (2003), The Snowflake: Winters's Secret Beauty, Voyageur Press.

33 Lire sichern das Pariser Wasser, VDI-Nachrichten, Nr. 36, S. 21, vom 07.09.2001.

34 Lohmann, D. (2000), „Staudämme – Billige Energie oder Vernichtung von Natur und Existenzen?" g-o.de-geoscience online (http://www.g-o.de)

35 Lohmann, D. (2000), „Land unter – vernichtende Fluten auf dem Vormarsch?", g-o.de-geoscience online (http://www.g-o.de)

36 Lucius, von, R. (2001), Dies- und Jenseits der Wasserkrise, Frankfurter Allgemeine Zeitung, Nr. 188, S. 9 vom 1. August 2001.

37 McClellan, J. E. and Dorn, H. (2001), Werkzeuge und Wissen – Naturwissenschaft und Technik in der Weltgeschichte, Bogner u. Bernhard bei Zweitausendeins, GmbH u. Co. Verlags KG Hamburg; engl. ed. Science and Technology in World History, The John Hopkins University Press, Balitmore, Maryland.

38 Meharg, A., A. and Rahman, M. (2003), Arsenic Contamination of Bangladesh Paddy Field Sails: Implications for Rice Contribution to Arsenic Consumption, Environ. Sci. Technol, 37, 229 – 234.

39 Middle East Water – Critical Resource (1993), National Graphic, no. May.

40 Mutschler, E. u. Schäfer-Korting, M. (1997), Arzneimittelwirkungen, Wissenschaftliche Verlagsgesellschaft mbH, Stuttgart.

41 Owens, D. (2001), The Wall Street Journal, published in The Week, 15th Sept. 2001.

42 Papierlexikon (1999), Hrsg. Göttsching, L. u. Katz, C., Bd. 3, Deutscher Betriebswirte Verlag GmbH, Gernsbach.

43 Präve, P.; Faust, M.; Sittig, W.; Sukatsch, D. A. (1987), Handbuch der Biotechnologie, R. Oldenbourg Verlag, München, Wien.

44 Prante, G. (1997), Gentechnik in der Landwirtschaft, Chancen für die Pflanzenproduktion, Spektrum der Wissenschaft Dossier, Heft 2, Spektrum der Wissenschaft Verlagsgesellschaft mbH, Heidelberg.

45 Rademacher, H. (2001), Alte Sedimente am Boden des Wostock-Sees, Frankfurter Allgemeine Zeitung, Nr. 289, vom 12.12.2001.

46 Rehm, H. (1980), Industrielle Biotechnologie, 2. Aufl., Springer Verlag, Berlin, Heidelberg, New York.

47 Richards, F. M. (1991), Die Faltung von Proteinmolekülen, Spektrum der Wissenschaft, Heft 3, S. 72.

48 Rietschel, E. Th., Rietschel, M., Woluwe, S. St. u. Ehlers, St. (2002), Der ewige Kampf gegen Infektionskrankheiten – Sind Wissenschaft und Medizin machtlos? Verhandlungen der Gesellschaft Deutscher Naturforscher und Ärzte, 122. Versammlung in Halle 2002.

49 Rifkin, J. (2001), Das Imperium der Rinder, Campus Verlag, Frankfurt. Rifkin, J. (2002), Auf zur Spitze der Proteinlei-

ter, Frankfurter Allgemeine Zeitung Nr. 132 vom 11.06.2002.

50 Rifkin, J. (2002), Die H_2-Revolution, Campus Verlag, Frankfurt/Main u.
New York; americ. ed. (2002), The Hydrogen Economy, Penguin Putnam Inc. USA.

51 Rinaldo, A. and Rodriguez-Iturbe, I. (1998), Channel Networks?, Annual Review of Earth and Planetary Science, Vol. 26; pp. 289 – 327.

52 RMD Spezial (1996), Jubiläumsausgabe, Hrsg. Rhein-Main-Donau AG, Münchner Str. 12, 85774 Unterfähring.

53 Rodriguez-Iturbe, I. (2000), Ecohydrology: A Hydrologic Perspective of Climate-Soil-Vegetation Dynamics? Water Resources Research 23, pp. 349 – 357.

54 Rohrmoser, W. (2002), In 15 Jahren zum guten Zustand, Umweltmagazin, Heft 7/8.

55 Römpps Chemie Lexikon (1999), Hrsg. Falbe, J. u. Regitz, M., 10. Aufl., Bd. 4, Georg Thieme Verlag, Stuttgart.

56 Sauer, H. D. (2002), Große Staudämme belasten die Umwelt weniger als kleine, VDI-Nachrichten Nr. 28, vom 12.07.2002.

57 Sauer, H. W. (2003), Wenn Flüsse über die Berge fließen, VDI-Nachrichten, Nr 1/2 vom 10.01.2003

58 Scarre, Ch. Hrsg. (1990), Weltatlas der Archäologie, Südwest Verlag GmbH u. Co. KG, München, engl. ed. Past Worlds, The Times Atlas of Archaelogy, Times Books Limited Copyright ©, 1988.

59 Schilling, J. (2001), Markt der Tierimpfstoffe, Chem. Rundschau, Nr. 7, 54. Jg.

60 Schlaich, J. (1994), Das Aufwindkraftwerk – Strom aus der Sonne, Deutsche Verlagsanstalt, Stuttgart.

61 Schlaich, J. (1995), The solar chimney, electricity from the sun, Edition Axel Menges, Stuttgart.

62 Schliephake, K. u. Pinkwart, W., Hrsg., (1999), Würzburger Geographische Manuskripte, Heft 51, Geographisches Institut der Universität Würzburg.

63 Schultes, S. (2002), Irgendwann ist alles zur noch rot, Frankfurter Allgemeine Zeitung Nr. 38, S. R6, vom 14.02.2002.

64 Siddal, M; Rohling, E. J.; Almogi-Labin; Hemleben, Ch.; Meischner, D.; Schmelzer, I. u. Smeed, D. A. (2003), Sea-level fluctuations during the last glacial cycle; Nature, Vol. 423 p. 853 – 858.

65 Szysyszka, A. (1999), Schritte zu einer (Solar-) Wasserstoff-Energiewirtschaft. 13 erfolgreiche Jahre Solar-Wasserstoff-Demonstrationsprojekt der SWB in Neunburg vorm Wald, Oberpfalz, Schriftenreihe Solarer Wasserstoff Nr. 26, Solar-Wasserstoff-Bayern GmbH, 80335 München, Tel.: 089-1254-4081.

66 Tenckhoff, E. (1998), Mensch, Technik, Verantwortung, Siemens Energieerzeugung, Hrsg. Siemens AG, Bereich Energieerzeugung, Erlangen

67 The Georges Project in the People's Republic of China, Report by the National Security Council, May 12, 1995.

68 Unger, H. (2001), Wasser = Krieg? agrarische Rundschau, Heft 7.
UN World water development report (2003), Water for people, water for life, UNO Verlag GmbH, Bonn.

69 van der Meijde, M.; Marone, F.; Giardini, D. und van der Lee, S. (2003), Seismic evidence for water deep in Earth's upper mantle. Science, vol. 300, page 1556, 06.06.2003.

70 Villiers, Marc de (2000), Wasser – die weltweite Krise um das blaue Gold, Econ Ullstein List Verlag GmbH u. Co. KG, München. english edition (1999), Water, Stoddard Publishing Co. Limited, Toronto.

71 Vergnes, J. A. (2002), Origines d'une crise planetaire de l'eau annoncée, Docteur d'Etat Es-Sciences, Consultant à l'Unesco et au Ministère des Affaires étrangères, Vice-President de l'Institut Mediterraréen de la Communication, Administrateur d'Eau Sans Frontière Membre de l'Academie de l'Eau, France.

72 Völker, D. (2003), VDI-Nachrichten Nr. 3, S. 13, v. 17.01.2003.

73 Vogel, G. H. (2002), Verfahrensentwicklung, Wiley-VCH Verlag GmbH, Weinheim.

74 Vogelpohl, S. (2002), Advanced oxidation technologies for industrial water reuse, published in: Recycling and Resource Recovery in Industry, 452 – 471, IWA Publishing, London 2002 E.: P. Lens, L. H. Pol, P. Wilderer, T. Asano.

75 Wallerang, E. (2003), Schiffe überqueren jetzt im Trog die Elbe, VDI-Nachrichten vom 17.10.2003.

76 Walter, N. (2002), Falsche Politik ist schuld an der Wasserknappheit der Armen, VDI-Nachrichten Nr. 8, S. 2, vom 22.02.2002 und Sonderbericht 08.01.2002, Umweltschutz und Wirtschaftswachstum – ein Konfliktfall, und Aktuelle Themen 02.12.2002; My home is my

power plant, sowie Nr. 287, 14.01.2004, Grüne Biotechnologie, Deutsche Bank Research Marketing, 60272 Frankfurt am Main.

77 Wasserstofftechnologie, Perspektiven für Forschung und Entwicklung (1986), Hrsg. DECHEMA, Gesellschaft für Chemisches Apparatewesen, Chemische Technik und Biotechnologie, Frankfurt am Main.

78 Wasserwissen (2002, März), Geberit International, www.geberit.com

79 Weber, R. (1995), Webers Taschenlexikon, Erneuerbare Energie: Energieformen, Nutzungstechniken, Umwelteinflüsse, Olynthus Verlagsanstalt, Vaduz/Liechtenstein.

80 Weizen ernährt die Welt (2002), Profil Heft 2, Hrsg. Industrieverband Agrar e. V., Frankfurt am Main.

81 Wissenschaftliche Tabellen Geigy (1981), Teilband Körperflüssigkeiten, Ciby-Geigy AG, Basel.

82 World Commission on Water for the 21st Century,

83 Worldwatch Institute Report 2001, Zur Lage der Welt 2001, Fischer Taschenbuch Verlag GmbH, Frankfurt am Main; americ. ed.

(2001), State of the World 2001, published by Worldwatch Institute, Washington, D.C., W.W. Norton Company, New York, London.

84 World Water Vision (2000), First published in the UK 2000 by Earthscan Publication Ltd., ISBN 185383730X.

85 World Resources Institute (1993), World Resources 1992 – 1993, Washington D.C.

86 Wrage, W. (1981), Ins Herz der Sahara, Neumann Verlag, Leipzig, Radebeul.

87 Wüstenfeld, H. (2001), Wasserspeicher im Erdmantel, VDI-Nachrichten, Nr. 40, S. 27, vom 05.10.2001.

88 Zehnder, A. J. B.; Schertenleib, R.; Jaeger, C. C. (1997), Jahresbericht 1997 der EAWAG (Eidgen. Anstalt für Wasserversorgung, Abwasserreinigung und Gewässerschutz)

89 Zehnder, A. J. B. (2002), Wasserresourcen und Bevölkerungsentwicklung, Deutsche Akademie der Naturforscher Leopoldina Halle/Saale.

90 Zimmerle, B. (2000), Vom Nutzen und Schaden der Staudämme, E + Z-Entwicklung und Zusammenarbeit, Ausgabe Juli/August 2000.

Glossar
(E. glossary)

a

Absorption, die,	Verschlucken von Stoffen durch andere
absorbere (lat.)	verschlucken
accelerare (lat.)	beschleunigen
accumulare (lat.)	anhäufen
Acceptio (lat.)	Annahme
acidus (lat.)	sauer
Adamos (grch.)	der Unbezwingliche (s. Diamant)
Adaption, die adaptare (lat.)	Anpassung anpassen an
Adhäsion, die adhaerere (lat.)	ist das Haften verschiedener Stoffe aneinander anhaften
Adiabate,	die Kurve in einem Diagramm, die Zustände gleicher Entropie anzeigt. Bei diesen Zustandsänderungen wird keine Wärmeenergie mit der Umgebung ausgetauscht
adiabainein (grch.)	nicht hindurchgehen
Adsorption, die	die Aufnahme von Stoffen durch die innere und äußere Oberfläche anderer Feststoffteilchen
adsorbere (lat.)	bei sich aufnehmen
aer (grch.)	Luft
aerob	aerobe Vorgänge sind abhängig von Luftsauerstoffzufuhr, anaerobe Vorgänge vollziehen sich unter Luftsauerstoffausschluss.
Aerosol, das	ein Mehrstoffsystem, bei dem ein fester oder flüssiger Stoff in einem Gas feinst verteilt ist (s. a. aer)
solutus (lat.)	aufgelöst
Aggregatzustände, die aggregare (lat.)	Erscheinungsform der Stoffe, z. B. gasf., flüssig, fest beigesellen

Wasser. Vollrath Hopp
Copyright © 2004 WILEY-VCH Verlag GmbH & Co. KGaA, Weinheim
ISBN: 3-527-31193-9

Akkumulator, der	Speicher für elektrische Energie
accumulare (lat.)	anhäufen
Akne (grch.)	Hautkrankheit
Aliphate, die	kettenförmig aufgebaute Kohlenwasserstoffe
aleiphar (grch.)	Fett
algos (grch.)	Schmerz
al – quali (arab.)	salzhaltige Asche
alumen (lat.)	Alaun, $AlK(SO_4)_2$, daraus wurde der Begriff Aluminium hergeleitet
ambivalent	entgegengesetzte Eigenschaften besitzen
ambo (lat.)	beide;
valere (lat.)	stark sein
Amphibie	im Wasser und auf dem Land lebendes Tier, z. B. Lurche
amphi (grch.)	doppel—. beid—, bie = bio (grch.) – Leben
amorphe (grch.)	ohne Gestalt
an (grch.)	als Vorsilbe „nicht, ohne"
Analgetikum, das	schmerzstillendes Mittel
Anatomie,	die Lehre vom Aufbau der Lebewesen
anatemnein (grch.)	zerschneiden
Anode, die	elektrisch positiver Pol (siehe Ion)
hodos (grch.)	weg
Anomalie	ist eine qualitative oder quantitative Abweichung vom gesetzmäßigen Verhalten, z. B. die Temperaturabhängigkeit der Dichte des Wassers. Die größte Dichte liegt bei 4 °C.
anomales (grch.)	uneben, regelwidrig
anthropos (grch.)	Mensch
Apatit, der	ist ein Calciumphosphat, $Ca_5(PO_4)_3F$, das früher oft mit anderen Mineralien, insbesondere mit Beryll wegen täuschender Ähnlichkeit, verwechselt wurde.
apatein (grch.)	täuschen
apo (grch.)	eine Vorsilbe vor Vokalen, die „zurück, fern, weg" andeuten soll
Applikation, die	Anwendung
applicare (lat.)	nahebringen
aptare (lat.)	anpassen
Aquifere	Wasser führende Gesteinsschichten
aqua (lat.)	Wasser; ferre (lat) – führen, tragen
Aquadukte	sind hochgelegte bzw. ebenerdig verlegte Wasserleitungen
ducere (lat.)	führen

Aquavit	heute gebräuchliche Bezeichnung für wasserhelle oder gelbliche vorwiegend mit Kümmel oder anderen Gewürzen aromatisierte Branntweine
aqua (lat.)	Wasser
vita (lat.)	Leben
aqua vitae (lat.)	Wasser des Lebens, Quellwasser
argentum (lat.)	Silber
argyros (grch.)	Silber
aridus (lat.)	trocken
Artois	franz. Landschaft; artesischer Brunnen, Wasser wird durch natürlichem Überdruck aus unteren Erdschichten zutage gefördert; benannt nach Artois
Asthenosphäre	ist eine Schicht des Erdmantels, die etwa 100 km bis 600 km unter der Lithosphäre (s. dort) liegt und durch Kräfte deformiert wird.
sphaira (grch.)	Himmelskörper, Wirkungskreis, Kugel
Asymptote (grch.)	Gerade, der sich eine ins Unendliche verlaufende Kurve beliebig nähert, ohne sie zu berühren.
a (grch.)	nicht
syn (grch.)	zusammen
piptein (grch.)	fallen
Atmosphäre, die	Lufthülle um die Erde
atmos (grch.)	Dunst
sphaira (grch.)	Kugel
Atom, das	der kleinste Teil eines chemischen Elements
atomos (grch.)	unteilbar
autotroph	Ernährungsweise von Organismen, die nur anorganische Stoffe benötigen, z. B. grüne Pflanzen
autos (grch.)	selbst
trophe (grch.)	Nahrung
azein (grch.)	nicht sieden
azeotrope Gemische	Flüssigkeitsgemische bestimmter Zusammensetzung, die einen konstanten Siedepunkt aufweisen und deshalb destillativ nicht zu trennen sind
a (grch.)	nicht
zeo (grch.)	ich siede
tropos (grch.)	Richtung

b

Bacillus (lat.)	Stäbchen
Bakterion (grch.)	Stab

Bakterien	sind kleinste einzellige Lebewesen
Bar, das	Maßeinheit des Druckes
baro (grch.)	Schwere: isobar = gleicher Druck
Beton	ein in frischem Zustand mit Wasser angeteigtes Gemenge von Zement als Bindemittel mit feineren und gröberen Zuschlagstoffen, z. B. Ziegelsplitt, Schlacke oder mit Stahleinlagen u. a.
Bitumen (lat.)	Erdpech
Bilanz, die	Kontenabschluss, vergleichen
bilancia (lat.)	Waage
binär	aus zwei Zeichen bestehend
bini (lat.)	je zwei
Binärcode, der	Verschlüsselung durch zwei Zeichen (siehe Code)
Biomonomere	sind Bausteine des Lebens, wie z. B. Aminosäuren für die Eiweiße, Zucker für die Kohlenhydrate, Fettsäuren für Fette, Aminobasen für Nukleinsäuren
bios (grch.)	Leben
Boltzmannsche Entropiekonstante, die	gibt die mittlere kinetische Energie eines einzelnen Gasmoleküls an: $k = 1,380622 \cdot 10^{-23}$ Joule/Kelvin.
Bous (grch.)	Kuh
Brachiopode, der	Armfüßer, ein festsitzendes muschelähnliches Meerestierchen. Der Körper ist von einer Rücken- und stärker gewölbten Bauchschale aus Calcit und Hydroxylapatit umgeben.
brachium (lat.)	Arm
... pode	... füßer
[pous (grch.) – Fuß]	
bromos (grch.)	Gestank
BSE	Bovine spongiforme Enzephalopathie ist eine schwammartige Degeneration des Zentralneversensystems bei Rindern, die auf Menschen übertragen werden kann.
bovine (lat.)	Rind; enkephalos (grch.) Gehirn
spongos (grch.)	giftiger Schwamm; pathos (grch.) leiden
buccal (lat.)	Backe

c

capsa (lat.)	Kästchen
carbo (lat.)	Kohle
carboneum (lat.)	der Kohlenstoff
caroto (lat.)	Karotte

cella (lat.)	Kammer, Keller, Zelle
Zelle, die	ist die kleinste Einheit von Lebewesen
Celluloid, das	thermoplastischer Kunststoff auf Zellulosebasis
Cellulose, die	ein Polymer aus Glucose
Cellophan, das	durchsichtige Folie auf Zellulosebasis
diaphanes (grch.)	durchsichtig
cerevisia (lat.)	Bier
Chalkos (grch.)	Kupfer, später auch Erz
... gen(grch.)	aus Erz entstanden
Chiralität	spiegelbildlicher Unterschied
cheir (grch.)	Hand
Chlor, das	ein chemisches Element der Halogengruppe
chloros (grch.)	gelbgrün
Chlorophyll, das	Blattgrün
phyllum (lat)	Blatt
chole (grch.)	Galle
choros (grch.)	Volumen
Chromatograhie, die	Trennverfahren
chroma (grch.)	Farbe
graphein (grch.)	schreiben
Chromosomen, die	Träger der Erbanlagen
soma (grch.)	Körper
clatratus (lat.)	Käfig
co (lat.)	Vorsilbe für „zusammen"
coagulare (lat.)	gerinnen
coat (engl.)	Überzug, Mantel
Code, der	Verschlüsselung von Schriften, Nachrichten
codex (lat.)	Buch
colligere (lat.)	sammeln
Coquille /frz.)	Muschel
comprimere (lat.)	zusammendrücken
Konformation	ist diejenige räumliche Anordnung eines Moleküls, die sich nicht zur Deckung bringen lässt
conformis (lat)	übereinstimmende gleichförmige Gestalt
contaminare (lat.)	berühren
contrahere (lat.)	zusammenziehen
convectio (lat.)	Zusammenbringen durch Strömung

Corioliskraft, die	ist eine auf bewegte Körper einwirkende Rotations(Trägheits)-kraft die diese Körper von ihrer ursprünglichen Bahn ablenkt, z. B. Wind- und Meeresströmungen werden durch die Erdrotation auf der nördlichen Halbkugel nach rechts und auf der südlichen nach links abgelenkt.
Coriolis de, C. G.	(1792 – 1843), frz. Physiker
corpus (lat.)	Körper (ṡ. a. incorpus)
cracken (engl.)	spalten
Crustacea, die	Krebstiere, Krustentiere, Wasserflöhe sind ein Unterstamm der Gliederfüßer und vorwiegend Meeresbewohner, aber auch im Süßwasser anzutreffen. Einige sind auch zum Landleben übergewechselt, Der Hautpanzer enthält Calciumcarbonat
crusta (lat.)	Rinde, Kruste
cutis (lat.)	Haut
perkutan	Aufnahme durch die Haut
Cytoplasma	Zellsaft, der unstruktuierte Teil einer Zelle (siehe Kytos und plassein)

d

de (lat.)	weg, von
decanter (frz.)	abgießen
DDT	1,1-p,p′-Dichlordiphenyl-2,2,2-trichorethan
Definition,	die Begriffsbestimmung
definire (lat.)	abgrenzen
Deponie, die	eine speziell für Abfallstoffe hergerichtete Lagerstätte
deponere (lat.)	niederlegen
derivare (lat.)	ableiten
Desorption, die	Abtrennung von adsorbierten Teilchen (s. Adsorption)
desorbere (lat.)	wegnehmen
Destillation, die	Trennung von Stoffen durch Verdampfen und anschließende Verflüssigung aufgrund unterschiedlicher Siedepunkte
destillare (lat.)	herabtropfen
detritis (lat.)	abgerieben, abgechliffen
Deuterium	schwerer Wasserstoff, ein Isotop des Wasserstoffs, das im Atomkern ein zusätzliches Neutron besitzt
deuteros (grch.)	der Zweite
dia (grch.)	als Vorsilbe: durch-, ent-, über-
Dialyse, die	Trennung von gelösten oder dispergierten Stoffen mittels Diffusion durch halbdurchlässige Membranen

Dialysis (grch.)	Auflösung
Diamant, der	der härteste Edelstein, H = 10, s. Adamas
Diaphragma, das	poröse Scheidewand, z. B. zwischen Körperhöhlen
dia (grch.)	durch, hindurch
phragma (grch.)	Umzäumung
Diatomeen, die	Kieselalgen, einzellige freilebende oder auf Gallertstielen festsitzende Algen, die von einem Kieselpanzer umgeben sind
diatome (grch.)	Trennung
dictyon (grch.)	Netz
Dielektrika	sind Stoffe mit sehr geringer elektrischer Leitfähigkeit
Diffusion, die	selbsttätige Vermischung von verschiedenen miteinander in Berührung befindlichen gasförmigen, flüssigen oder festen Stoffen durch ihre Eigenbewegung
diffundere (lat.)	ausbreiten
Dioptrie	SI-Einheit, dpt, der Brechkraft optischer Systeme; der Kehrwert der in Meter gemessenen Brennweite $1 \text{ dpt} = \frac{1}{f} [\text{m}^{-1}]$
optein (grch.)	sehen
Dispersion, die	ein System aus mindestens zwei Komponenten, von denen die eine Komponente in der anderen fein verteilt ist
dispersio (lat.)	Verteilung
Dissoziation, die	Trennung, Spaltung bzw. Zerfall von Molekülen
dissociare (lat.)	trennen
Dotieren	ist das Zusetzen von Fremdatomen in ein reinstes Halbleitermaterial
dotare (lat.)	ausstatten
Duktilität	Dehnbarkeit, Streckbarkeit besonders von Metallen
ductus (lat.)	Zug
durus (lat.)	hart

e

Elektrodialyse, die	ist ein Trennverfahren nach dem Prinzip der Dialyse (s. dort), bei dem die Ionenwanderung durch die permselektiven Membranen (s. dort) durch Anlegen einer elektrischen Spannung beschleunigt wird
Elektrolyse, die	chemische Spaltung oder Zersetzung durch elektrischen Strom (siehe Elektron und lysis)
Elektrolyte, die	elektrisch geladene Teilchen in wässrigen Lösungen oder Schmelzen (s. Elektrolyse)

Elektromotor	Vorrichtung, die elektrische Energie in mechanische Energie umwandelt
Elektron, das	negativ geladenes Elementarteilchen
elektron (grch.)	Bernstein
elektro (grch.)	strahlend
elementum (lat.)	Grundstoff, Element
Elevator, der	Becherwerk
elevare (lat.)	emporheben
Eloxal, das	elektrisch oxidiertes Aluminium
Emission, die	hinaussenden von Stoffen
emittere (lat.)	aussenden
Emulsion, die	ein System aus zwei nicht oder nur teilweise miteinander mischbaren Flüssigkeiten, von denen die eine in der anderen fein verteilt vorliegt
emulgare (lat.)	ausmelken
enantion (grch.)	Gegenteil, Gegenbild (Spiegelbild)
endotherm	ein Vorgang, bei dem Wärmeenergie und andere Energien aufgenommen werden
endon (grch.)	innen, innerhalb, hinein
therme (grch.)	Wärme
Energie, die	gespeicherte Arbeit, Fähigkeit, Arbeit zu verrichten
energeia (grch.)	Tatkraft, Schwung
Enthalpie, die	Bildungs- und Reaktionswärmen bei chemischen und physikalischen Vorgängen
enthalpein (grch.)	erwärmen
Entropie, die	der Teil der Wärmemenge, der nicht in Arbeit umgesetzt werden kann, Maß für die Unordnung
entrepein (grch.)	umkehren
epidemios (grch.)	im Volk verbreitet
Enzym, das	biologischer Katalysator (s. Katalysator)
zyme (grch.)	Sauerteig
Erosion	ist das Abtragen von Oberflächen-Erdschichten durch Wasser und Wind
erosio (lat.)	Zernagung
Etalon (frz.)	Urmaß, Normalmaß für Masse
eutektos (grch.)	leicht schmelzbar
Eutrophierung, die	übermäßige Nährstoffzunahme in Gewässern
eutroph (grch.)	nährstoffreich
Evolution, die	allmähliche Entwicklung des einen aus dem anderen,
evolutio (lat.)	allmähliche Entwicklung

exotherm	Vorgang, bei dem Wärme oder andere Energie freigesetzt wird
exo (grch.)	außerhalb, heraus
therme (grch.)	Wärme
expandere (lat.)	ausspannen, ausdehnen
expositio (lat.)	Auseinandersetzung
Exposition, die	der Einfluß der Umwelt auf Menschen und andere lebende Systeme, der krankmachende oder beeinträchtigende Wirkung auslösen kann
extrahere (lat.)	herausziehen

f

Facultas (lat.)	Möglichkeit
fakultativ	wahlfrei, nach eigenem Ermessen
Ferment, das	Biokatalysator
fermentum (lat.)	Sauerteig (s. a. Enzym und Katalysator)
filtrum (lat.)	Durchseihgerät
Flotation, die	Trennverfahren zur Aufbereitung von Metallen, Erzen, Kohle u. a. aufgrund ihrer unterschiedlichen Benetzbarkeit gegenüber wässrigen Suspensionen, die mit grenzflächenaktiven Substanzen versetzt sind
flot (frz.)	Flut
fluctuare (lat.)	fließen, wogen, daraus abgeleitet
Flux, der	Durchfluss
fluere (lat.)	fließen
fluid	flüssig, fließend
fluidus (lat.)	fließend
Foraminifere, die	meeresbewohnender einzelliger Würzelfüßer mit meist kalkigem, aber auch chitinartigen oder aus Sandkörnchen aufgbauten Gehäuse
foramen (lat.)	Loch, Öffnung
ferre (lat.)	tragen
Fraktionierung, die	stufenweise Trennung von Stoffgemischen
fraction (frz.)	Bruchteil
Frequenz, die	Anzahl der Schwingungen pro Zeiteinheit sie wird gemessen in Hertz $1\ Hz = s^{-1}$ oder in Wellenzahl cm^{-1}
frequentare (lat.)	häufig besuchen
fuga (lat.)	Flucht, Flüchtigkeit

g

Galaxie, die	Milchstraßensystem, Sternsysteme
galaktos (grch.)	milchig
gal (grch.)	Milch
Galaktose	Milchzucker
Generator, der	Stromerzeuger, d. h. eine Vorrichtung, die mechanische Energie in elektrische Energie umwandelt.
generatio (lat.)	Zeugung
Geologie, die	Wissenschaft vom Aufbau und der Geschichte der Erde
gē (grch.)	Erde
logos (grch.)	Wort, Rede
glacialis (lat.)	eisig, eiszeitlich
glykis (grch.)	süß
Glykosylation	ist die Reaktion von reduzierenden Zuckern wie Glucose und Fructose mit Proteinen und Nukleinsäuren zu quervernetzten hochpolymerisierten Verbindungen ohne Beteiligung von Enzymen
Granulat, das	Körnchen
granula (lat.)	Teilchen, Körnchen
graphein (grch.)	schreiben

h

haima (grch.)	Blut
Halogene, die	Salzbildner, Elemente der 7. Hauptgruppe des Periodensystems der Elemente
halos (grch.)	Salz
...gen	aus ... entstanden
heat content (engl.)	Wärmeinhalt
hedra (grch.)	Fläche
Helium, das	ein Edelgas
helios (grch.)	die Sonne
helix (grch.)	Windung, Spirale
heteros (grch.)	verschieden, anders
heterogenis (grch.)	verschiedenartig
hex (grch.)	sechs
hexagonal (grch.)	sechseckig
gonia (grch.)	Winkel
homolog	gleichliegend, entsprechend
homos (grch.)	gleich
logos (grch.)	Bedeutung

homöopolare Bindung	Elektronenbindung
homoios (grch.)	gleich, gleichartig
humidus (lat.)	feucht
hybrida (lat.)	Mischling, zwittrig
Hydraulik, die	Lehre und technische Anwendung von Strömungen nicht zusammendrückbarer Flüssigkeiten
hydror (grch.)	Wasser, Flüssigkeit
aulos (grch.)	Rohr
Hydrargyrum (lat.)	Quecksilber
argyros (grch.)	Silber
hydr... [von grch. hydror – Wasser]	Flüssigkeit
Hydrogenium (lat.)	Wasserstoff
hydor (grch.)	Wasser
gennan (grch.)	erzeugen
... gen (grch.)	aus ... entstanden
Hydrophilie, die	wasserfreundliches Verhalten von Substanzen, sie fördern die Benetzbarkeit,
hydor (grch.)	Wasser
philos (grch.)	Freund
Hydrophobie, die	wasserabweisendes Verhalten von Substanzen. Sie vermindern die Benetzbarkeit.
phobos (grch.)	Furcht, Flucht (s. a. Hydrophilie)
Hydrostatik, die	Lehre von den Gleichgewichtszuständen der Flüssigkeiten unter der Einwirkung äußerer Kräfte (s. statik und hydro)
Hydrozoen, die	Hohltiere, die Einzeltierchen organisieren sich zu Polypen um einen gemeinsamen Hohlraum und leben im Meer- und Süßwasser. Zur Vermehrung bilden sie geschlechtliche und ungeschlechtliche Generationen
hydor (grch.)	Wasser
Zoon (grch.)	Lebewesen
hygroskopisch	wasseranziehend
hygros (grch.)	feucht, flüssig
skopein (grch.)	sehen, betrachten
hyper (grch.)	als Vorsilbe: „über, übermäßig, zuviel, über..., hinaus"

i

Iatrochemie (grch.)	ärztliche Chemie
Ikosaeder	Zwanzigflächner
eikosi (grch.)	zwanzig
hedra (grch.)	Fläche

Immission, die	Einwirken von Stoffen auf Mensch, Tier und Umwelt
immussio (lat.)	Einführung
immobilis (lat.)	unbeweglich
implantare (lat.)	einpflanzen
Implosion, die	ist das knallartige in sich Zusammenfallen eines Vakuums
in (lat.)	innerhalb
plaudere (lat.)	klatschend schlagen
incubare (lat.)	brüten
Indikator, der	Anzeigegerät bzw. -substanz
indicare (lat.)	anzeigen
inerte Stoffe	reaktionsträge Stoffe wie z. B. Stickstoff, Edelgase sind sehr reaktionsträge
iners (lat.)	untätig, unbeteiligt
infinitus (lat.)	unbegrenzt, unendlich
informare (lat.)	darstellen, formen
inhalare (lat.)	anhauchen, einatmen
Inhibitoren, die	Stoffe, die Reaktionen verhindern oder verzögern
inhibere (lat.)	einhalten, hemmen
inkorporierend	aufnehmend
incorpus (lat.)	einverleiben
interstitium (lat.)	Zwischenraum; Raum zwischen den Geweben
Ion, das	elektrisch geladenes Teilchen
ienai (grch.)	gehen
Anion	elektrisch negativ geladenes Teilchen
anienai (grch.)	hinaufgehen
Kation	elektrisch positiv geladenes Teilchen
kata (grch.)	hinab
irreversibel	nicht umkehrbar (s. auch reversibel)
Isomere, die	Stoffe gleicher chemischer Zusammensetzung mit unterschiedlichen physikalischen und chemischen Eigenschaften
isos (grch.)	gleich
meros (grch.)	Teil
Isotop, das	ein chemisches Element mit gleicher Protonenzahl, aber unterschiedlicher Masse, d. h. unterschiedlicher Neutronenzahl
isos (grch.)	gleich
topos (grch.)	Ort

Isotropie, die	geometrische Richtungsunabhängigkeit des physikalischen und chemischen Verhaltens eines Stoffes
isos (grch.)	gleich
tropos (grch.)	Drehung

k

karkinos (grch.)	Krebs
cancer (lat.)	Krebs
carcinogen	krebserregend
Karst	abgeleitet vom Karstgebirge nördlich von Triest
Katalysator, der	Stoffe, die die Aktivierungsenergie senken und damit die Reaktionsfähigkeit steigern
katalysis (grch.)	Auflösung
Kathode, die	elektrisch negativer Pol (siehe Ion)
hodos (grch.)	Weg
Kinetik, die	Lehre von den Reaktionsgeschwindigkeiten und Reaktionsordnungen
Kavitation, die	ist die Hohlraumbildung in schnell strömenden Flüssigkeiten
cavus (lat.)	hohl
kinetische Energie	ist die Energie der Bewegung
kinein (grch.)	bewegen
Koagulation, die	Ausflockung, Gerinnung
coagulare (lat.)	gerinnen
Koerzitivkraft	das ist diejenige magnetische Feldstärke, die zur Aufhebung des Restmagnetismus (Remanenz) erforderlich ist.
coercere (lat.)	bändigen
Kokken, die	Gattung von Bakterien
kokkos (grch.)	Kern, Korn
Kollagen	Gerüsteiweiß (Skleroprotein) des faserigen Bindegewebes, Knorpel- und Knochengewebes, aufgebaut aus drei Eiweißketten mit linksläufiger Helixstruktur. Hydrolyse führt zur Gelatine.
kolla (grch.)	Leim
Kolloid, das	fein verteilte Stoffe mit Teilchengrößen zwischen tausendstel und millionstel Millimeter Durchmesser
Komplementär, der	Ergänzungsteil
complementum (lat.)	Ergänzung
komplex	verknüpft, vielschichtig zusammengesetzt
complexus (lat.)	umfassend

Kondensation, die	Verdichtung, Verflüssigung
condensare (lat.)	verdichten
Konduktometrie, die	Methode zur Verfolgung von Reaktionsabläufen in Lösungen durch Messen der elektrischen Leitfähigkeit
conducere (lat.)	zusammenführen
kontinuierlich	stetig, ununterbrochen
continuare (lat.)	fortsetzen
kontrazeptiv	empfängnisverhütend
contra (lat.)	gegen
concipere (lat.)	aufnehmen
Korrosion, die	chemische, elektrochemische und mikrobiologische qualitätsmindernde Veränderung von Werkstoffen
corrodere (lat.)	zernagen
kosmetikos (grch.)	schmücken
Kristall, der	ein nach geometrischen Gesetzen aufgebauter Körper
krystallos (grch.)	Eis
Kyros (grch.)	Frost
kubus (grch.)	Würfel
Kytos (grch.)	Höhlung, Zelle
Zytologie	Lehre von den Zellen

l

lac (lat.)	Milch
LASER, der	Abk. für **L**ight **A**mplification by **S**timulated **E**mission of **R**adiation
leaching (engl.)	auslaugen
Legierung, die	Gemische aus mindestens zwei Feststoff-Komponenten, von denen eine ein Metall sein muss, feste Lösungen
letale Dosis, die	tödliche Dosis
letalis (lat.)	tödlich
ligare (lat.)	vereinigen, verbinden
liquid (engl.)	flüssig
liquidus (lat.)	flüssig
Lithosphäre, die	Gesteinskruste der Erde
Lithos (grch.)	Stein (siehe Atmosphäre)
Lösungstension	Verdünnungsbestreben (s. Tension)
Lyophilie, die	die Verwandtschaft zwischen den dispergierten Teilchen und dem Dispersionsmittel ist größer als zwischen den dispergierten Teilchen selbst
philos (grch.)	Freundschaft

Lyophobie, die	die Verwandtschaft zwischen den dispergierten Teilchen untereinander ist größer als die zwischen den dispergierten Teilchen und dem Dispersionsmittel
lysis (grch.)	Auflösung
phobos (grch.)	Furcht, Flucht
Lysosomen, die	membranumhüllte Bläschen in den Zellen, die Enzyme enthalten
lyein (grch.)	lösen

m

Maghreb, der (arab.)	der Westen, darunter versteht man den westlichen Teil der arabisch-muslimischen Welt, z. B. Marokko, Algerien, Tunesien, Libyen.
Magma, das	Gesteinsschmelze
massein (grch.)	kneten
makros (grch.)	groß, lang, grob
materia (lat.)	Stoff
Mechanik, die	Lehre von den Bewegungen und den sie bewirkenden Kräften
mechanike techne (grch.)	Maschinenkunst
Meditation (lat.)	Nachdenken, Betrachtung
mel (lat.)	Honig
mellith	Honigstein, Aluminiumsalz der Mellithsäure
Membran, die	sehr dünne Trennwand
membrum (lat.)	Körperglied; biologisch: dünnes Häutchen
meniskos (grch.)	Möndchen
men (grch.)	Mond
meros (grch.)	Teil
meso (grch.)	dazwischen
meta (grch.)	jenseits, darüber hinaus
Metabolismus, der	Stoffwechselprozess
metabole (grch.)	Veränderung
metallon (grch.)	Bergwerk
mikros (grch.)	klein, gering, fein
Mitochondrien	Energiespeicherstationen in Zellen, körnchenartige enzymhaltige Zellbestandteile
mitos (grch.)	Faden, Schlinge
chondrien (grch.)	Körnchen
moderari (lat.)	mäßigen, lenken
modificare	gehörig abmessen, abändern

Molekül, das	kleinster Teil einer chemischen Verbindung
molecula (lat.)	kleine Masse
Mollusken	Weichtiere, wie z. B. Schnecken, Muscheln, Grabfüßer, Kopffüßer; ein Tierstamm der wirbellosen Tiere
mollis (lat.)	weich
monomer	ein Teil, ein Baustein
monos (grch.)	einzig, allein, einzeln, ein (siehe polymer)
Monsun, der	ist ein halbjährlich die Richtung wechselnder Wind
mausim (arab.)	Jahreszeit
morphe (grch.)	Gestalt, Form
Morphologie	Lehre von der Gestalt und Form
mortalitas (lat.)	Sterblichkeit
Mutagenität, die	vererbbare Anpassungsfähigkeit
mutare (lat.)	wechseln, verändern
myko (grch.)	Pilz
mythos (grch.)	Wort, Rede, Fabel

n

nanos (grch.)	Zwerg, Vorsilbe zur Kennzeichnung des milliardsten Teils, des 10^{-9}fachen, einer Maßeinheit
Naphtha	Bezeichnung für bestimmte Erdölfraktionen, häufig auch Rohbenzin genannt
Naptu (babylonisch)	Erdöl
Neolithikum, das	Jungsteinzeit, je nach der Region in der Welt begann sie zwischen dem 9. und 6. Jahrtausend v. Chr.
neo (grch.)	neu
lithos (grch.)	Stein
Neutralisation, die	chemischer Vorgang, bei dem sich die positiven Wasserstoffionen mit den negativen Hydroxidionen zu undissoziiertem Wasser vereinigen (s. a. Neutron)
Neutron, das	ungeladene Elementarteilchen
neuter (lat.)	keiner von beiden, d. h. neutral
Nippflut, die	flache Flut
abgeleitet von nippen	
Nitrogenium (lat.)	Stickstoff
nitron, natron (grch.)	das Salz
Nucleotid, das	Baustein der Nukleinsäuren
Nucleus (lat.)	Kern, Zellkern

o

obligare (lat.)	binden, verpflichten
odorare (lat.)	riechend machen
Öko von **oikos** (grch.)	Haus, Siedlung, Wirtschaft
Oleum (lat.)	ölbildend; hochkonzentrierte Schwefelsäure
orbis (lat)	Kreis, Erdkreis
Orbital, das	ist eine gedachte kugelförmige oder elliptische Schale, in deren Bereich sich die den Atomkern umkreisenden Elektronen am wahrscheinlichsten aufhalten
Organon (lat.)	Werkzeug
orthos (grch.)	recht, rechts
os (lat.)	Mund, per os = Einnahme durch den Mund
Osmose, die,	einsinnige Ausbreitung von gasförmigen, flüssigen oder festen Stoffen durch eine halbdurchlässige Trennwand
osmos (grch.)	Stoß
Ossein	Gerüsteiweiß (Skleroprotein) der Knochen, zählt zur Gruppe der Kollagene
ossa (lat.)	die Knochen
Östrogen, das	weibliches Geschlechtshormon
oistros (grch.)	Stachel, Leidenschaft
Oxydation, die	Aufnahme von Sauerstoff, Entzug von Wasserstoff (Dehydrierung); Zunahme der positiven Ladung eines Atoms oder Moleküls.
Oxygenium (lat.)	Sauerstoff
oxys (grch.)	scharf, sauer
Ozon, das	triatomarer Sauerstoff
Ozonolyse, die	Spaltung von Stoffen durch Ozoneinwirkung
ozein (grch.)	nach etwas riechen

p

Pankreatin	Enzym der Bauchspeicheldrüse zur Stärkespaltung
pan (grch.)	ganz, all
kreas (grch.)	Fleisch
Paraffine, die	gesättigte Kohlenwasserstoffe
parum affinis (lat.)	wenig verwandt (gegenüber Wasser)
Passat, der	ist ein in weiten Teilen der Tropen regelmäßig vorherrschender Ostwind
pasar (span.)	vorbeigehen

Passivierung, die	elektrochemische Bildung einer korrosionsfesten Metalloberfläche
passiv	untätig, willensträge
passivus (lat.)	duldend
PCB	polychlorierte Biphenyle
pedo (grch.)	Boden
pellet (engl.)	Kügelchen, Pille, Tablette
penetrare (lat.)	durchdringen
Peptisation, die	Wiederauflösung eines ausgeflockten Kolloids
pepsis (grch.)	Verdauung
Peristaltik, die	Darmbewegung
peristaltikos (grch.)	zusammendrückend, wellenförmige Zusammenziehung von Muskeln bei Hohlorganen
permanere (lat.)	verbleiben, ständig fortdauernd
Permeat, das	Hindurchgehende
permeare (lat.)	hindurchgehen
pestis (lat.)	Seuche, Unheil
phagein (grch.)	fressen
Phlobaphene	Bezeichnung für wasserunlösliche rotbraune Kondensationsprodukte, die aus wasserlöslichen Gerbstoffen bei Enzymeinwirkung entstehen
phloios (grch.)	innere Rinde
baphe (grch.)	Farbstoff
phlox (grch.)	Flamme, Feuer
phlogistos (grch.)	brennbar
Phosgen, das	Kohlenstoffoxiddichlorid, $COCl_2$
phos (grch.)	Licht
...gen (grch.)	aus ... entstanden
Phosphor, der	chemisches Element
Phosphoros (grch.)	lichttragend
Photosynthese, die	eine durch Einwirkung von Licht ablaufende chemische Reaktion
phos (grch.)	Licht
syn (grch.)	mit ... zusammen
thesis (grch.)	Behauptung
phyllon (grch.)	Blatt
Physiologie, die	Wissenschaft von den Funktionen und Reaktionen der Zellen, Gewebe und Organen der Lebewesen
physis (grch.)	Natur
logos (grch.)	das Wort, die Rede

Phytoplankton, das	Algen
phytos (grch.)	Pflanze
planktos (grch.)	Umhergetriebenes
Pille, die	Dosierungsform von Feststoffen
pilula (lat.)	Kügelchen
plantare (lat.)	pflanzen
Plasma, das	gerinnbare Flüssigkeiten; heute auch als Begriff für 4. Aggregatzustand verwendet, der als ladungsneutrales Gas definiert ist, in dem Atomkerne und Elektronen frei existieren.
plassein (grch.)	bilden, formen
pneumatische Förderung, die	Druckförderung mittels Luft bzw. Gas
pneuma (grch.)	Hauch, Atem
point (engl.)	Punkt
Polyeder, der	Körper, dessen Oberfläche aus vielen Flächen besteht
hedra (grch.)	Fläche, Sitz
Polymer, das	Makromolekül das aus einem oder mehreren gleichen Bausteinen aufgebaut ist
polys (grch.)	viel
pour, to (engl.)	fließen
precursor (engl.)	Vorläufer, spezielle Nährstoffe bei mikrobiologischen Anzüchtungen
primordial (lat.)	uranfänglich, ursprünglich
Prokaryonten, die	Mikroorganismen ohne geschlossenen Zellkern
karyon (grch.)	Nuss, Kern
pro (lat)	vor, vorher
producere (lat.)	hervorbringen
Promotoren	sind Substanzen, die die Wirkung von Katalysatoren verstärken
promovere (lat.)	vergrößern, erweitern, fördern
prophylassein (grch.)	verhüten, vorbeugen
Proton, das	Elementarteilchen
protos (grch.)	zuerst, früher, vorher
Pyknometer, das	Gerät zur Dichtebestimmung von Flüssigkeiten
pyknos (grch.)	dicht, fest
metron (grch.)	Maß

Pyrolyse, die	chemische Zersetzung durch Hitze in Abwesenheit von Sauerstoff
pyr (grch.)	Feuer
lysis (grch.)	Auflösung

r

Radialarien, die	Strahlentierchen, im Meer lebende Wurzelfüßer mit fadenförmigen Scheinfüßchen und innerem Kieselskelett
radius (lat.)	Strahl
raffiner (frz.)	läutern, verfeinern
Reaktion, die	Gegenwirkung, stofflicher Umwandlungsvorgang
agere (lat.)	handeln
re (lat)	zurück, entgegen, wieder
Recycling, das	Kreislauf Rückführung von nicht mehr genutzten Gebrauchsgütern in die Wiederaufarbeitung.
re (lat.)	als Vorsilbe „zurück" oder „wieder"
cycle (engl.)	Kreislauf
Reduktion, die	Entzug von Sauerstoff, Zuführung von Wasserstoff; Zunahme der negativen Ladung eines Atoms oder Moleküls.
reductio, reducere (lat.)	zurückführen
reformare (lat.)	umgestalten, verbessern
Refraktometrie, die	Methode zur Bestimmung der Lichtbrechung
refringere (lat.)	zerbrechen
Rektifikation, die	Gegenstromdestillation, Flüssigkeit und Dampf werden in Kolonnen im Gegenstrom zueinander geführt
recte (lat.)	richtig
facere (lat.)	machen
Remanenz	bleibende Magnetisierung, Restmagnetismus
remanere (lat.)	zurückbleiben
Reproduktion, die	Fortpflanzung (biolog.)
reproducere (lat.)	nachbilden
Reptil	Kriechtier
repere (lat.)	kriechen
Resina (lat.)	Harz
Resistenz, die	Widerstand
resistere (lat.)	Widerstand leisten, widersetzen
Resorption, die	aufnehmen
resorbere (lat.)	einsaugen

Retardation, die	Verzögerung
retardare (lat.)	zurückhalten
Retentat, das	Zurückgehaltene
retinere (lat.)	zurückhalten
reticulum (lat.)	Netz
reversibel	umkehrbar
reversio (lat.)	Umkehrung
reversus (lat.)	umgekehrt
rhombos (grch.)	Umdrehung, Raute
Rheologie, die	Lehre und Wissenschaft von den Fließeigenschaften
rheos (grch.)	Fluss
Rotation, die	ist die Umdrehung eines Körpers um eine feste Achse, die Rotationsachse
rotare (lat.)	sich im Kreise drehen
rota (lat.)	das Rad

s

Saccharomyces	Pilze (Hefen) zur Spaltung von Zuckern
sakcharon (grch.)	Zucker
myko (grch.)	Pilz
cerevisia (lat.)	Bier
Screening, das	Begriff, der in der pharmazeutischen Industrie und Biotechnik im Sinne von Projektierung, Durchleuchtung, Klassierung, Siebung, Prüfung und Reihenuntersuchungen verwendet wird
screen (engl.)	Schirm, Sieb, Filter
Sediment, das	Abgesetztes
sedimentum (lat.)	sich gesetzt
Seggen (niederdeutsch) (abgel. von Säge, Sichel)	Riedgas, Sauergras
Seismograph	Gerät zur Messung und Aufzeichnung von Erderschütterungen und Erdbeben
seismos (grch.)	Erderschütterung
Selection, die	Auswahl
seligere (lat.)	auswählen
selektiv	trennscharf auswählen
semi (lat.)	halb z. B. semikontinuierlich, semipermeabel (halbdurchlässig), semiessentiell
semiaridus	halbtrocken
aridus (lat.)	trocken

Silo, der	Großspeicher zum Aufbewahren von Getreide u. a. landwirtschaftlichen Produkten
silos (lat.)	Grube zum Aufbewahren von Getreide
Silicium, das	Halbmetall, chemisches Element
Silex (lat.)	Kieselstein
Solarenergie, die	Lichtenergie
sol (lat.)	Sonne
Solarkonstante	gibt den Sonnenenergiebetrag an, der pro Minute auf 1 cm^2 Erdoberfläche einwirkt; $S = 8{,}15\ [J \cdot cm^{-2} \cdot min^{-1}]$, ohne Berücksichtigung der Absorption durch die Atmosphäre.
solid (engl.)	fest
solidus (lat.)	dicht, stark, echt
solutus (lat.)	aufgelöst
Solvatation, die	Anlagerung von Lösemittelmolekülen an gelöste Teilchen
solvere (lat.)	lösen
sphaira (grch.)	Kugel
Spektrum, das	Vielfalt
spectrum (lat.)	Erscheinung
Statik, die	Lehre vom Gleichgewicht der Kräfte
statikos (grch.)	stellend, wägend,
statike (grch.)	Kunst des Wägens
Stereochemie, die	Lehre von der räumlichen Anordnung der Atome oder Atomgruppen im Molekül
stereos (grch.)	fest, starr, räumlich
Stöchiometrie, die	Lehre von der quantitativen Zusammensetzung der chemischen Verbindungen und deren Mengenverhältnissen bei chemischen Umsetzungen
stoicheion (grch.)	Element
metron (grch.)	Maß
Stratosphäre	ist die obere Schicht der Atmosphäre (s. dort)
stratum (lat.)	Schicht
strip, to (engl.)	abstreifen, in der Technik eine fachsprachlich entlehnte Bezeichnung für wegnehmen, Entkleiden
Subduktion, die	ist das Untertauchen von starren Lithosphärenplatten unter den Festlandsockeln an deren Rändern.
sub (lat.)	als Vorsilbe unter
ductile (franz.)	streckbar, verformbar

Sublimieren, das	direktes Übergehen der Stoffe vom festen in den gasförmigen Zustand
sublimare (lat.)	emporheben
sublimis (lat.)	hoch in der Luft befindlich
sublingual (lat.)	unter der Zunge
submersus (lat.)	untergetaucht
substitutio (lat.)	Ersetzen, Unterschiebung
Substrat, das	Trägermaterial, Keimboden
substernere (lat.)	unterlegen, unterstreuen
Sulfur (lat.)	Schwefel, chemisches Element
Suppositorien, die	Zäpfchen
supponere (lat.)	darunterlegen
Suspension, die	Mischsystem von Feststoffteilchen in Flüssigkeiten oberhalb kolloider Teilchengröße, größer als eintausendstel Millimeter
suspendere (lat.)	aufhängen, schwebend halten
Symbiose, die	Zusammenleben zweier verschiedenartiger Lebewesen in gegenseitigem Nutzen
symbiosein (grch.)	zusammenleben
syn (grch.)	als Vorsilbe „mit, zusammen"
synchronisieren	ist z. B. das aufeinander Abstimmen der Drehzahlen eines Getriebes
syn (grch.)	mit – zusammen
chronos (grch.)	Zeit
synchron	gleichzeitig, zeitlich gleichgerichtet
Synergismus	ist das Zusammenwirken verschiedener Stoffe oder Faktoren in der Weise, dass die Gesamtwirkung größer ist als die Summe der Wirkungen der Einzelkomponenten.
synergein (grch.)	zusammenarbeiten
synovia (lat.)	Gelenk, Gelenkschmiere
systema (grch.)	zusammengefasstes Ganzes

t

Tabago (mittelamerik.)	zum Rauchen verwendete Pflanzenrohre
tabuletta (lat.)	Täfelchen
Tektonik	ist die Lehre von der Erdrinde; die Plattentektonik beschreibt Vorgänge, die das Gefüge der Erdrinde umformen.
tektonike, techne (grech.)	Baukunst
telos (grch.)	Ziel, Zweck
tendere (lat.)	nach etwas streben

Tenside, die	grenzflächenaktive Substanzen, die die Benetzbarkeit von Festkörpern oder die Vermischbarkeit von Flüssigkeiten fördern
tensio (lat.)	Spannung
teras (grch.)	Missbildung
terra (lat.)	Erde, Land
terrestrisch	die Erde betreffend
Tetanos (grch.)	Starrkrampf
tetraedrisch	Vierflächner
tetragon (grch.)	Viereck
tettares (grch.)	vier
hedra (grch.)	Fläche
gonia (grch.)	Winkel
Thermodynamik, die	Lehre von den Energieumwandlungen, insbesondere die der Wärmeenergien
Therme (grch.), die	Wärme, z. B. Thermosflasche, Thermometer
dynamis (grch.)	Kraft
thermophil	wärmeliebend
topos (grch.)	Ort
torus (lat.)	wulstartiger Teil, z. B. einer Säulenbasis
translatio (lat.)	fortschreitende gradlinige Bewegung von Körpern
trans (lat.)	jenseits, über
transcribere (lat.)	lautgetreue Übertragung in eine andere Schrift
tribein (grch.)	reiben
Tribologie	Lehre und Wissenschaft von der Reibung und Verschleiß von Werkstoffen
Trift, die	Viehtreiben, Flößerei, Meeresströmung
triften (mhd.)	treiben
trigon (grch.)	Dreieck
Trilobit, der	krebsähnliches Wassertierchen mit dreigelapptem Rückenpanzer aus Hydroxyapatit und Calciumcarbonat
tri, tres, tria (lat.)	drei
lobos (grch.)	Lappen
Triplettcode, der	Verschlüsselung aus drei Zeichen (siehe Code)
triplex (lat.)	dreifach, Zusammenfassung dreier Ringe
Tritium, T	radioaktiver Wasserstoff mit 1 Proton und 2 Neutronen
tritos (grch.)	der Dritte
trivialis (lat.)	gewöhnlich

Turbine	Maschine zur Übertragung von Strömungs(Bewegungs)-energie auf ein Laufrad
turbo (lat.)	Kreisel, Wirbel

u, v, w, x

ubiquitär	überall vorkommend
ubique (lat.)	überall
Umkehrosmose, die	ist eine Umkehrung der Osmose, indem die Lösemittel-moleküle von einer Lösung höherer Konzentration durch eine semipermeable Scheidewand in die Lösung mit niederer Konzentration bzw. in das reine Lösemittel wandern
universell	allgemein, allumfassend, gesamt
universalis (lat.)	allgemein
vacare (lat.)	leer sein
vagari (lat.)	umherschweifen
varia (lat.)	verschieden
nonvariant	nicht verschieden
variabilis (lat.)	sich verändern
vegetus (lat.)	belebt
vegere (lat.)	erregen
Ventilator	ist ein Luft-(Gas)verdichter zur Erzeugung eines Luft-(Gas)stroms
ventus (lat.)	Wind
vesicula (lat.)	kleine Blase
virus (lat.)	Gift
Viskosität, die	Fließfähigkeit bzw. Zähigkeit von Flüssigkeiten und Gasen
viscum (lat.)	Vogelleim, Mistel
vita (lat.)	Leben
Vulcanus (lat.)	italienischer Feuergott
wadi (arab.)	Bach, Trockental, wasserloses Flussbett der Wüste
Wafer (amerik.)	aus dem amerikan. übernommene Bezeichnung für dünne Scheibchen, die aus dotiertem Silizium u. a. Halb-leitermaterialien geschnitten werden; deutsche Bedeu-tung: Scheibchen, Oblate.
Wirkungsgrad	ist das Verhältnis der Nutzleistung einer Maschine bzw. Apparatur zur aufgewendeten, d. h. zugeführten Leistung. Sein Wert ist immer kleiner als 1 bzw. liegt unter 100 %
xeros (grch.)	trocken

Z

Zelle, die	ist die kleinste Einheit von Lebewesen
cella (lat.)	Zelle
Zement, der	feingemahlener Baustoff als hydraulisches Bindemittel aus Mörtel und Beton
Zementation, die	in der Metallurgie das Abscheiden von Metallen durch ein anderes Metall, das eine größere Affinität zum Sauerstoff aufweist
caementum (lat.)	Bruchstein
Zentrifugieren, das	trennen von fest-flüssig und flüssig-flüssig Gemischen durch die Zentrifugalkraft
centrum (lat.), das	Mittelpunkt
fugare (lat.)	fliehen
Zeolith	ein Silikatmineral mit bestimmten Kristallstrukturen
zein (grch.)	sieden
zeo (grch.)	ich siede
lithos (grch.)	Stein
zoon (grch.)	Lebewesen, Tier
Zyklotron	Anlage zur Beschleunigung elektrisch geladener Teilchen
kyklos (grch.)	Kreis, Rad
Zyklone	Geräte zur Abscheidung von Staub oder Flüssigkeitströpfchen
Zytologie	Lehre von den Zellen
Kytos (grch.)	Höhlung

Stichwortverzeichnis
(E. Index)

Wasser. Vollrath Hopp
Copyright © 2004 WILEY-VCH Verlag GmbH & Co. KGaA, Weinheim
ISBN: 3-527-31193-9

Mit allen Wassern gewaschen? Wir versorgen unsere Kunden mit sieben Wassersorten, preisgünstig und zuverlässig:

NO SURPRISES.

www.infraserv.com
Telefon +49 69 305-6767
Industriepark Höchst
65926 Frankfurt am Main

Im Industriepark Höchst in Frankfurt am Main können unsere Kunden aus der pharmazeutischen und chemischen Industrie ihr Wasser – je nach Bedarf und Anforderung – aus sieben verschiedenen Wasserqualitäten wählen: Flusswasser, Rückkühlwasser, Reinwasser, vollentsalztes Wasser und Purified oder Treated Water. Dass wir daneben auch über Trinkwasser verfügen, eine Rund-um-die-Uhr-Versorgung garantieren und Abwasser reinigen, versteht sich von selbst. Wenn wir Sie überraschen, dann mit unserem guten Preis-Leistungs-Verhältnis und unserer kompromisslosen Kundenorientierung.

6.000 Dienstleistungen. Eine Servicequalität.

Energien + Sites & Facilities + Technische Services + Umwelt, Sicherheit & Entsorgung + Verkehrstechnik + Beschaffung + Logistik + Qualifikation & Training + Forschungsdienstleistungen

degussa.

creating essentials

Was
das Erfolgsgeheimnis starker Teams ist?
Dass sie gemeinsam einfach mehr erreichen!
Deshalb arbeiten bei uns in der Spezialchemie
Newcomer und erfahrene Profis in interdisziplinären
Teams an spannenden Projekten. Gemeinsam finden sie
bessere Lösungen und wachsen aneinander. Ideale Voraussetzungen also für alle Berufseinsteiger und Young Professio-
nals, die in Forschung, Entwicklung, Technik oder im kaufmänni-
schen Bereich viel vorhaben. Denn wir fördern gezielt internatio-
nales Teamwork.
Machen Sie jetzt den nächsten Schritt in Richtung Zukunft – ent-
scheiden Sie sich für Herausforderungen, die Spaß machen, Frei-
räume, die Platz für eigene Ideen schaffen, Teamgeist, der
Ihnen neue Erfahrungshorizonte eröffnet.

Ihre Degussa. Internationalität, Perspektive,
Teamwork, Individualität.
www.degussa-karriere.com

www.degussa-karriere.com

12410405_Fi

Green Chemistry –

Nachhaltigkeit in der Chemie

Gesellschaft Deutscher Chemiker

2003. XII, 146 Seiten,
100 Abbildungen, davon
50 in Farbe, 30 Tabellen.
Gebunden.
ISBN 3-527-30815-6

Green Chemistry
Nachhaltigkeit in der Chemie

Grün und Chemie - ein Widerspruch?
Keinesfalls! Die Chemie ist sich ihrer
Verantwortung für die Umwelt bewußt
und widmet sich stark der Erschließung
Abfall vermeidender, Material und
Energie sparender Prozesse. Nicht nur die
bereits erreichten Verbesserungen, auch
das umweltbezogene Denken und
Handeln soll schon frühzeitig in Schule
und Studium vermittelt werden.
Wie dies umzusetzen
ist, zeigt dieses
Werk.

Wiley-VCH
Postfach 10 11 61
D-69451 Weinheim
Fax: +49 (0)6201 606 184
e-Mail: service@wiley-vch.de
www.wiley-vch.de

WILEY-VCH

Printed in the United States
By Bookmasters